영재학급, 영재교육원,
경시대회 준비를 위한

창의사고력 초등수학

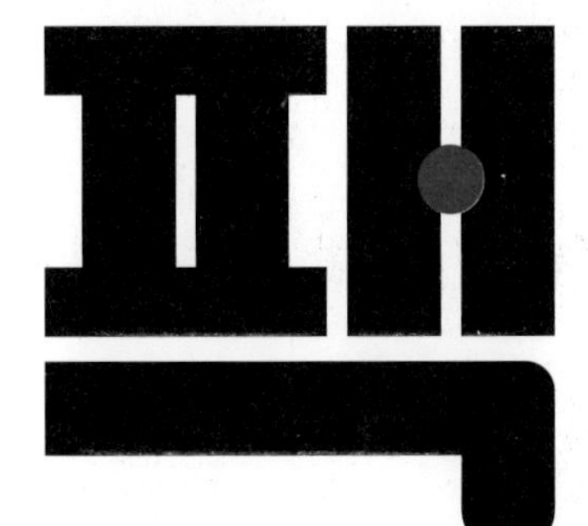

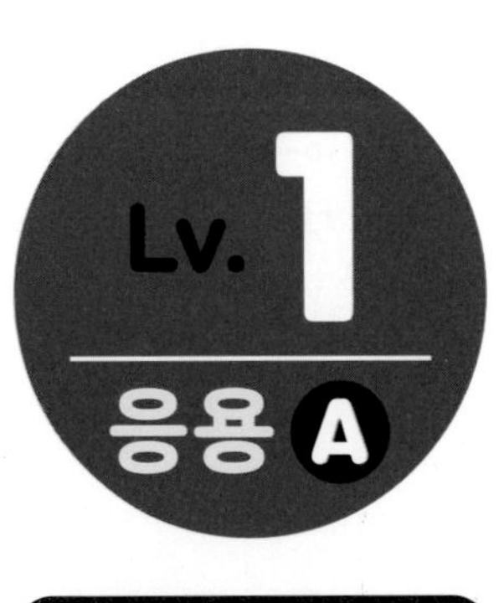

수 · 퍼즐 · 측정

"

서로 다른 펜토미노 조각 퍼즐을 맞추어
직사각형 모양을 만들어 본 경험이 있는지요?

한참을 고민하여 스스로 완성한 후 느끼는 행복은 꼭 말로 표현하지 않아도 알겠지요. 퍼즐 놀이를 했을 뿐인데, 여러분은 펜토미노 12조각을 어느 사이에 모두 외워버리게 된답니다. 또 보도블록을 보면서 조각 맞추기를 하고, 화장실 바닥과 벽면의 조각들을 보면서 멋진 퍼즐을 스스로 만들기도 한답니다.
이 과정에서 공간에 대한 감각과 또 다른 퍼즐 문제, 도형 맞추기, 도형 나누기 에 대한 자신감도 생기게 되지요. 완성했다는 행복감보다 더 큰 자신감과 수학에 대한 흥미가 생기게 되는 것입니다.

팩토가 만드는 창의사고력 수학은 바로 이런 것입니다.

수학 문제를 한 문제 풀었을 뿐인데, 그 결과는 기대 이상으로 여러분을 행복하게 해줍니다. 학교에서도 친구들과 다른 멋진 방법으로 문제를 해결할 수 있고, 중학생이 되어서는 더 큰 꿈을 이루는 밑거름이 되어 줄 것입니다.
물론 고민하고, 시행착오를 반복하는 것은 퍼즐을 맞추는 것과 같이 여러분들의 몫입니다. 팩토는 여러분에게 생각할 수 있는 기회를 주고, 그 과정에서 포기하지 않도록 여러분들을 도와주는 친구가 되어줄 것입니다.
자 그럼 시작해 볼까요?

"

Contents

구성과 특징

팩토를 공부하기 前 » 진단평가

1. 매스티안 홈페이지 www.mathtian.com의 교재 자료실에서 해당 학년의 진단평가 시험지와 정답지를 다운로드 하여 출력한 후 정해진 시간 안에 풀어 봅니다.
2. 학부모님 또는 선생님이 정답지를 참고하여 채점하고 채점한 결과를 홈페이지에 입력한 후 팩토 교재 추천을 받습니다.

팩토를 공부하는 방법

① 대표 유형 익히기

각종 경시대회, 영재교육원 기출 유형을 대표 문제로 소개하며 사고의 흐름을 단계별로 전개하였습니다.

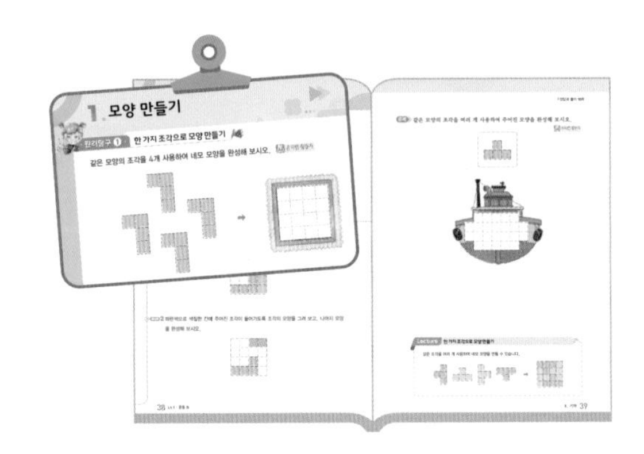

② 유형 익히기

대표 유형의 핵심 원리를 제시하였고, 확인 학습을 통해 유형을 익히고 다지도록 하였습니다.

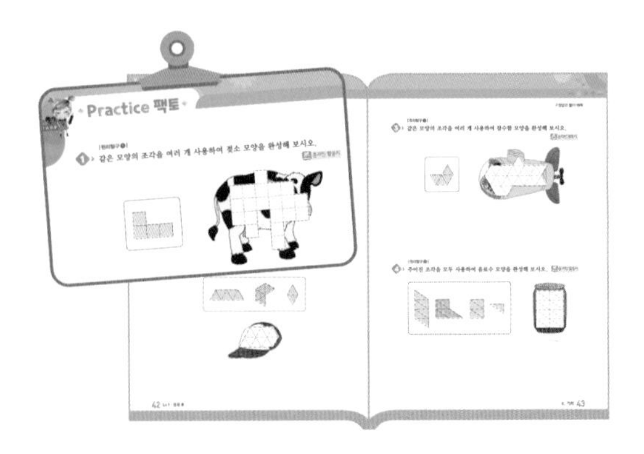

③ 실력 키우기

다양한 통합형 문제를 빠짐없이 수록하여 내실있는 마무리 학습을 제공합니다.

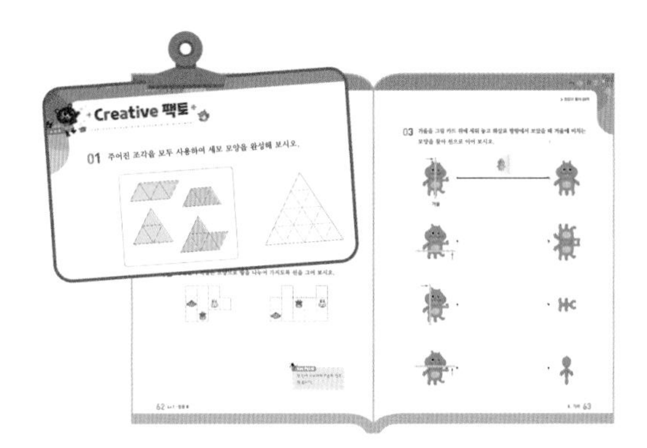

④ 영재교육원 다가서기

경시대회는 물론 새로워진 영재교육원 선발 문제인 영재성 검사를 경험할 수 있는 개방형, 다답형 문제를 담았습니다.

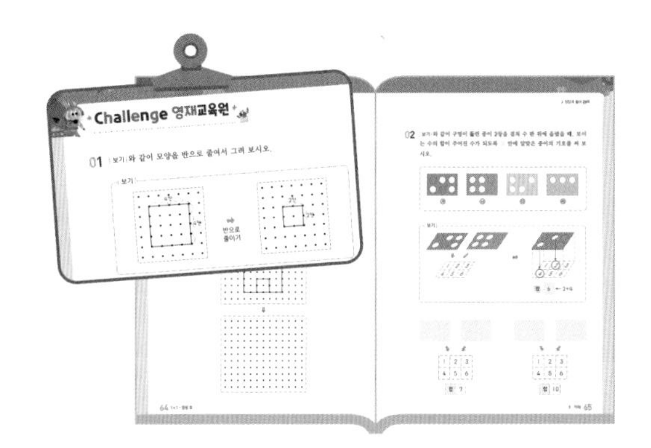

⑤ 명확한 정답 & 친절한 풀이

채점하기 편하게 직관적으로 정답을 구성하였고, 틀린 문제를 이해하거나 다양한 접근을 할 수 있도록 친절하게 풀이를 담았습니다.

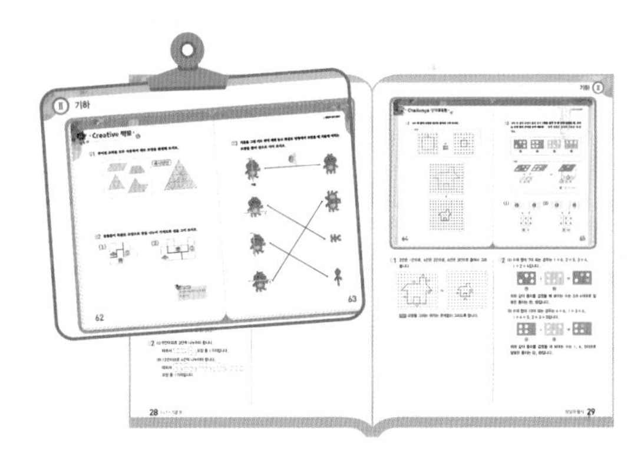

팩토를 공부하고 난 後 » 형성평가·총괄평가

1. 팩토 교재의 부록으로 제공된 형성평가와 총괄평가를 정해진 시간 안에 풀어 봅니다.
2. 학부모님 또는 선생님이 정답지를 참고하여 채점하고 채점한 결과를 매스티안 홈페이지 www.mathtian.com에 입력한 후 학습 성취도와 다음에 공부할 팩토 교재 추천을 받습니다.

I
수

학습 Planner

계획한 대로 공부한 날은 에, 공부하지 못한 날은 에 ◯표 하세요.

공부할 내용	공부할 날짜	확 인
1 수와 숫자	월 일	
2 디지털 숫자	월 일	
3 짝수와 홀수	월 일	
4 조건에 맞는 수	월 일	
Creative 팩토	월 일	
Challenge 영재교육원	월 일	

1. 수와 숫자

학급 신문의 기사에 나오는 수와 숫자의 개수는 각각 몇 개인지 구해 보시오.

6월 19일 오전 10시, 2층 도서실에서 교내 시 낭송 대회가 열렸습니다. 13명의 후보자 중 최우수상 수상자는 1학년 5반 최슬기 어린이였습니다.

STEP 1 학급 신문의 기사에서 수를 모두 찾아 ○표 하시오.

6월 19일 오전 10시, 2층 도서실에서 교내 시 낭송 대회가 열렸습니다. 13명의 후보자 중 최우수상 수상자는 1학년 5반 최슬기 어린이였습니다.

STEP 2 학급 신문의 기사에서 숫자를 모두 찾아 ○표 하시오.

6월 19일 오전 10시, 2층 도서실에서 교내 시 낭송 대회가 열렸습니다. 13명의 후보자 중 최우수상 수상자는 1학년 5반 최슬기 어린이였습니다.

STEP 3 학급 신문의 기사에 나오는 수와 숫자의 개수는 각각 몇 개인지 구해 보시오.

유제 찢어진 달력이 있습니다. 물음에 답해 보시오.

일	월	화	수	목	금	토
	1	2	3	4	5	6
7	8	9	10	11	12	13
14	15	16	17			
21	22					

(1) 달력에 있는 수는 모두 몇 개입니까?

(2) 달력에 있는 숫자 1은 모두 몇 개입니까?

Lecture 수와 숫자의 개수

우리가 사용하고 있는 수는 0부터 9까지의 숫자로 이루어져 있습니다.

4, 5, 10, 26, 33

수의 개수: 4, 5, 10, 26, 33 → 5개

숫자의 개수: 4, 5, 1, 0, 2, 6, 3, 3 → 8개

□ 안에 알맞은 고대 그리스 수를 써넣으시오.

고대 그리스 수

Ι	ΙΙΙ	Γ	ΓΙΙ	ΓΙΙΙΙ	Δ	ΔΓ	ΔΔ
1	3	5	7	9	10	15	20

ΔΔΓ − ΔΙΙ = □

STEP 1 고대 그리스 수가 나타내는 수를 써넣고 계산해 보시오.

ΔΔΓ = 10 (Δ) + □ (Δ) + □ (Γ) = □

ΔΙΙ = □ (Δ) + □ (ΙΙ) = □

STEP 2 STEP 1을 이용하여 고대 그리스 수가 나타내는 수를 써넣고 계산해 보시오.

□ (ΔΔΓ) − □ (ΔΙΙ) = □

STEP 3 STEP 2의 계산 결과를 고대 그리스 수로 써 보시오.

정답과 풀이 3쪽

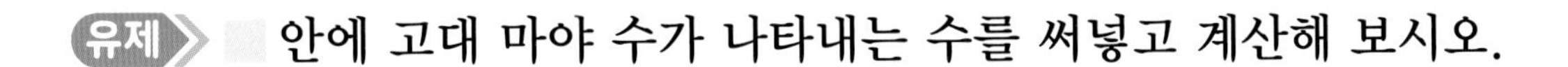

유제 □ 안에 고대 마야 수가 나타내는 수를 써넣고 계산해 보시오.

고대 마야 수

1	2	3	4	5
6	7	8	9	10
11	…			

= □ + □ + □ = □

= □ + □ + □ + □ = □

Lecture 고대수

고대 로마 수는 Ⅰ(1), Ⅴ(5), Ⅹ(10)…을 여러 번 사용하여 만듭니다.

큰 수가 작은 수보다 앞에 있으면 **더합니다.**	작은 수가 큰 수보다 앞에 있으면 **뺍니다.**
VI (5 1) ➡ 5+1=6	IV (1 5) ➡ 5−1=4
XI (10 1) ➡ 10+1=11	IX (1 10) ➡ 10−1=9

|원리탐구 ❶|

1 팩토 빌딩 1층에 있는 건물 안내판입니다. 물음에 답해 보시오.

안내 INFORMATION

4층	[41호] 관리실 [42호] 독서실
3층	[31호] 한의원 [32호] 치과 [33호] 동물 병원
2층	[21호] 영어 학원 [22호] 수학 학원 [23호] 피아노 학원
1층	[11호] 편의점 [12호] 커피 전문점

(1) 안내판에 있는 수는 모두 몇 개입니까?

(2) 안내판에 있는 숫자는 모두 몇 개입니까?

(3) 안내판에 있는 숫자 3은 모두 몇 개입니까?

| 원리탐구 ❷ |

2 □ 안에 고대 바빌로니아 수가 나타내는 수를 써넣고 계산해 보시오.

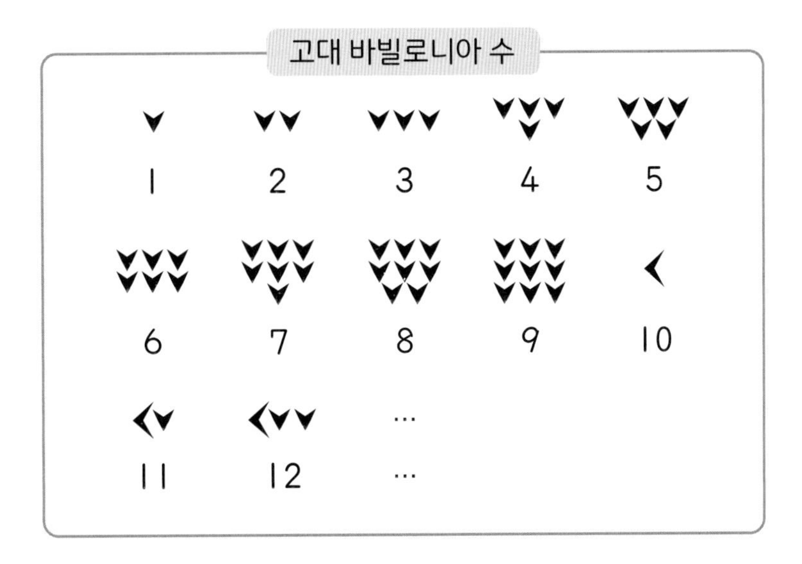

𒌋𒌋𒌋 = 10 + □ + □ = □

𒌋𒌋𒁹 = □ + □ + □ = □

𒌋𒌋𒌋𒌋𒐋 = □

2. 디지털 숫자

원리탐구 ① 디지털 숫자 만들기

막대 6개를 모두 사용하여 만들 수 있는 두 자리 디지털 수 중에서 가장 큰 수를 써 보시오.

온라인 활동지

STEP 1 0부터 9까지의 디지털 숫자를 쓰고, 각각의 숫자를 만드는 데 필요한 막대의 개수를 써 보시오.

디지털 숫자	0	1								
막대 개수 (개)	6	2								

STEP 2 STEP 1에서 구한 결과를 이용하여 막대 6개를 모두 사용하여 만들 수 있는 두 자리 디지털 수를 모두 만들어 보시오.

STEP 3 STEP 2 에서 만든 두 자리 디지털 수 중 가장 큰 수를 써 보시오.

정답과 풀이 5쪽

유제 막대 7개를 모두 사용하여 만들 수 있는 두 자리 디지털 수 중에서 가장 큰 수와 가장 작은 수를 각각 써 보시오. 온라인 활동지

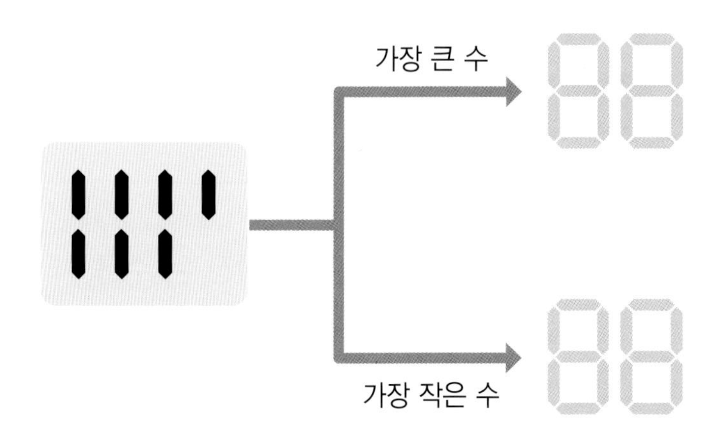

Lecture 디지털 숫자 만들기

다음은 막대를 사용하여 만든 0부터 9까지의 디지털 숫자입니다.

숫자	0	1	2	3	4	5	6	7	8	9
디지털 숫자	0	1	2	3	4	5	6	7	8	9

원리탐구 ② 디지털 숫자 바꾸기

다음은 63에서 막대 1개를 옮겨 59를 만든 것입니다.

63 → 53 → 59

위와 같이 39에서 막대 1개를 옮겨 만들 수 있는 가장 큰 수를 써 보시오. 온라인 활동지

39 →

STEP 1 일의 자리 숫자 9에서 막대 1개를 빼서 다른 숫자를 만들어 보시오.

9 →

STEP 2 십의 자리 숫자 3에 막대 1개를 더해서 다른 숫자를 만들어 보시오.

3 →

STEP 3 39에서 막대 1개를 옮겨 만들 수 있는 가장 큰 수를 써 보시오.

정답과 풀이 6쪽

유제 59에서 막대 1개를 옮겨서 서로 다른 수를 여러 가지 만들어 보시오.

온라인 활동지

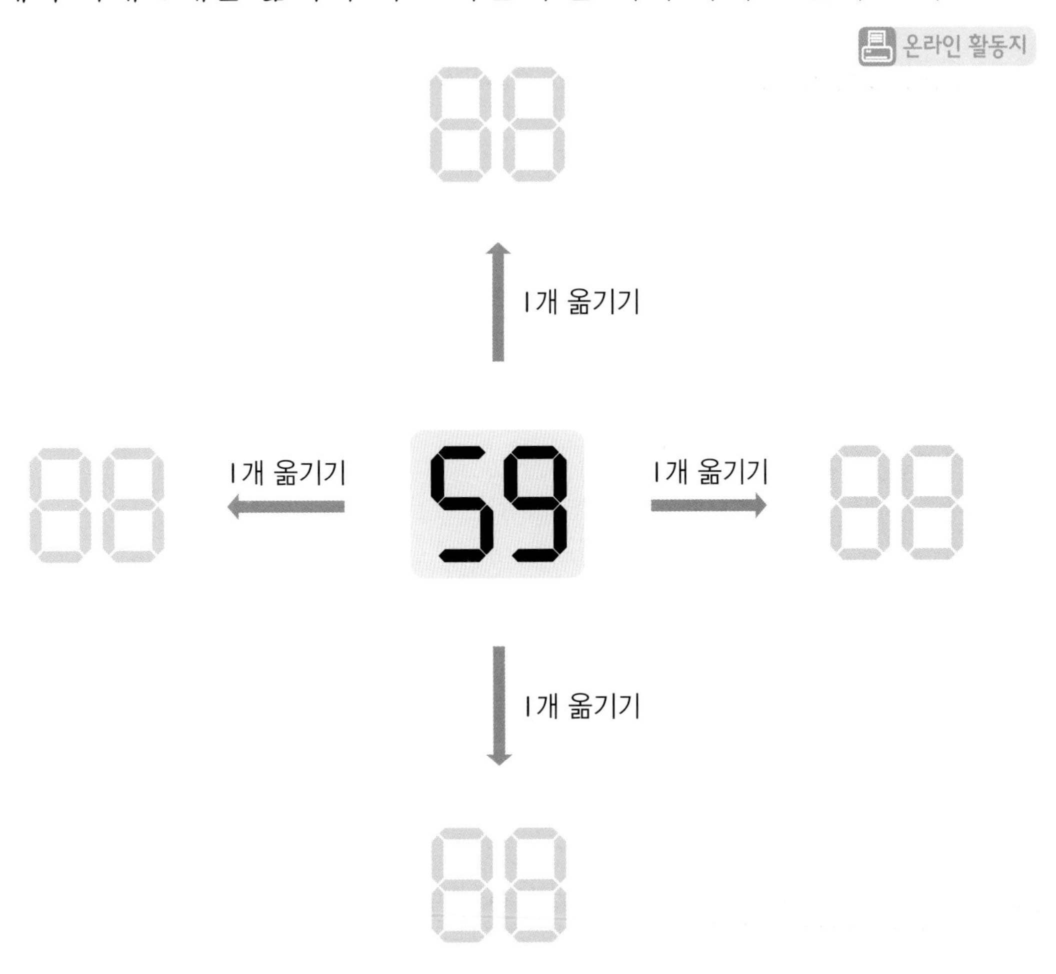

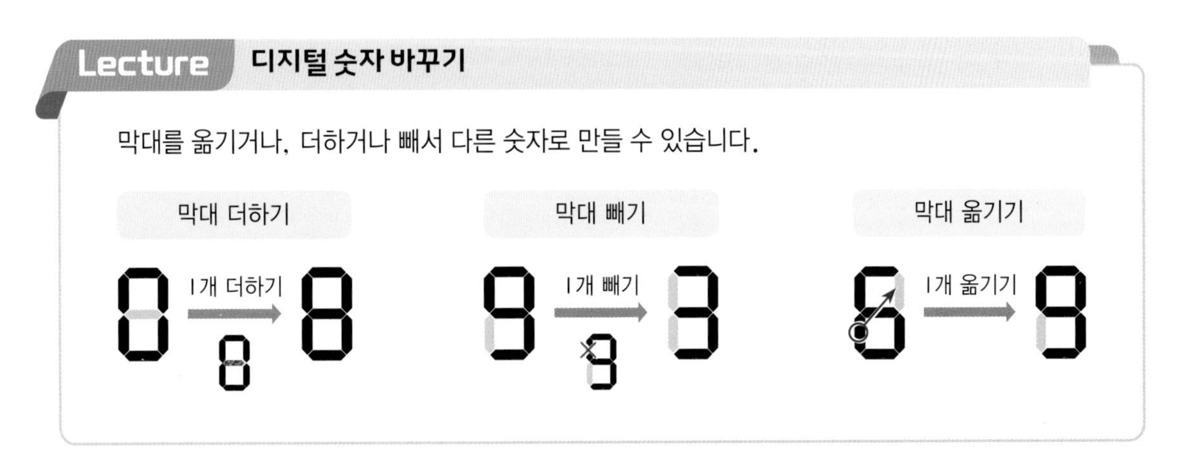

Lecture 디지털 숫자 바꾸기
막대를 옮기거나, 더하거나 빼서 다른 숫자로 만들 수 있습니다.
막대 더하기
1개 더하기
막대 빼기
1개 빼기
막대 옮기기
1개 옮기기

|원리탐구❷|

1 숫자 8에서 막대 1개를 빼서 서로 다른 숫자 3개를 만들어 보시오. 온라인 활동지

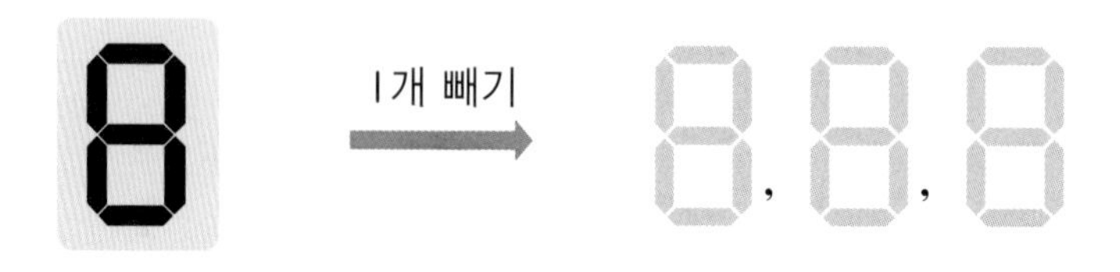

|원리탐구❶|

2 막대 10개를 모두 사용하여 만들 수 있는 가장 큰 두 자리 수를 만들어 보시오. 온라인 활동지

정답과 풀이 7쪽

| 원리탐구 ❷ |

3 26에서 막대 1개를 옮기거나 빼서 서로 다른 수를 여러 가지 만들어 보시오. 온라인 활동지

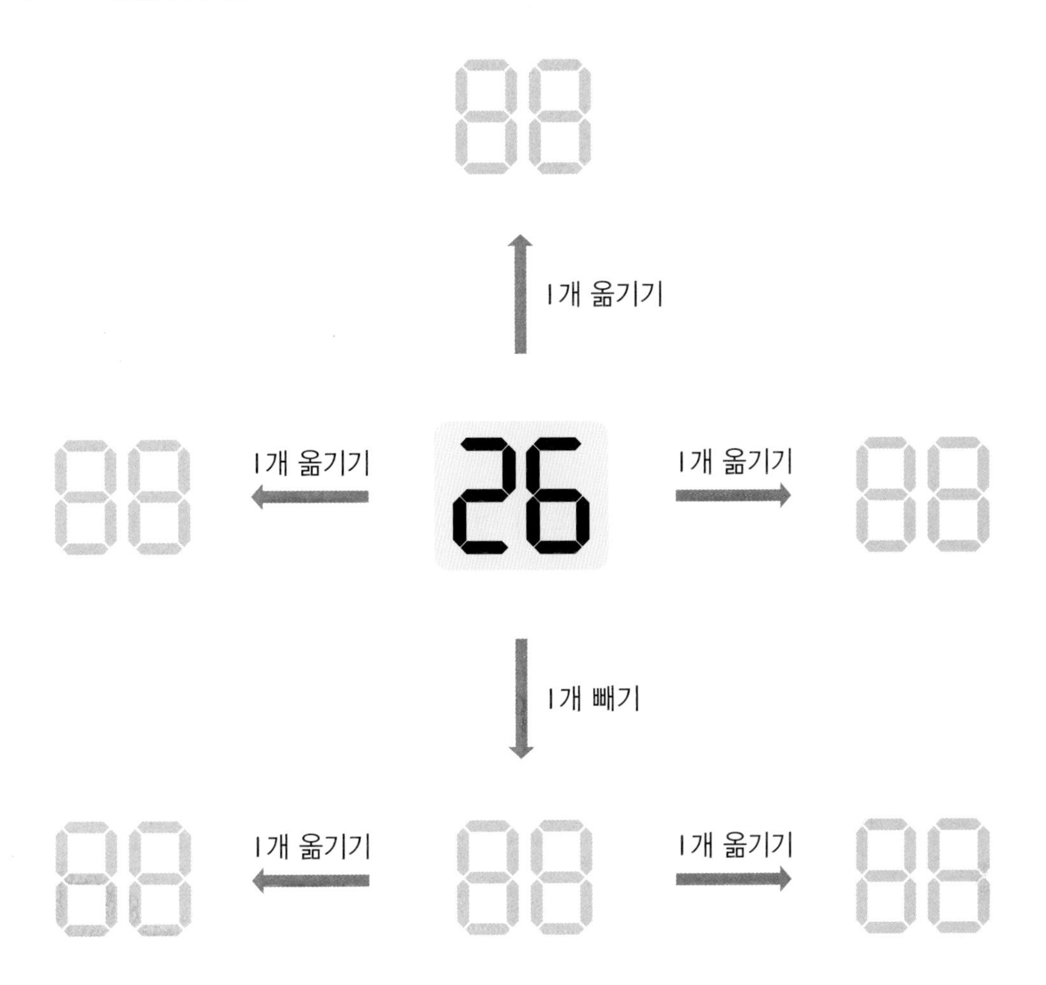

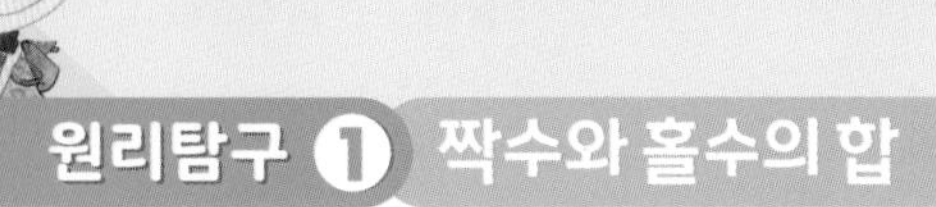

3. 짝수와 홀수

원리탐구 ① 짝수와 홀수의 합

아빠, 엄마, 오빠, 지혜, 동생의 나이의 합은 홀수입니다. 내년에 다섯 사람의 나이의 합은 짝수입니까? 홀수입니까?

STEP 1 내년에 다섯 사람의 나이의 합은 올해보다 몇 살 더 많아지는지 구해 보시오.

STEP 2 주어진 식의 계산 결과가 짝수인지 홀수인지 ☐ 안에 알맞게 써넣으시오.

- (홀수)+(홀수)=(☐)
- (홀수)+(짝수)=(☐)

STEP 3 내년에 다섯 사람의 나이의 합은 짝수입니까? 홀수입니까?

정답과 풀이 8쪽

유제 다음 식의 계산 결과가 짝수인지 홀수인지 알맞은 말에 ○표 하시오.

$$1+3+5+7+9+11+13+15+17+19$$

(짝수, 홀수)

$$91+92+93+94+95+96+97+98+99+100$$

(짝수, 홀수)

Lecture **짝수와 홀수의 합**

- 짝수: 둘씩 짝을 지을 수 있는 수이며 일의 자리 숫자가 0, 2, 4, 6, 8인 수
- 홀수: 둘씩 짝을 지을 수 없는 수이며 일의 자리 숫자가 1, 3, 5, 7, 9인 수
- (홀수) + (홀수) = (짝수)
- (홀수) + (짝수) = (홀수)
- (짝수) + (홀수) = (홀수)
- (짝수) + (짝수) = (짝수)

원리탐구 ② 카드 뒤집기

양면이 다음과 같은 카드 2장이 있습니다. 카드 2장을 뒤집은 횟수의 합이 4번일 때, ? 에 알맞은 면은 그림면입니까? 숫자면입니까?

STEP 1 위의 카드를 다음과 같이 뒤집었을 때, 아래 카드는 몇 번 뒤집혀야 하는지 ▢ 안에 알맞은 수를 써넣으시오.

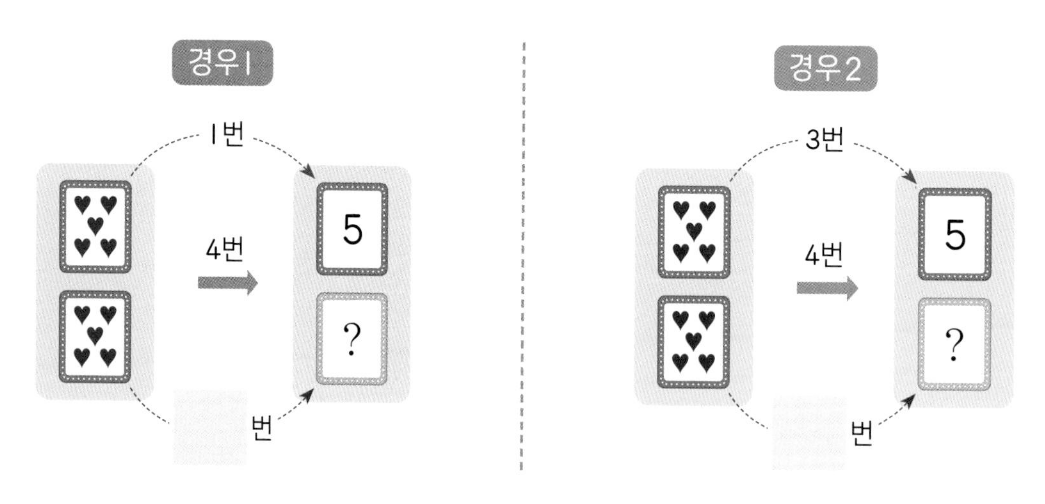

STEP 2 ? 에 알맞은 면은 그림면입니까? 숫자면입니까?

유제 버튼을 한 번 누르면 꺼져 있는 불은 켜지고, 켜져 있는 불은 꺼집니다. 버튼 2개를 누른 횟수의 합이 7번일 때, ? 에 알맞은 버튼을 찾아 ○표 하시오.

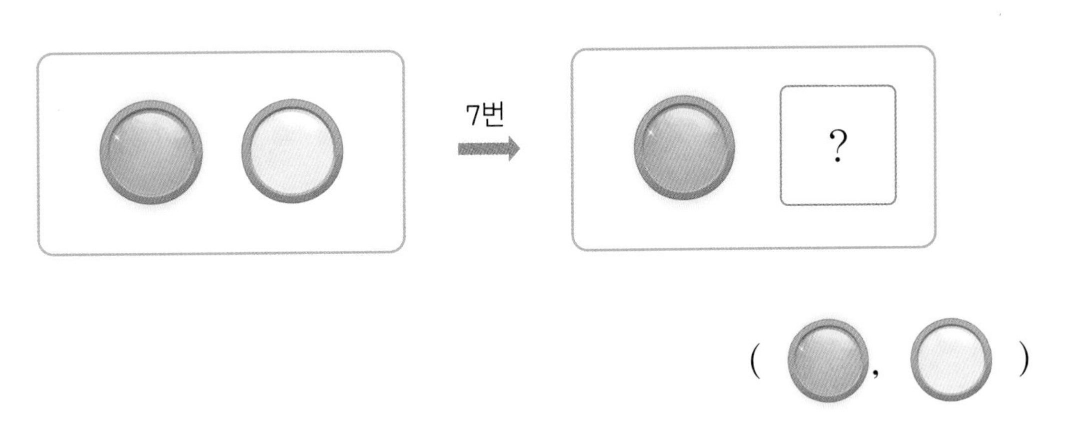

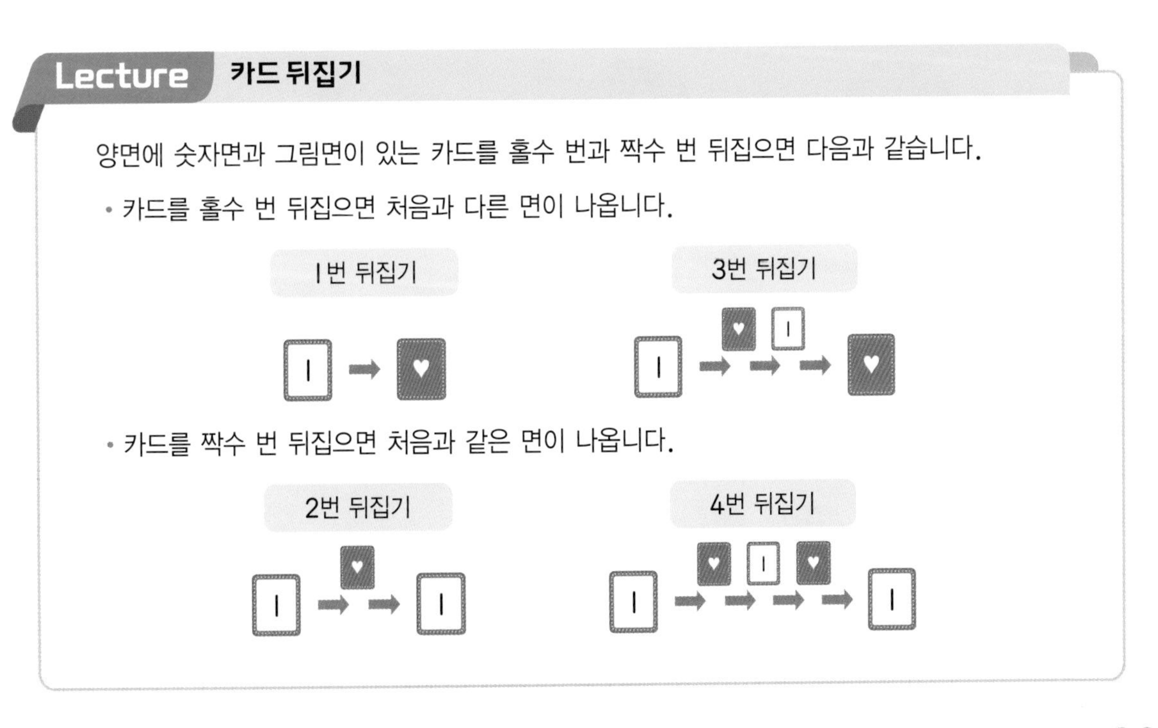

Lecture 카드 뒤집기

양면에 숫자면과 그림면이 있는 카드를 홀수 번과 짝수 번 뒤집으면 다음과 같습니다.

- 카드를 홀수 번 뒤집으면 처음과 다른 면이 나옵니다.

- 카드를 짝수 번 뒤집으면 처음과 같은 면이 나옵니다.

* Practice 팩토 *

| 원리탐구 ❶ |

1 다음과 같이 덧셈식을 적은 종이가 찢어져 있습니다. 다음 식의 계산 결과는 짝수입니까? 홀수입니까?

28 ＋ 17 ＋ 30 ＋ 44 ＋ 93

| 원리탐구 ❷ |

2 양면이 오른쪽과 같은 동전 7개를 주어진 횟수만큼 각각 뒤집었습니다. 그 결과 그림면과 숫자면 중 어느 면이 더 많은지 써 보시오.

정답과 풀이 10쪽

| 원리탐구 ❶ |

3 조건에 맞게 ○ 안에 알맞은 수를 써넣으시오.

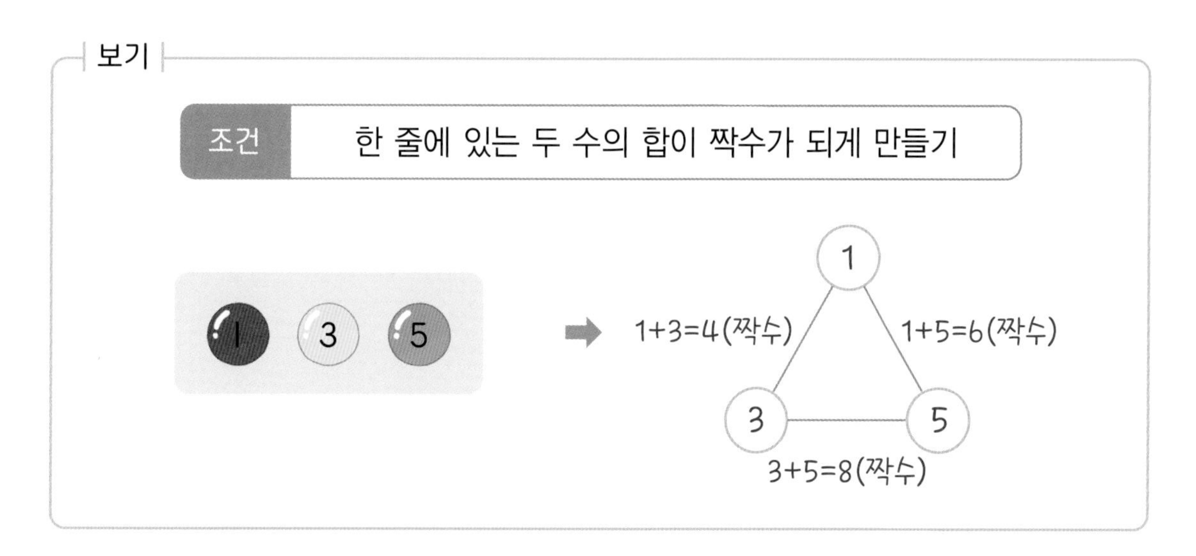

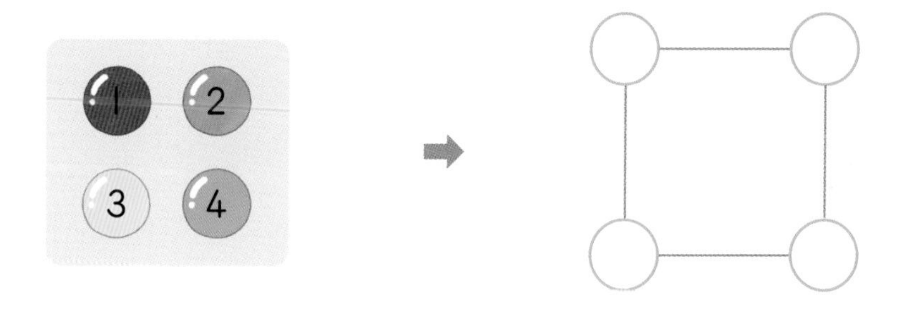

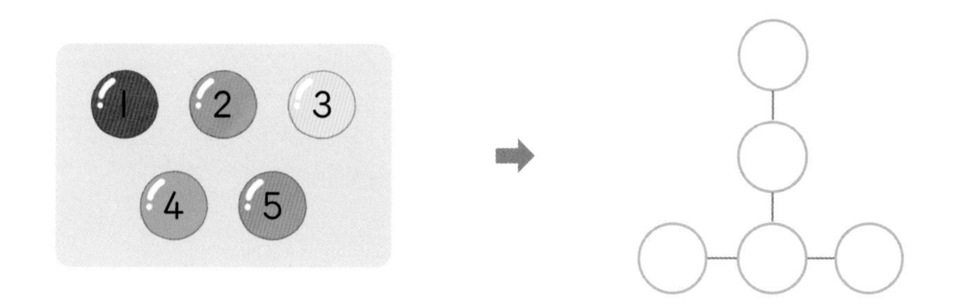

4. 조건에 맞는 수

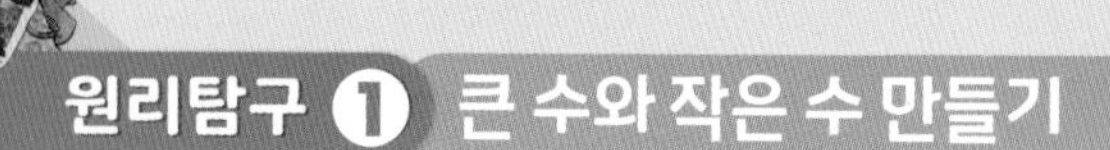

원리탐구 ❶ 큰 수와 작은 수 만들기

4장의 숫자 카드 중 2장을 사용하여 만들 수 있는 두 자리 수 중에서 둘째로 큰 수와 둘째로 작은 수를 각각 써 보시오.

2 3 5 7

STEP 1 가장 큰 두 자리 수를 만들어 보시오.

STEP 2 둘째로 큰 수를 만들어 보시오.

STEP 3 가장 작은 두 자리 수를 만들어 보시오.

STEP 4 둘째로 작은 수를 만들어 보시오.

› 정답과 풀이 11쪽

유제 5장의 숫자 카드 중 2장을 사용하여 조건에 맞는 두 자리 수를 모두 만들어 보시오.

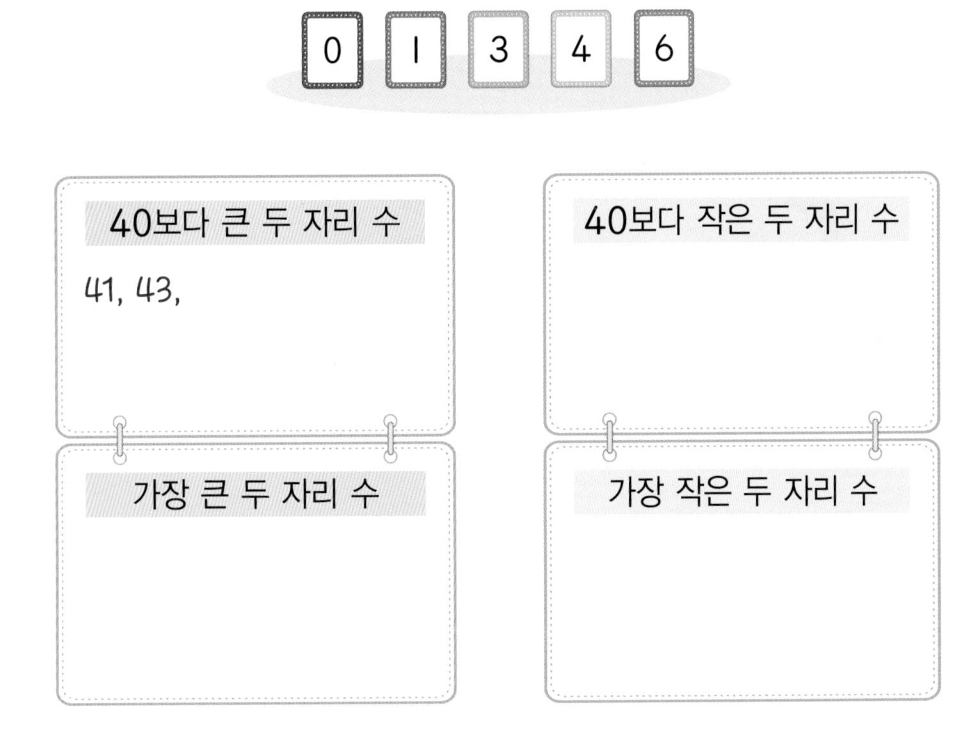

Lecture 큰 수와 작은 수 만들기

2, 7, 9 3장의 숫자 카드 중 2장을 사용하여 다음과 같이 두 자리 수를 만들 수 있습니다.

		만들 수 있는 두 자리 수
십의 자리 숫자가 2 인 경우	➡	27, 29
십의 자리 숫자가 7 인 경우	➡	72, 79
십의 자리 숫자가 9 인 경우	➡	92, 97

원리탐구 ② 조건에 맞는 수 찾기

세 사람이 설명하고 있는 수는 무엇인지 구해 보시오.

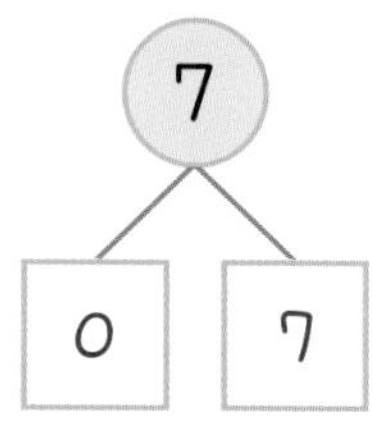

십의 자리 수와
일의 자리 수를
합하면 7이야.
민호

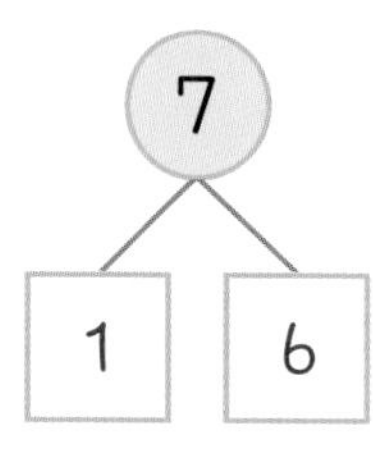

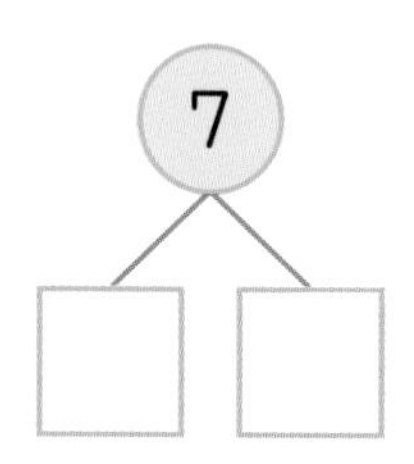

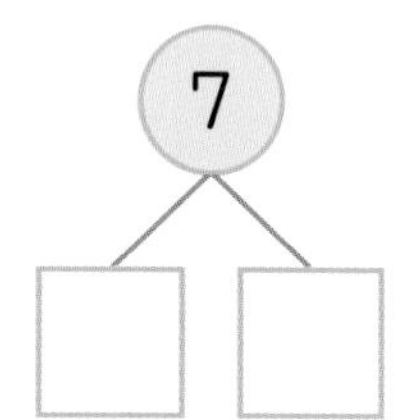

STEP 1 7을 여러 가지 방법으로 두 수로 가르기 해 보시오.

7		7		7		7	
0	7	1	6				

STEP 2 STEP 1에서 찾은 두 수를 사용하여 두 자리 수를 만들어 보시오.

STEP 1에서 찾은 두 수	0, 7	1, 6		
만들 수 있는 두 자리 수	70	16, 61		

STEP 3 STEP 2에서 만든 수 중에서 50보다 작은 수를 모두 찾아 써 보시오.

STEP 4 STEP 3에서 찾은 수 중에서 십의 자리 수가 일의 자리 수보다 더 큰 수를 찾아 써 보시오.

유제 다음 | 조건 |에 맞는 수를 찾아 써 보시오.

| 조건 |

① 두 자리 수입니다.
② 각 자리 수의 합이 9입니다.
③ 십의 자리 수가 일의 자리 수보다 1만큼 더 큽니다.

| 조건 |

① 30보다 작은 두 자리 수입니다.
② 십의 자리와 일의 자리 수의 합은 6입니다.
③ 일의 자리 수가 십의 자리 수보다 2만큼 더 큽니다.

Lecture 조건에 맞는 수 찾기
| 조건 |에 맞는 수를 찾을 때 단계별로 알아봅니다.
조건
10보다 크고 13보다 작은 수
STEP1 10보다 큰 수 찾기
STEP2 13보다 작은 수 찾기
11, 12, 13, 14, 15…
11, 12, 13, 14, 15
조건
십의 자리 수와 일의 자리 수의 합이 3인 두 자리 수
STEP1 합이 3인 두 수 찾기
STEP2 두 자리 수 만들기
0 + 3 = 3
1 + 2 = 3
30
12, 21

* Practice 팩토 *

| 원리탐구 ❶ |

1. 5장의 숫자 카드 중 2장을 사용하여 50보다 크고 60보다 작은 수를 모두 만들어 보시오.

| 원리탐구 ❷ |

2. 주어진 수 중에서 각 조건에 맞는 수를 찾아 빈 곳에 써넣고, 두 조건을 모두 만족하는 수를 찾아 써 보시오.

26	53	84	70	11
65	19	47	29	21

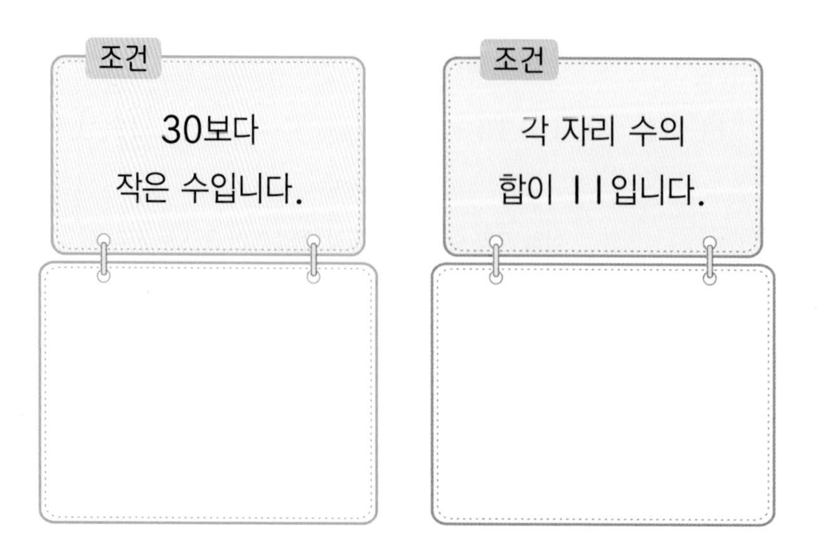

조건
30보다
작은 수입니다.
조건
각 자리 수의
합이 11입니다.

정답과 풀이 13쪽

| 원리탐구 ❶ |

주어진 가로 · 세로 열쇠를 보고 퍼즐을 완성해 보시오.

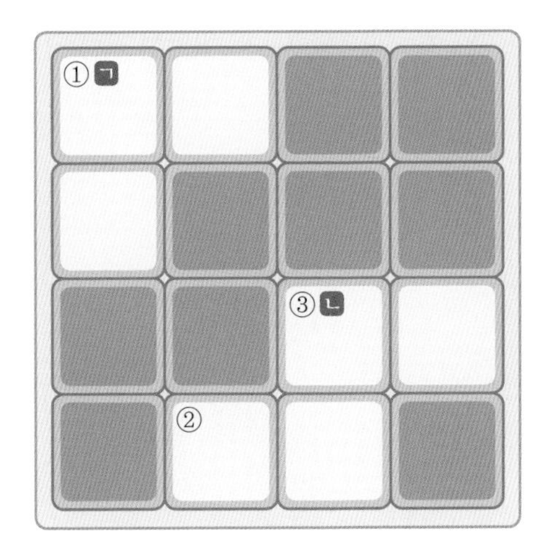

가로 열쇠

① 십의 자리 숫자가 2인 가장 작은 두 자리 수

② 각 자리 수의 합이 3이고, 십의 자리 수가 일의 자리 수보다 더 큰 두 자리 수

③ 십의 자리 숫자가 1인 가장 큰 두 자리 짝수

세로 열쇠

ㄱ 십의 자리 숫자가 2인 가장 큰 두 자리 수

ㄴ 십의 자리 숫자와 일의 자리 숫자가 같은 두 자리 수

01 희서는 칠판에 1부터 15까지의 수를 한 번씩 썼습니다. 희서가 쓴 수와 숫자의 개수는 각각 몇 개인지 구해 보시오.

02 어느 고대 이집트 마을의 인구를 고대 이집트 수로 나타낸 것입니다. 표의 빈칸에 알맞은 고대 이집트 수를 써넣으시오.

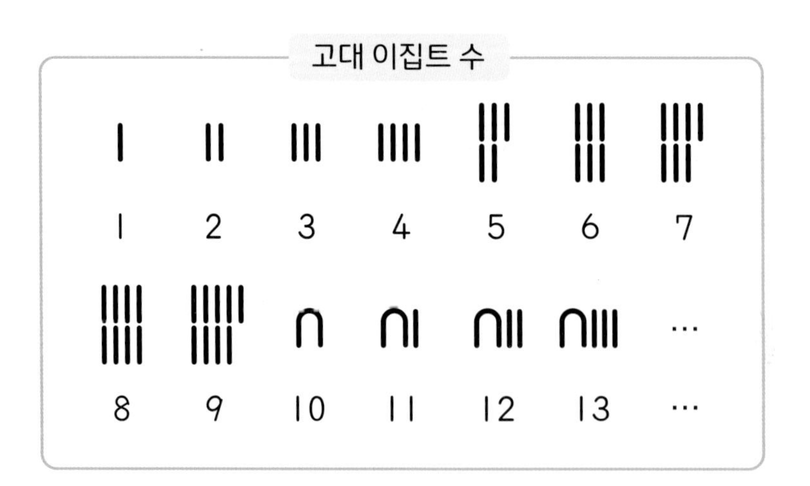

마을의 인구

성별	남성	여성	합계
인구(명)	∩∩	∩||	

정답과 풀이 14쪽

03 3장의 숫자 카드 중 2장을 사용하여 서로 다른 6개의 두 자리 수를 만들었습니다. 만든 두 자리 수를 모두 더한 값은 짝수입니까? 홀수입니까?

04 다음 조건 에 맞는 문의 비밀번호는 무엇인지 구해 보시오.

조건

① 두 자리 수입니다.

② 30보다 작은 수입니다.

③ 20보다 큰 수입니다.

④ 각 자리 수의 합이 8입니다.

* Challenge 영재교육원 *

01 막대 1개씩을 옮기거나, 더하거나 빼서 올바른 식이 되도록 만들고 식을 써 보시오. 온라인 활동지

보기

1개 더하기 1개 빼기

23 > 26 → 29 > 25 → 29 > 25

1개 빼기 1개 더하기

48 > 49 → ____________

1개 빼기 1개 더하기

76 < 70 → ____________

1개 더하기 1개 빼기

30 > 63 → ____________

정답과 풀이 15쪽

02 오른쪽 주머니에 들어 있는 수 중에서 공통점이 있는 수들을 3개씩 찾아 쓰고, 그 공통점을 써 보시오.

보기

공통점 십의 자리 수가 일의 자리 수보다 더 큽니다.

수
52, 93, 80

공통점

수

공통점

수

Ⅱ

퍼즐

학습 Planner

계획한 대로 공부한 날은 😀 에, 공부하지 못한 날은 ☹ 에 ○표 하세요.

공부할 내용	공부할 날짜	확 인
1 노노그램	월 일	😀 ☹
2 거울 퍼즐	월 일	😀 ☹
3 스도쿠	월 일	😀 ☹
4 ○, × 퍼즐	월 일	😀 ☹
Creative 팩토	월 일	😀 ☹
Challenge 영재교육원	월 일	😀 ☹

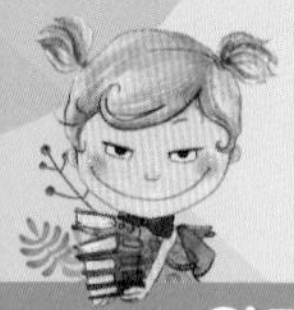

1. 노노그램

원리탐구 ① 노노그램

노노그램의 | 규칙 |에 따라 빈칸을 알맞게 색칠해 보시오.

| 규칙 |

① 위에 있는 수는 세로줄에 연속하여 색칠된 칸의 수를 나타냅니다.

② 왼쪽에 있는 수는 가로줄에 연속하여 색칠된 칸의 수를 나타냅니다.

	1	1	2
1			
3			
0			

	2	3	1
2			
3			
1			

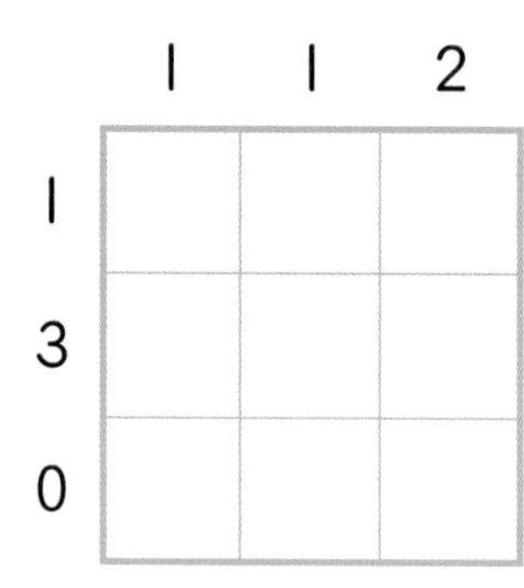

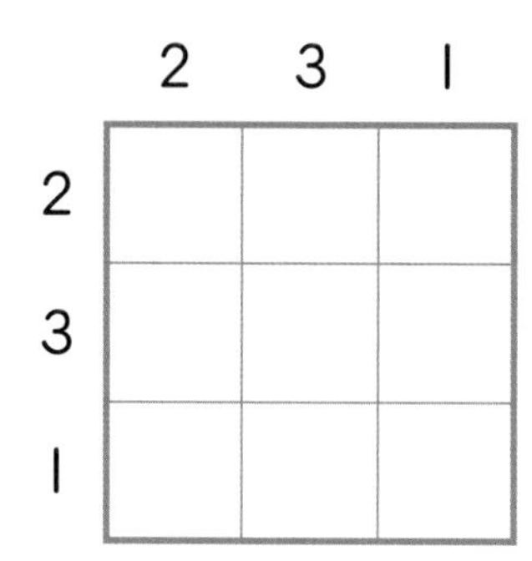

STEP 1 노노그램을 해결하는 전략에 따라 오른쪽 그림의 빈칸을 알맞게 색칠해 보시오.

전략 1 반드시 채워야 하는 3칸을 색칠하기

	1	1	2
1			
3			
0			

→

전략 2 색칠할 수 없는 칸에 ×표 하기

	1	1	2
1			
3			
0			

→

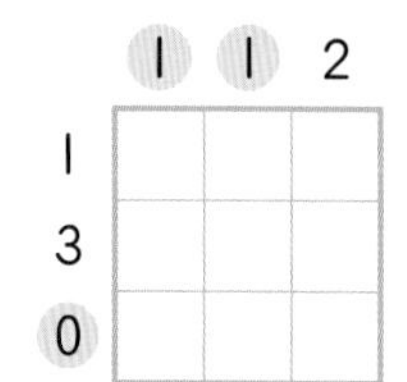

전략 3 나머지 칸을 알맞게 색칠하기

	1	1	2
1			
3			
0			

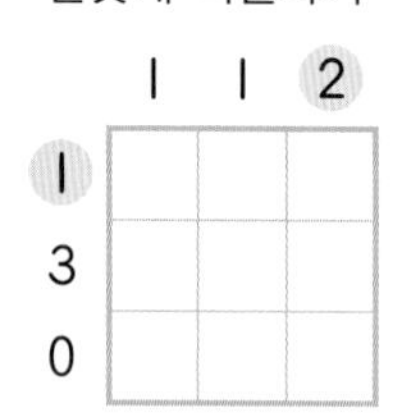

	1	1	2
1			
3			
0			

STEP 2 노노그램을 해결하는 전략에 따라 오른쪽 그림의 빈칸을 알맞게 색칠해 보시오.

전략 1 반드시 채워야 하는 3칸을 색칠하기

	2	3	1
2			
3			
1			

→

전략 2 색칠할 수 없는 칸에 ×표 하기

	2	3	1
2			
3			
1			

→

전략 3 나머지 칸을 알맞게 색칠하기

	2	3	1
2			
3			
1			

	2	3	1
2			
3			
1			

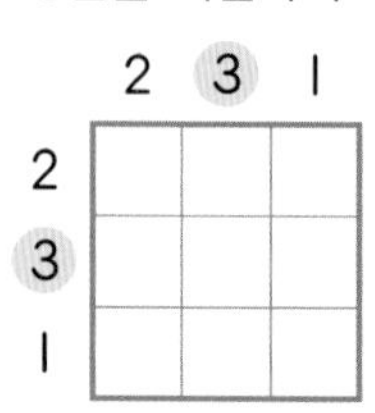

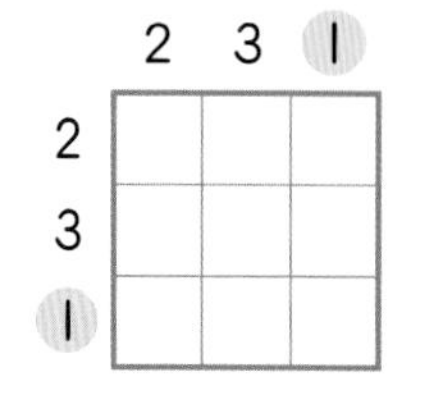

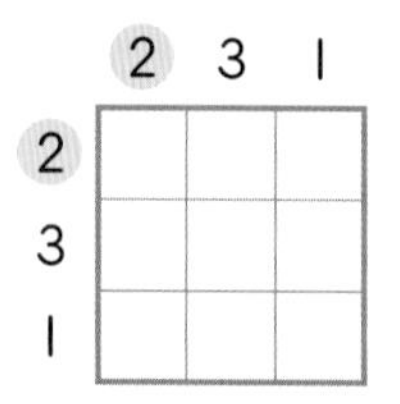

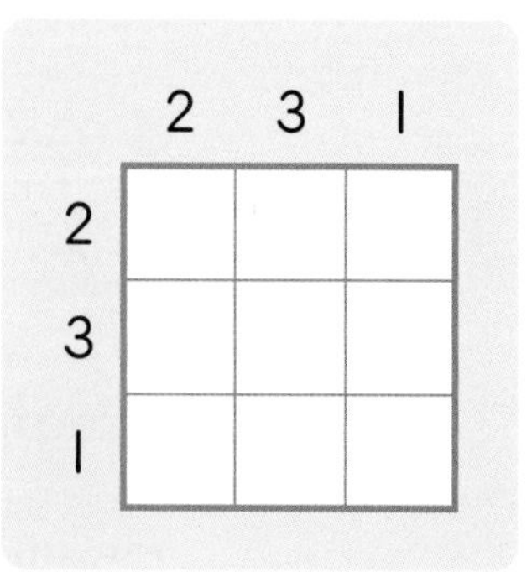

› 정답과 풀이 16쪽

유제 노노그램의 | 규칙 |에 따라 빈칸을 알맞게 색칠해 보시오.

| 규칙 |

① 위에 있는 수는 세로줄에 연속하여 색칠된 칸의 수를 나타냅니다.
② 왼쪽에 있는 수는 가로줄에 연속하여 색칠된 칸의 수를 나타냅니다.

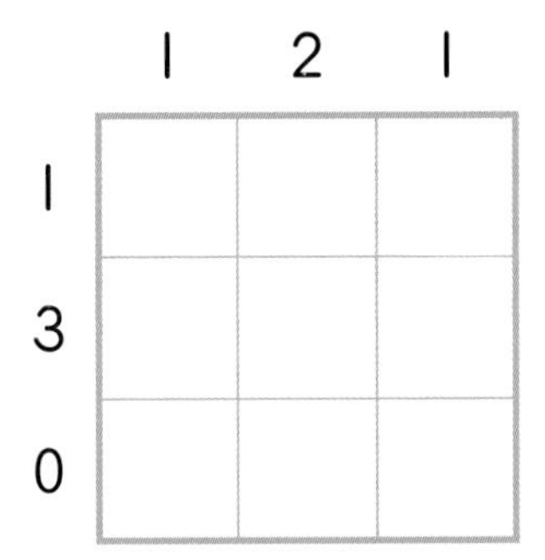

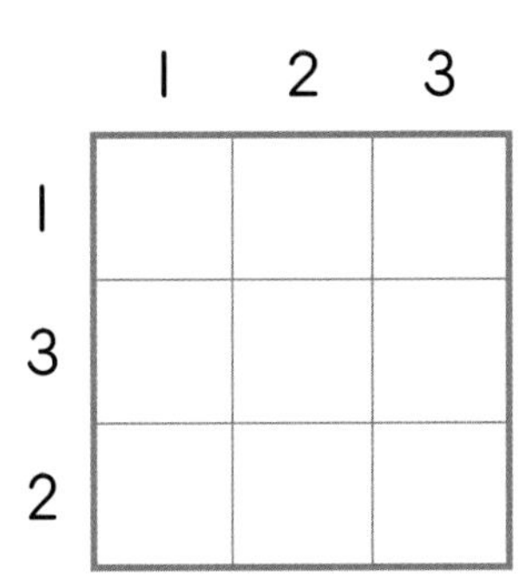

Lecture 노노그램

노노그램의 규칙은 다음과 같습니다.

① 위에 있는 수는 세로줄에 연속하여 색칠된 칸의 수를 나타냅니다.
② 왼쪽에 있는 수는 가로줄에 연속하여 색칠된 칸의 수를 나타냅니다.

	2	3	1
3	1칸	1칸	1칸
2	2칸	2칸	
1		3칸	

	2	3	1
3	1칸	2칸	3칸
2	1칸	2칸	
1		1칸	

노노그램 미로의 | 규칙 |에 따라 원숭이가 바나나가 있는 곳까지 가는 길을 그려 보시오.

| 규칙 |

① 위와 왼쪽에 있는 수는 원숭이가 각 줄에 지나가야 하는 방의 개수를 나타냅니다.

② 한 번 지나간 방은 다시 지나갈 수 없습니다.

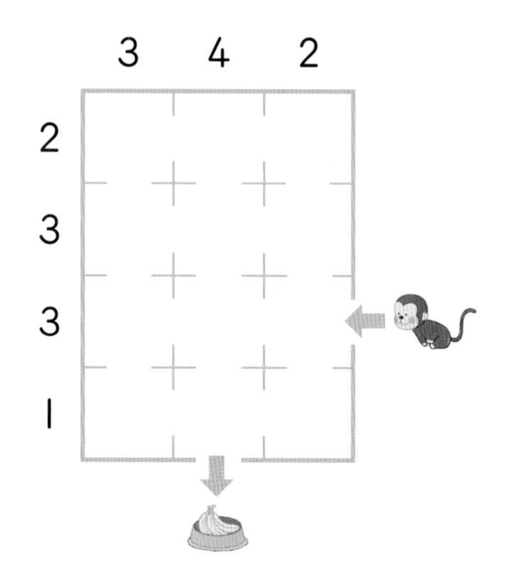

STEP 1 먼저 3, 4를 색칠해 보시오.

STEP 2 나머지 방을 | 규칙 |에 맞게 색칠해 보시오.

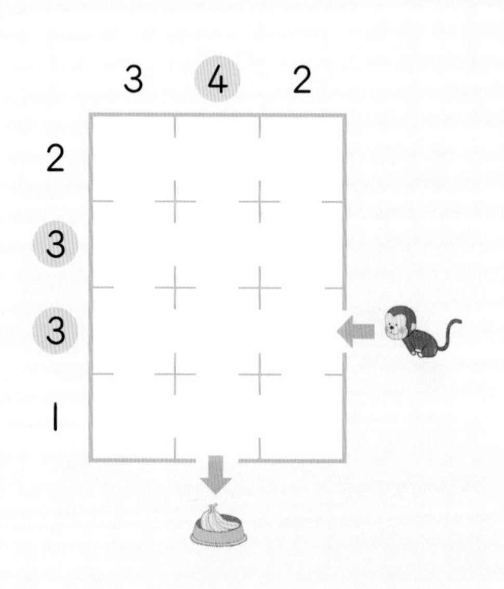

STEP 3 색칠된 방을 모두 한 번씩 지나도록 길을 그려 보시오.

정답과 풀이 17쪽

유제 노노그램 미로의 규칙에 따라 토끼가 당근이 있는 곳까지 가는 길을 그려 보시오.

규칙

① 위와 왼쪽에 있는 수는 토끼가 각 줄에 지나가야 하는 방의 개수를 나타냅니다.

② 한 번 지나간 방은 다시 지나갈 수 없습니다.

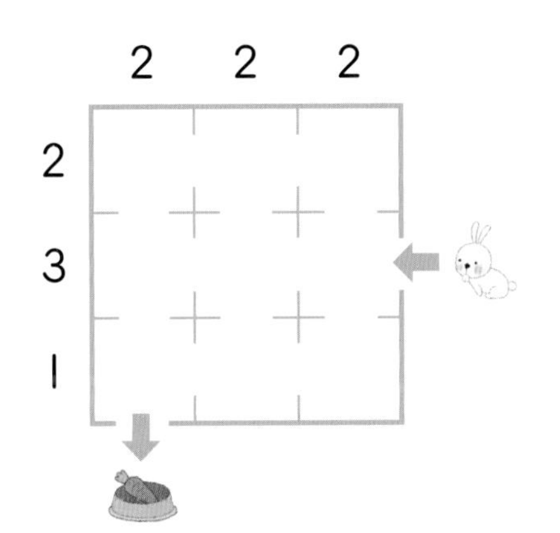

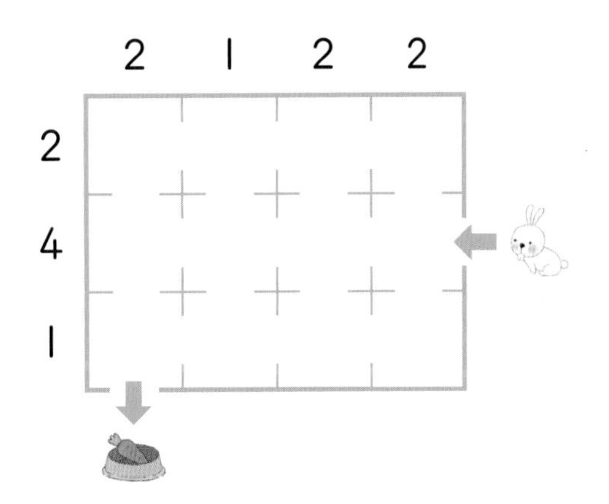

Lecture 노노그램 미로

노노그램 미로의 규칙은 다음과 같습니다.

① 위와 왼쪽에 있는 수는 원숭이가 각 줄에서 지나가야 하는 방의 개수를 나타냅니다.

② 한 번 지나간 방은 다시 지나갈 수 없습니다.

예

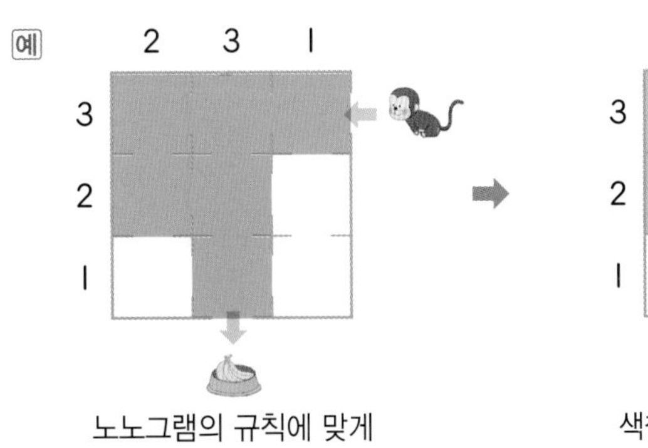

노노그램의 규칙에 맞게 방을 색칠합니다.

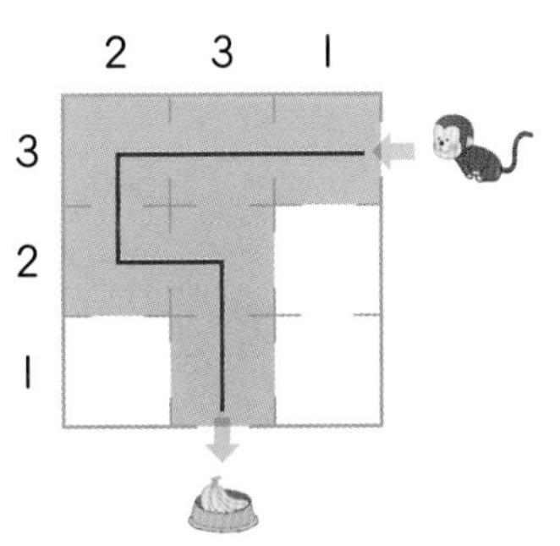

색칠된 방을 모두 한 번씩 지나도록 길을 그립니다.

* Practice 팩토 *

| 원리탐구 ❶ |

1 노노그램의 | 규칙 | 에 따라 빈칸을 알맞게 색칠해 보시오.

| 규칙 |

① 위에 있는 수는 세로줄에 연속하여 색칠된 칸의 수를 나타냅니다.

② 왼쪽에 있는 수는 가로줄에 연속하여 색칠된 칸의 수를 나타냅니다.

도전 ❶ ★★

	3	2	1	1
1				
4				
2				

도전 ❷ ★★★

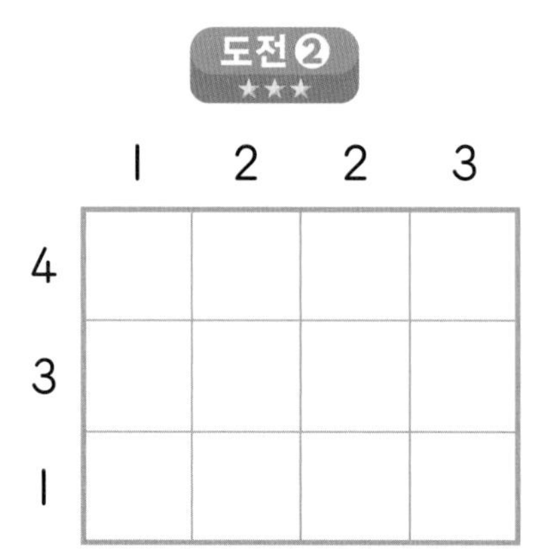

도전 ❸ ★★★★

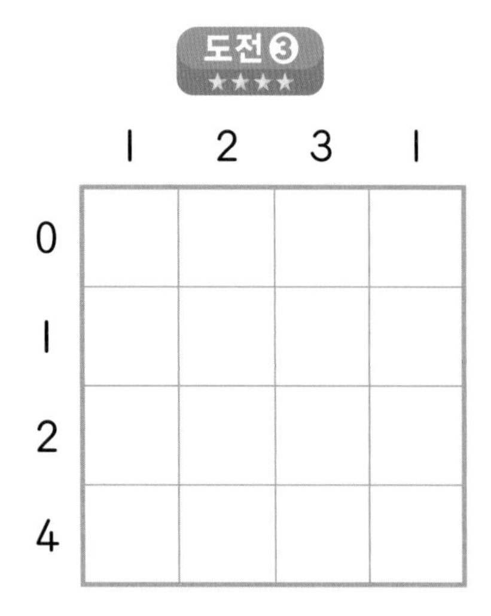

도전 ❹ ★★★★★

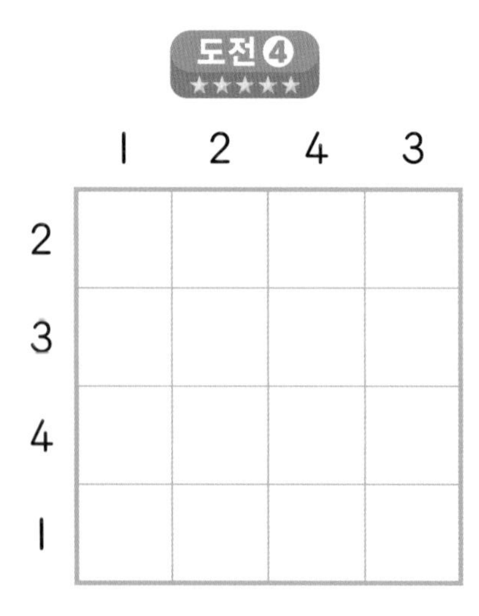

정답과 풀이 18쪽

| 원리탐구 ❷ |

노노그램 미로의 | 규칙 |에 따라 강아지가 음식이 있는 곳까지 가는 길을 그려 보시오.

| 규칙 |

① 위와 왼쪽에 있는 수는 강아지가 각 줄에 지나가야 하는 방의 개수를 나타냅니다.

② 한 번 지나간 방은 다시 지나갈 수 없습니다.

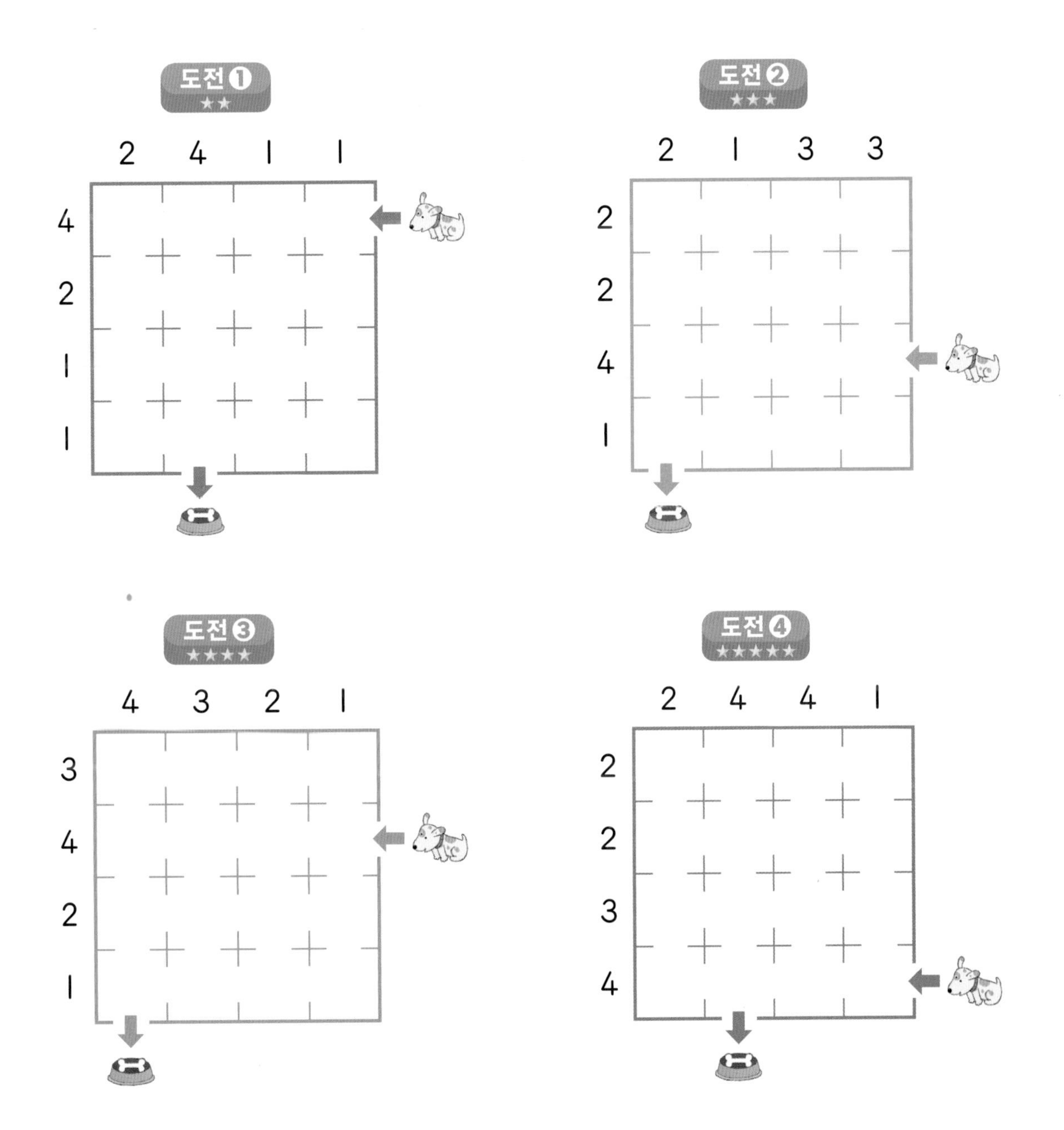

2. 거울 퍼즐

원리탐구 ① 거울 퍼즐

거울 퍼즐의 | 규칙 |에 따라 손전등에서 나온 빛이 지나는 길을 그리고, 빛이 지나는 점의 개수의 차를 구해 보시오.

| 규칙 |

① 빛은 손전등의 방향에 따라 가로 또는 세로로 비춥니다.

② 빛은 거울을 만나면 방향을 바꿉니다.

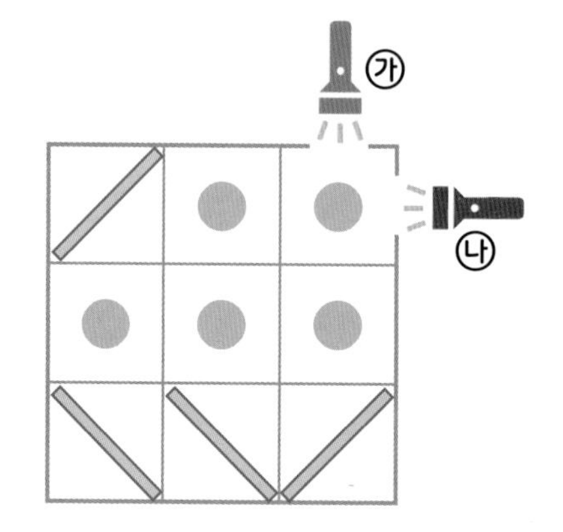

STEP 1 ㉮ 손전등에서 나온 빛이 지나는 길을 그려 보시오. 몇 개의 점을 지납니까?

STEP 2 ㉯ 손전등에서 나온 빛이 지나는 길을 그려 보시오. 몇 개의 점을 지납니까?

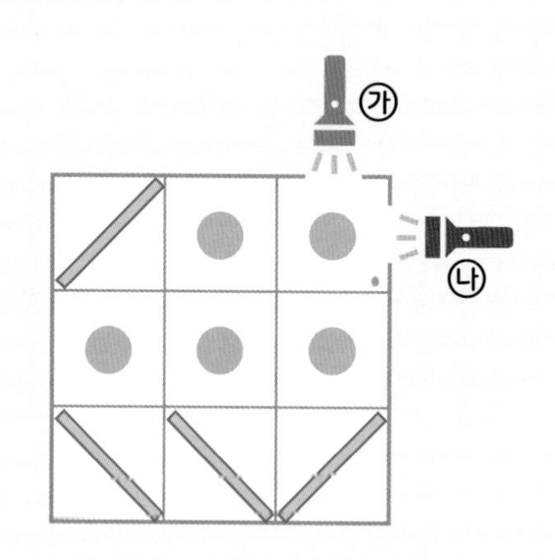

STEP 3 어느 손전등에서 나온 빛이 몇 개 더 많이 지납니까?

유제 **거울 퍼즐의 |규칙|에 따라 손전등에서 나온 빛이 지나는 길을 그리고, 빛이 지나는 점의 개수의 차를 구해 보시오.**

|규칙|

① 빛은 손전등의 방향에 따라 가로 또는 세로로 비춥니다.

② 빛은 거울을 만나면 방향을 바꿉니다.

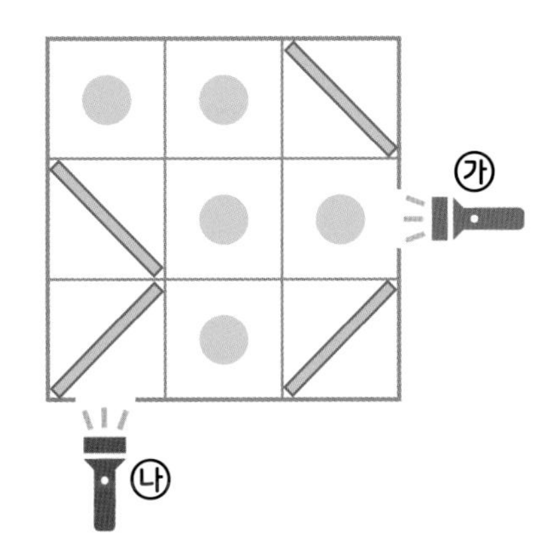

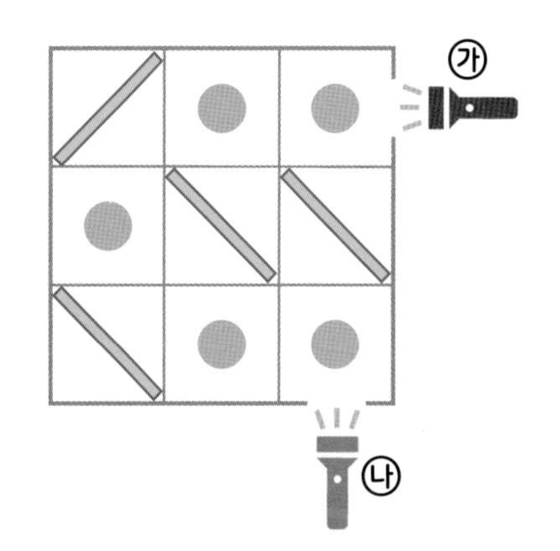

➡ ㉯ 손전등에서 나온 빛이
개 더 많이 지납니다.

➡ 손전등에서 나온 빛이
개 더 많이 지납니다.

Lecture 거울 퍼즐

거울 퍼즐의 규칙은 다음과 같습니다.

① 빛은 손전등의 방향에 따라 가로 또는 세로로 비춥니다.

② 빛은 거울을 만나면 방향을 바꿉니다.

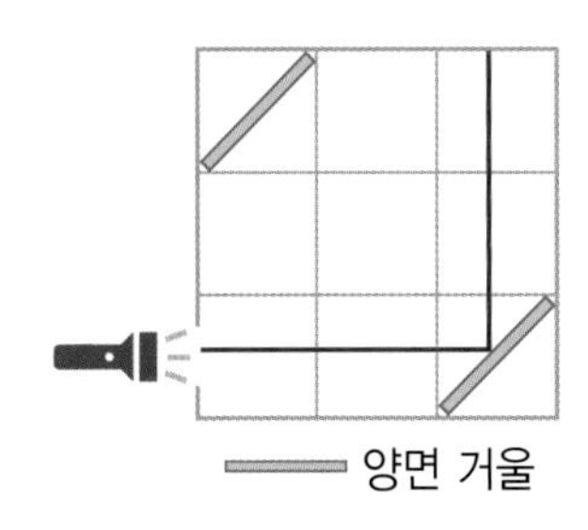

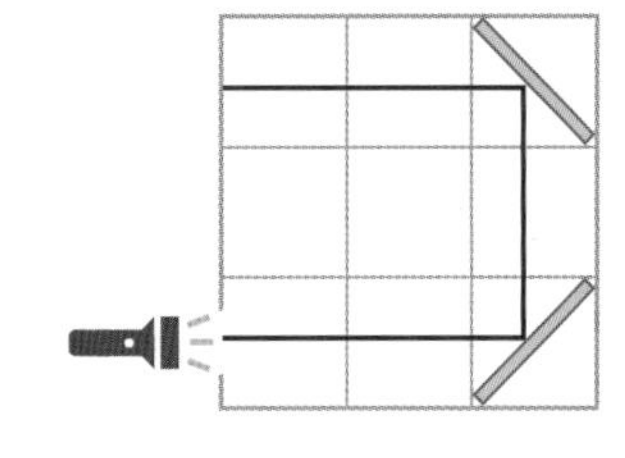

원리탐구 ② 거울 연결 퍼즐

거울 연결 퍼즐의 | 규칙 |에 따라 친구와 채소를 선으로 연결해 보시오.

| 규칙 |

① 친구와 채소를 1개씩만 연결해야 합니다.
② 모든 칸을 지나가야 합니다.
③ 각 칸은 한 번씩만 지나가야 합니다.
④ 거울을 만나면 방향이 바뀝니다.

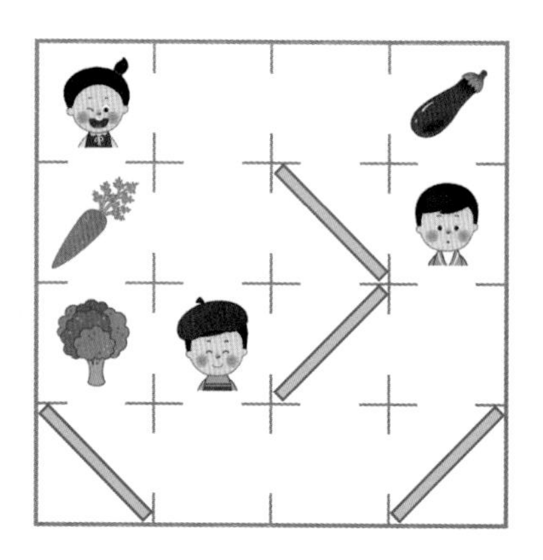

STEP 1 (친구 그림)가 서로 다른 채소와 연결되는 방법을 2가지 그려 보시오.

방법 1

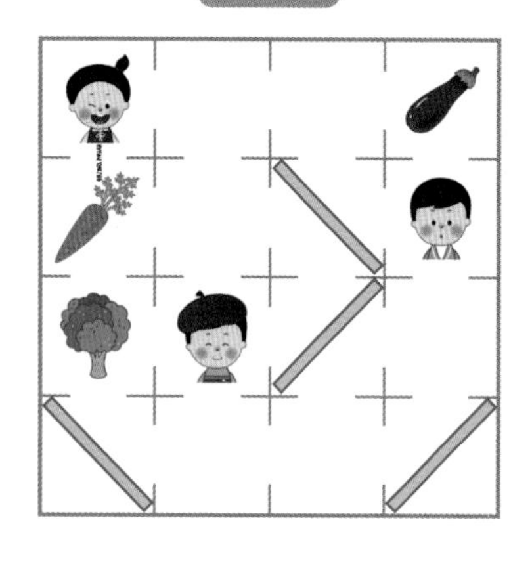

방법 2

STEP 2 STEP 1의 방법 1 에서 | 규칙 |에 맞게 (친구 그림)와 (친구 그림)가 나머지 채소와 연결될 수 있는지 알아보시오.

STEP 3 STEP 1의 방법 2 에서 | 규칙 |에 맞게 (친구 그림)와 (친구 그림)가 나머지 채소와 연결될 수 있는지 알아보시오.

정답과 풀이 20쪽

유제 거울 연결 퍼즐의 | 규칙 |에 따라 친구와 선물 상자를 선으로 연결해 보시오.

| 규칙 |

① 친구와 선물 상자를 한 개씩만 연결해야 합니다.
② 모든 칸을 지나가야 합니다.
③ 각 칸은 한 번씩만 지나가야 합니다.
④ 거울을 만나면 방향이 바뀝니다.

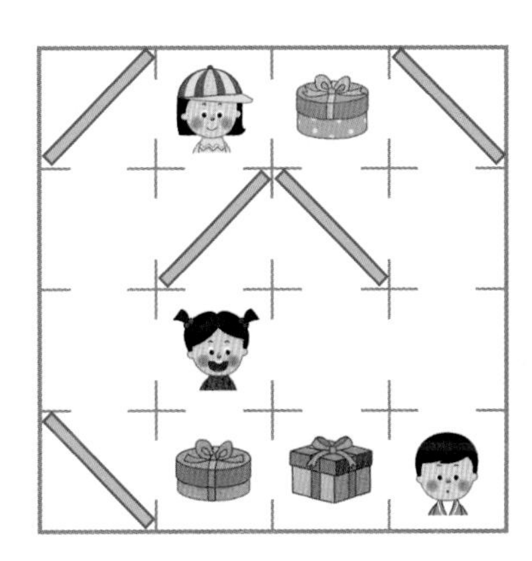

Lecture 거울 연결 퍼즐

거울 연결 퍼즐의 규칙은 다음과 같습니다.

① 친구와 과일을 한 개씩만 연결해야 합니다.
② 모든 칸을 지나가야 합니다.
③ 각 칸은 한 번씩만 지나가야 합니다.
④ 거울을 만나면 방향이 바뀝니다.

<잘못된 예>

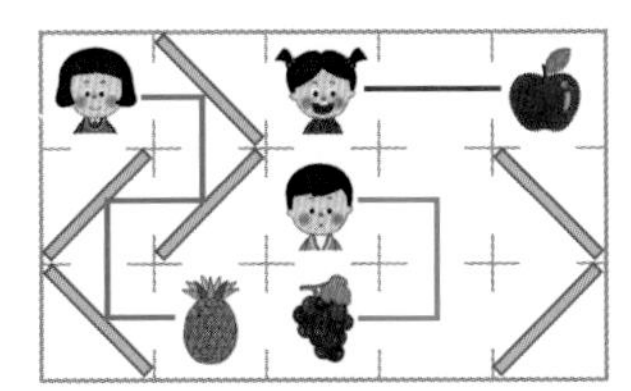

모든 칸을 지나지 않았습니다.

<올바른 예>

(○)

* Practice 팩토 *

| 원리탐구 ❶ |

1 거울 퍼즐의 | 규칙 |에 따라 손전등에서 나온 빛이 지나는 길을 그리고, 빛이 지나는 점의 개수의 차를 구해 보시오.

| 규칙 |

① 빛은 손전등의 방향에 따라 가로 또는 세로로 비춥니다.
② 빛은 거울을 만나면 방향을 바꿉니다.

도전 ❶ ★★

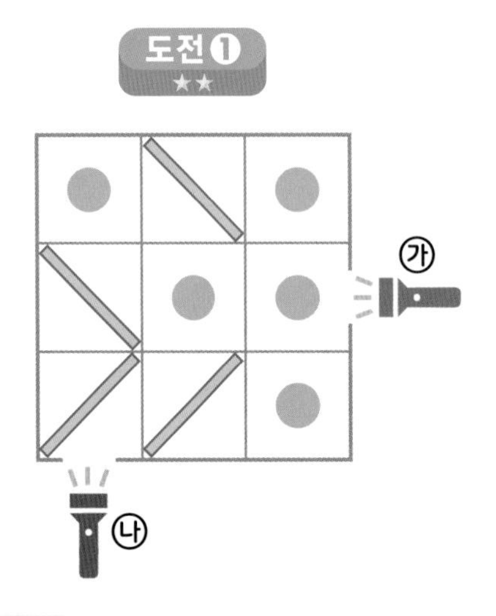

➡ ㉮ 손전등에서 나온 빛이 개 더 많이 지납니다.

도전 ❷ ★★★

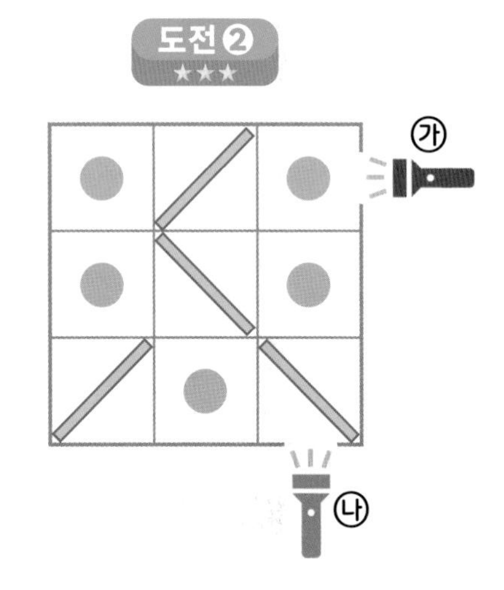

➡ 손전등에서 나온 빛이 개 더 많이 지납니다.

도전 ❸ ★★★★

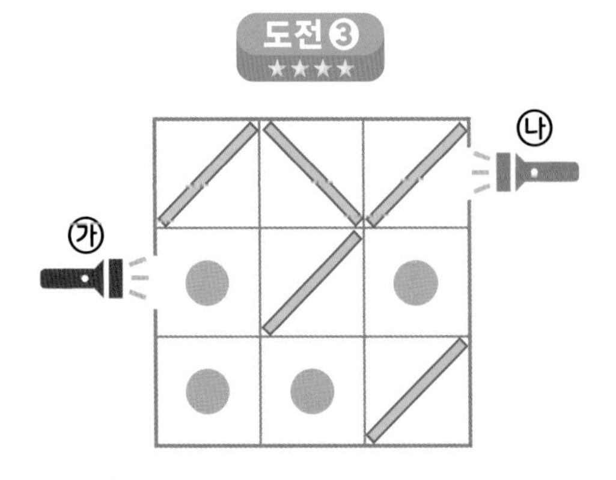

➡ 손전등에서 나온 빛이 개 더 많이 지납니다.

도전 ❹ ★★★★★

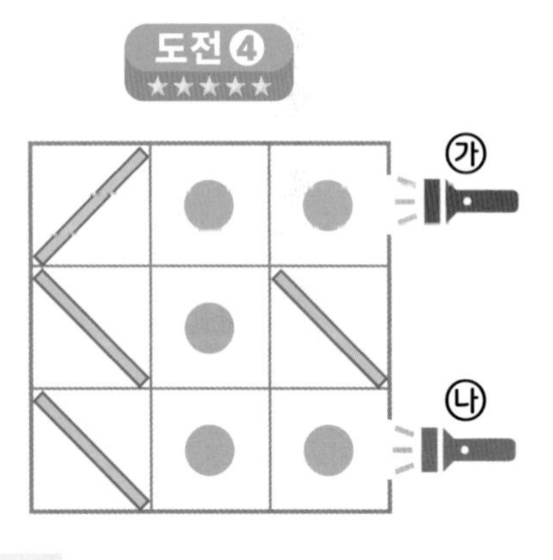

➡ 손전등에서 나온 빛이 개 더 많이 지납니다.

> 정답과 풀이 21쪽

| 원리탐구 ❷ |

거울 연결 퍼즐의 | 규칙 |에 따라 친구와 색 구슬 또는 모양을 선으로 연결해 보시오.

| 규칙 |

① 친구와 색 구슬 또는 모양을 한 개씩만 연결해야 합니다.
② 모든 칸을 지나가야 합니다.
③ 각 칸은 한 번씩만 지나가야 합니다.
④ 거울을 만나면 방향이 바뀝니다.

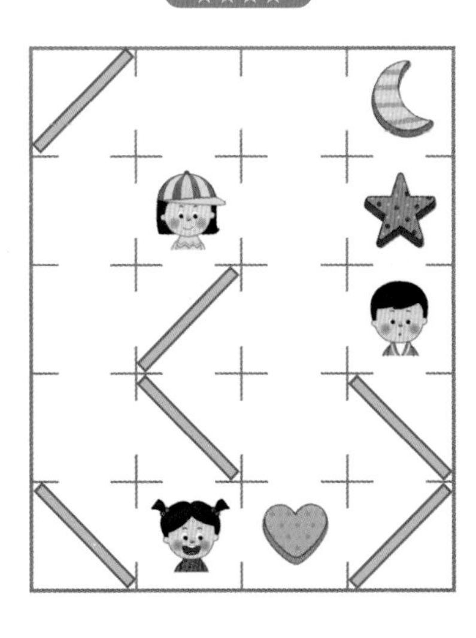

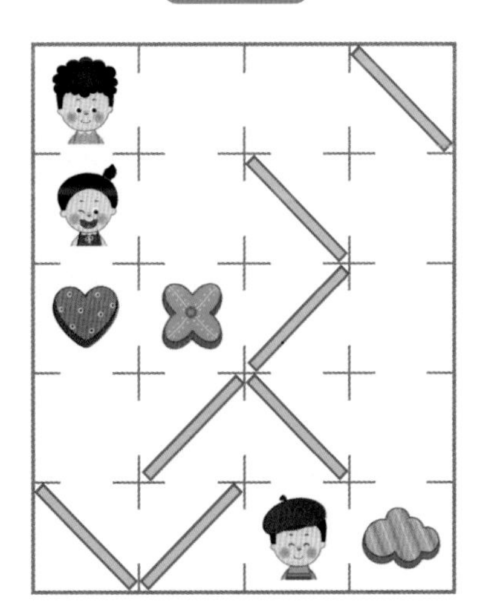

3. 스도쿠

원리탐구 ① 스도쿠

스도쿠의 | 규칙 |에 따라 빈칸에 알맞은 수를 써넣으시오.

| 규칙 |

① 가로줄의 각 칸에 주어진 수가 한 번씩만 들어갑니다.

② 세로줄의 각 칸에 주어진 수가 한 번씩만 들어갑니다.

1, 2, 3

	1	3
	3	

STEP 1 색칠한 가로줄과 세로줄에 1, 2, 3이 한 번씩만 들어가도록 빈칸에 알맞은 수를 써넣으시오.

STEP 2 ▢ 안에 알맞은 수를 써넣으시오.

	1	3
	3	

STEP 3 | 규칙 |에 따라 나머지 칸에 알맞은 수를 써넣으시오.

정답과 풀이 22쪽

유제 스도쿠의 규칙에 따라 빈칸에 알맞은 수를 써넣으시오.

규칙

① 가로줄의 각 칸에 주어진 수가 한 번씩만 들어갑니다.

② 세로줄의 각 칸에 주어진 수가 한 번씩만 들어갑니다.

1, 2, 3

	2	3
2		1
	1	

1, 2, 3

3		2
	2	
2		

Lecture 스도쿠

스도쿠의 규칙은 다음과 같습니다.

① 가로줄의 각 칸에 주어진 수가 한 번씩만 들어갑니다.

② 세로줄의 각 칸에 주어진 수가 한 번씩만 들어갑니다.

1, 2, 3

3	1	2	← 1, 2, 3
2	3	1	
1	2	3	
↑ 1, 2, 3			

캔캔 퍼즐의 | 규칙 |에 따라 빈칸에 알맞은 수를 써넣으시오.

| 규칙 |

① 작은 수는 굵은 선으로 둘러싸인 블록 안에 들어갈 수들의 합을 나타냅니다.

② 가로줄과 세로줄의 각 칸에 1부터 3까지의 수가 한 번씩만 들어갑니다.

4	2	5
3	6	2
		1

STEP 1 한 칸짜리 블록인 ▒ 안에 알맞은 수를 써넣으시오.

STEP 2 블록의 합을 이용하여 ▒ 안에 알맞은 수를 써넣으시오.

4	2	5
3	6	2
		1

STEP 3 나머지 칸에 알맞은 수를 써넣으시오.

유제 캔캔 퍼즐의 | 규칙 |에 따라 빈칸에 알맞은 수를 써넣으시오.

| 규칙 |

① 작은 수는 굵은 선으로 둘러싸인 블록 안에 들어갈 수들의 합을 나타냅니다.

② 가로줄과 세로줄의 각 칸에 1부터 3까지의 수가 한 번씩만 들어갑니다.

(2)	(4)	(3) 3
(4) 3	2	
	(5) 3	

(5)	2	(4)
(3)	(1)	3
	(5)	2

Lecture 캔캔 퍼즐

캔캔 퍼즐의 규칙은 다음과 같습니다.

① 작은 수는 굵은 선으로 둘러싸인 블록 안에 들어갈 수들의 합을 나타냅니다.

② 가로줄과 세로줄의 각 칸에 1부터 3까지의 수가 한 번씩만 들어갑니다.

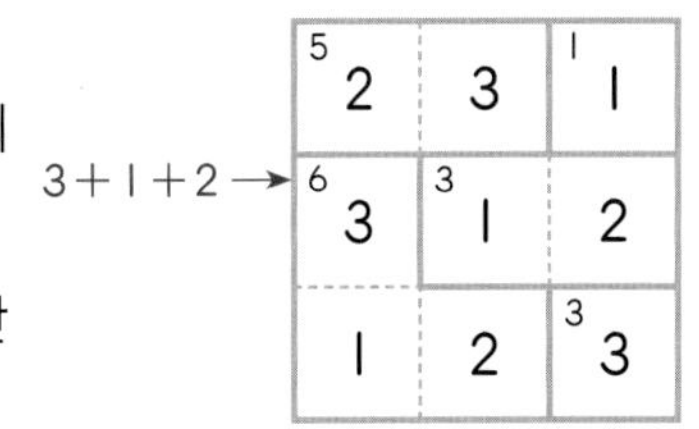

|원리탐구 ❶|

1 스도쿠의 | 규칙 |에 따라 빈칸에 알맞은 수를 써넣으시오.

| 규칙 |

① 가로줄의 각 칸에 주어진 수가 한 번씩만 들어갑니다.
② 세로줄의 각 칸에 주어진 수가 한 번씩만 들어갑니다.

도전❶ ★★

1, 2, 3

1		2
3	2	

도전❷ ★★★

1, 2, 3

	3	1
		2
1		

도전❸ ★★★★

1, 2, 3

	2	1
	1	

도전❹ ★★★★★

1, 2, 3

3		2
	3	

정답과 풀이 24쪽

|원리탐구❷|

캔캔 퍼즐의 |규칙|에 따라 빈칸에 알맞은 수를 써넣으시오.

|규칙|

① 작은 수는 굵은 선으로 둘러싸인 블록 안에 들어갈 수들의 합을 나타냅니다.

② 가로줄과 세로줄의 각 칸에 1부터 3까지의 수가 한 번씩만 들어갑니다.

도전❶ ★★

5	3	6 1
1		
4	1	2

도전❷ ★★★

3	2	3
2	7 3	3
		2

도전❸ ★★★★

7		5 2
2	4	3

도전❹ ★★★★★

5	3	
	6	4 1
	2	

4. ○, × 퍼즐

원리탐구 ① 틱택 로직

틱택 로직의 | 규칙 |에 따라 빈칸에 ○, ×를 알맞게 그려 보시오.

| 규칙 |

① 가로줄, 세로줄에 있는 ○의 수와 ×의 수는 서로 같습니다.

② 각 줄에 ○ 또는 ×는 연속하여 2개까지만 그릴 수 있습니다.

×	○	○	×		○
×	×	○	○		
○	×	×		○	×
		×	×	○	
○	×		○	×	
○		×	×		×

STEP 1 가로줄과 세로줄에 ○와 ×가 각각 3개씩 들어가야 합니다. ▒ 안에 ○, ×를 알맞게 그려 보시오.

STEP 2 ○, ×는 연속하여 2개까지만 그릴 수 있습니다. ▒ 안에 ○, ×를 알맞게 그려 보시오.

×	○	○	×		○
×	×	○	○		
○	×	×		○	×
		×	×	○	
○	×		○	×	
○		×	×		×

STEP 3 | 규칙 |에 맞도록 나머지 칸에 ○, ×를 알맞게 그려 보시오.

› 정답과 풀이 25쪽

유제 **틱택 로직의 | 규칙 |에 따라 빈칸에 ○, ×를 알맞게 그려 보시오.**

| 규칙 |

① 가로줄, 세로줄에 있는 ○의 수와 ×의 수는 서로 같습니다.
② 각 줄에 ○ 또는 ×는 연속하여 2개까지만 그릴 수 있습니다.

○	○		×
○	×	×	
	○	○	
×		○	

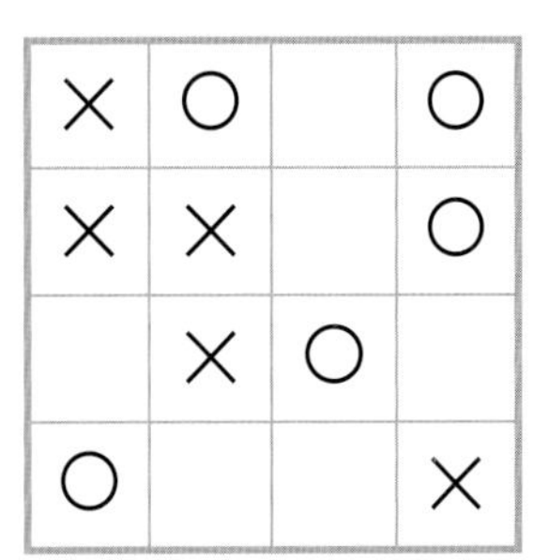

Lecture 틱택 로직

틱택 로직의 규칙은 다음과 같습니다.

① 가로줄, 세로줄에 있는 ○의 수와 ×의 수는 서로 같습니다.
② 각 줄에 ○ 또는 ×는 연속하여 2개까지만 그릴 수 있습니다.

<잘못된 예>

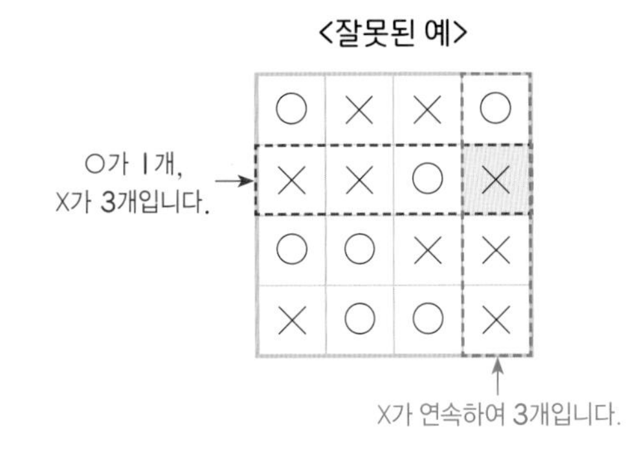

<올바른 예>

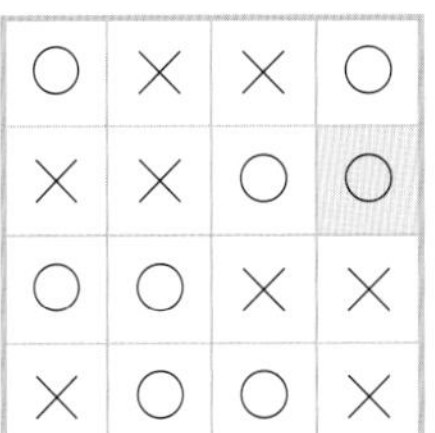

원리탐구 ② 4개 금지 퍼즐

4개 금지 퍼즐의 | 규칙 |에 따라 빈칸에 ○, ×를 알맞게 그려 보시오.

| 규칙 |

① 가로줄, 세로줄에 ○ 또는 ×가 연속하여 4개가 되면 안됩니다.

② 모든 대각선줄에 ○ 또는 ×가 연속하여 4개가 되면 안됩니다.

	×	×	×	
○	○	○		
	○	○	○	×
○	×	○	×	×
×	○			

STEP 1 가로줄, 세로줄에 ○ 또는 ×가 연속하여 3개인 곳을 찾아 색칠(▨)해 보시오.

STEP 2 STEP 1 에서 색칠된 모양이 연속하여 4개가 되지 않도록 색칠된 칸 양쪽에 ○, ×를 알맞게 그려 보시오.

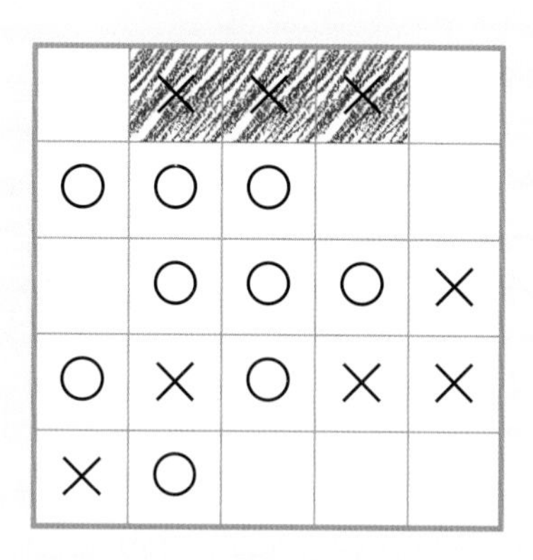

STEP 3 대각선줄에 ○ 또는 ×가 연속하여 3개인 곳을 찾아 색칠해 보시오.

STEP 4 STEP 3 에서 색칠된 모양이 연속하여 4개가 되지 않도록 색칠된 칸 양쪽에 ○, ×를 알맞게 그려 보시오.

STEP 5 | 규칙 |에 맞도록 나머지 칸에 ○, ×를 알맞게 그려 보시오.

유제 4개 금지 퍼즐의 | 규칙 |에 따라 빈칸에 ○, ×를 알맞게 그려 보시오.

| 규칙 |

① 가로줄, 세로줄에 ○ 또는 ×가 연속하여 4개가 되면 안됩니다.

② 모든 대각선줄에 ○ 또는 ×가 연속하여 4개가 되면 안됩니다.

	○	○	○
×	○		
	○	○	○
○	×	×	○

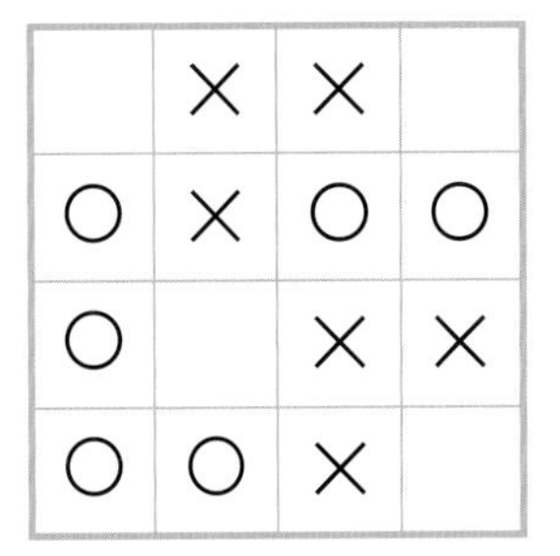

Lecture 4개 금지 퍼즐

4개 금지 퍼즐의 규칙은 다음과 같습니다.

① 가로줄, 세로줄에 ○ 또는 ×가 연속하여 4개가 되면 안됩니다.

② 모든 대각선줄에 ○ 또는 ×가 연속하여 4개가 되면 안됩니다.

<잘못된 예>

○	○	×	○
×	○	×	○
○	×	○	○
×	×	○	○

세로줄, 대각선줄에 ○가 연속하여 4개입니다.

<올바른 예>

○	○	×	○
×	○	×	○
○	×	○	○
×	×	○	×

| 원리탐구 ❶ |

1 틱택 로직의 | 규칙 | 에 따라 빈칸에 ○, ×를 알맞게 그려 보시오.

| 규칙 |

① 가로줄, 세로줄에 있는 ○의 수와 ×의 수는 서로 같습니다.

② 각 줄에 ○ 또는 ×는 연속하여 2개까지만 그릴 수 있습니다.

도전❶ ★★

○	○	×		○	×
○	×	×	○	○	
×	×		○		○
×	○	○		×	
	○		×		×
×		○			○

도전❷ ★★★

○	×	×	○		○
×	×	○		×	
×	○	○	×	○	
	○	×	×	○	×
○			○		
×	○	○			×

도전❸ ★★★★

×	○		×	×	○
×	○	×	×		○
	×	○	○		
○	×	×		○	×
		×		○	○
		○			×

도전❹ ★★★★★

×	×				○
○	×	○	○		×
○	○		○	×	
	×	○			○
×		×		○	○
○	○				

정답과 풀이 27쪽

| 원리탐구 ❷ |

4개 금지 퍼즐의 | 규칙 | 에 따라 빈칸에 ○, ×를 알맞게 그려 보시오.

| 규칙 |

① 가로줄, 세로줄에 ○ 또는 ×가 연속하여 4개가 되면 안됩니다.

② 모든 대각선줄에 ○ 또는 ×가 연속하여 4개가 되면 안됩니다.

도전 ❶ ★★

	○	○	○	
○	×		×	×
×	○	×	×	○
×	○	×		○
○		×	×	○

도전 ❷ ★★★

○		○	○	○
○	×	×	×	○
○	×	×		○
		×	○	
×	×		○	×

도전 ❸ ★★★★

×		○	○	○
	×	×		
○	×	×	○	○
○		×		
×	×		○	×

도전 ❹ ★★★★★

			×	×
×	○	○	×	○
×		○	○	○
×	○	○		
			○	×

Creative 팩토

01 규칙에 따라 빈칸에 ●를 알맞게 그려 넣으시오.

규칙

① 위에 있는 수는 세로줄에 연속한 ●의 수를 나타냅니다.

② 왼쪽에 있는 수는 가로줄에 연속한 ●의 수를 나타냅니다.

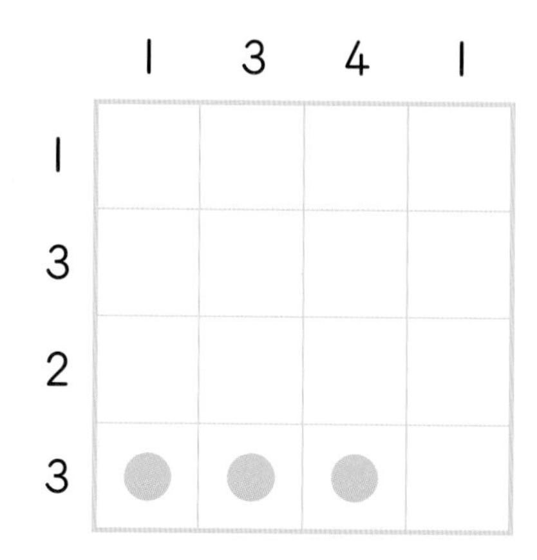

02 규칙에 따라 친구와 물고기를 선으로 연결해 보시오.

규칙

① 친구와 물고기를 한 마리씩만 연결해야 합니다.

② 모든 칸을 지나가야 합니다.

③ 각 칸은 한 번씩만 지나가야 합니다.

④ 거울을 만나면 방향이 바뀝니다.

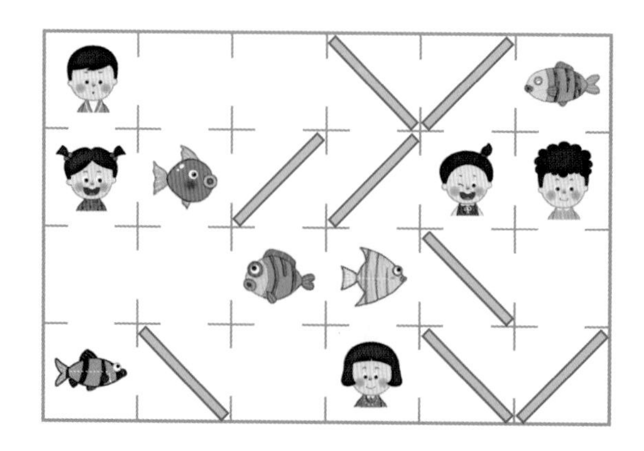

03 |규칙|에 따라 빈칸에 알맞은 수를 써넣으시오.

|규칙|

① 가로줄과 세로줄의 각 칸에 주어진 수가 한 번씩만 들어갑니다.

② 굵은 선으로 나누어진 작은 사각형의 각 칸에 주어진 수가 한 번씩만 들어갑니다.

1, 2, 3, 4

2	1		4
3			
			1
	2		

04 |규칙|에 따라 빈칸에 ○, ×를 알맞게 그려 보시오.

|규칙|

① 가로줄, 세로줄에 ○ 또는 ×가 연속하여 4개가 되면 안됩니다.

② 모든 대각선줄에 ○ 또는 ×가 연속하여 4개가 되면 안됩니다.

		×	○		○		
		×		×	×	×	
×	○	×	×	×		○	×
	○	○	○	×	×	×	
×	○		○				×
		○	○		×	×	

01 |규칙|에 따라 빈 곳에 알맞은 수를 써넣으시오.

|규칙|

① 가로줄과 세로줄의 각 ◯ 안에 주어진 수가 한 번씩만 들어갑니다.

② 같은 색으로 연결된 선의 각 ◯ 안에 주어진 수가 한 번씩만 들어갑니다.

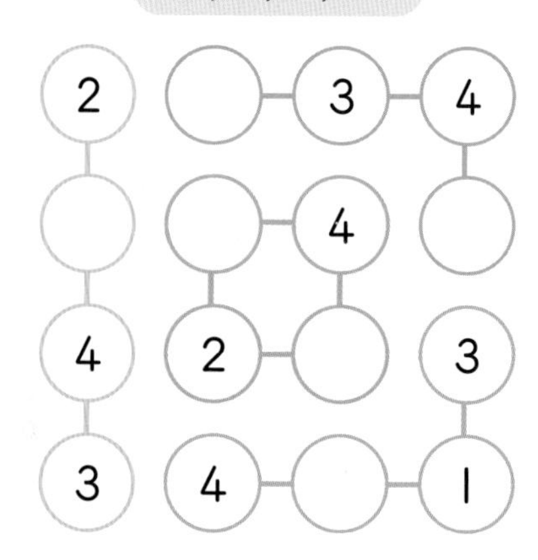

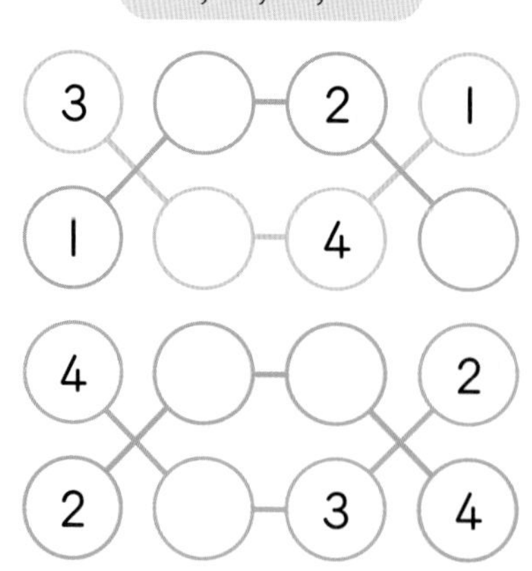

정답과 풀이 29쪽

02 |규칙|에 따라 친구와 동물을 선으로 연결해 보시오.

|규칙|

① ● 안의 수는 친구와 동물이 연결될 때 지나가는 칸의 수입니다.
② 친구들은 서로 다른 동물 한 마리와 연결됩니다.
③ 선은 가로나 세로로만 갈 수 있습니다.
④ 한 번 지난 칸은 다시 지날 수 없고, 서로 다른 친구는 같은 칸을 지날 수 없습니다.

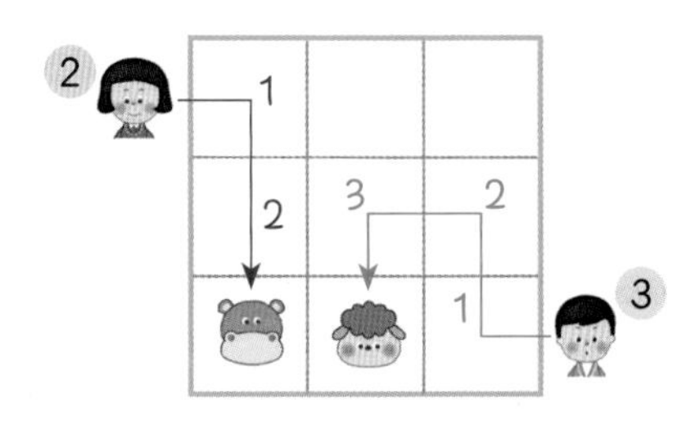

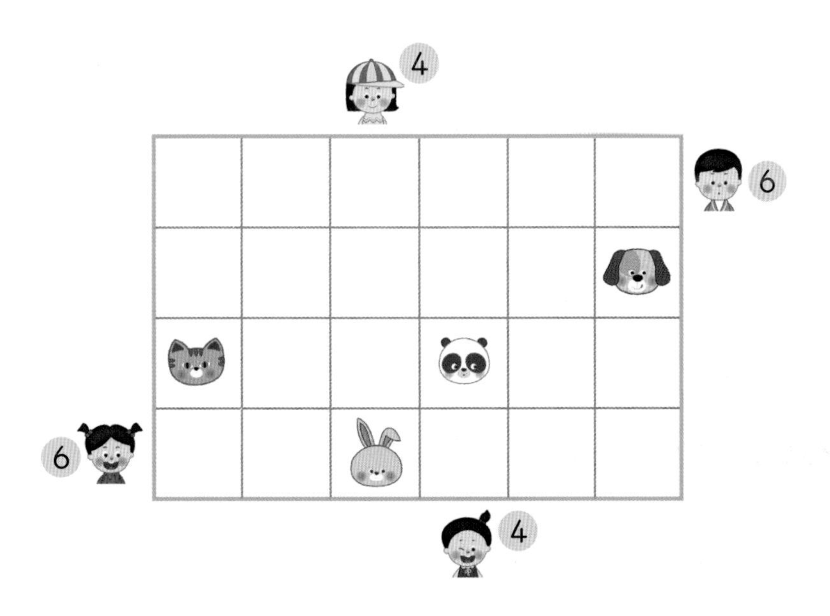

Ⅲ

측정

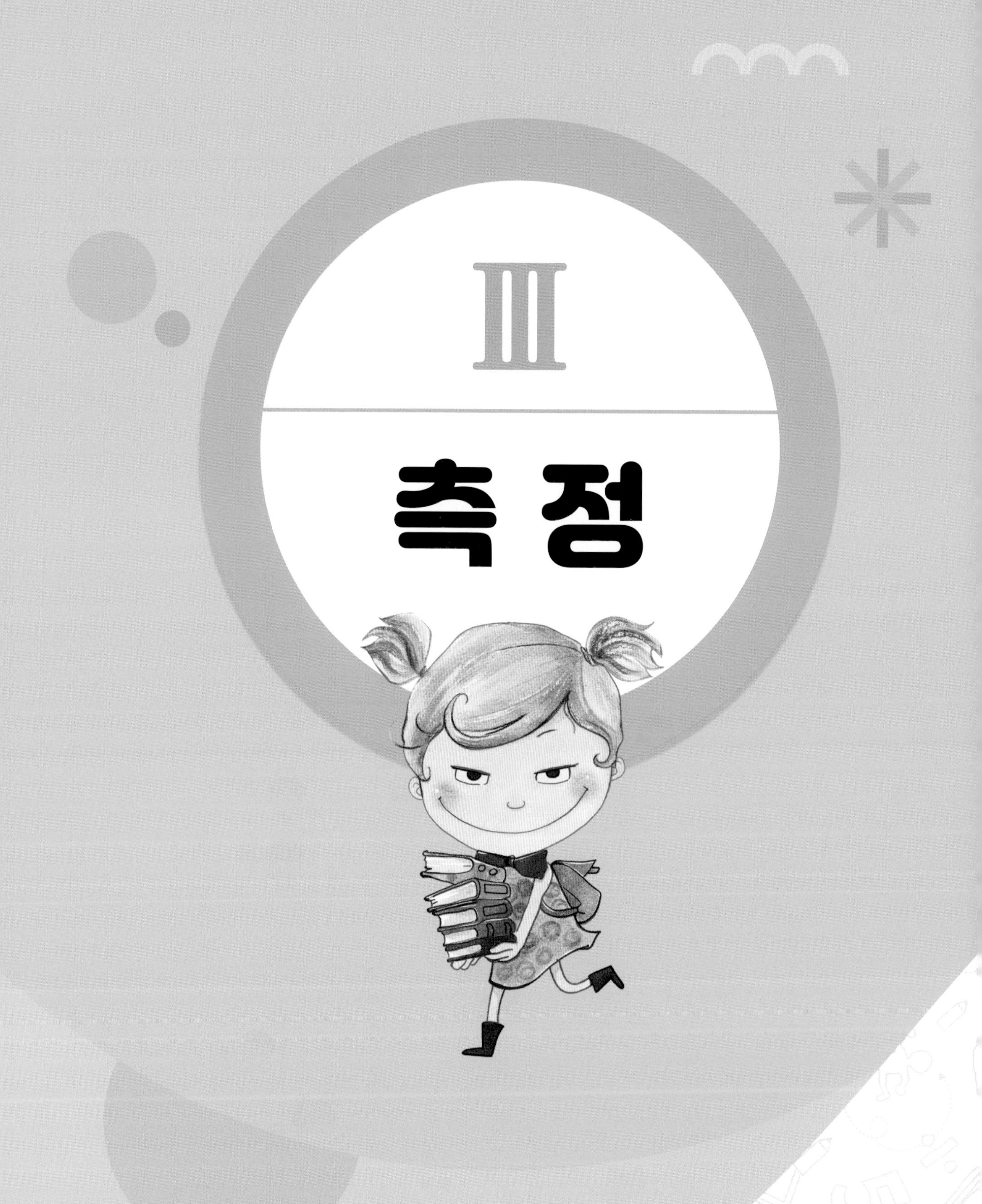

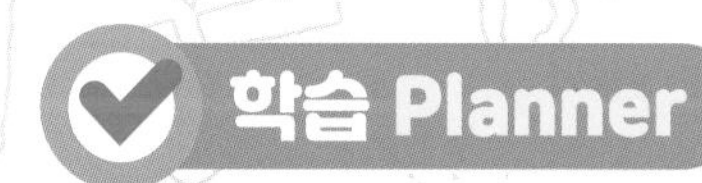

계획한 대로 공부한 날은 😀 에, 공부하지 못한 날은 ☹ 에 ◯표 하세요.

공부할 내용	공부할 날짜	확 인
1 길이 비교	월 일	😀 | ☹
2 무게 비교	월 일	😀 | ☹
3 들이 비교	월 일	😀 | ☹
4 위치 찾기	월 일	😀 | ☹
Creative 팩토	월 일	😀 | ☹
Challenge 영재교육원	월 일	😀 | ☹

1. 길이 비교

원리탐구 ① 키 비교

키가 가장 큰 동물의 이름을 써 보시오.

STEP 1 각 동물 옆에 ▢ 에는 ①, ▢ 에는 ②, ▢ 에는 ③으로 표시해 보시오.

STEP 2 STEP 1에서 각 동물 옆에 표시한 ①, ②, ③ 중에서 모두 똑같이 있는 칸에 ×표 하시오.

STEP 3 STEP 2에서 ×표를 하고 남은 칸의 크기를 비교하고, 키가 가장 큰 동물의 이름을 써 보시오.

정답과 풀이 30쪽

유제 둘째 번으로 긴 막대를 찾아 기호를 써 보시오.

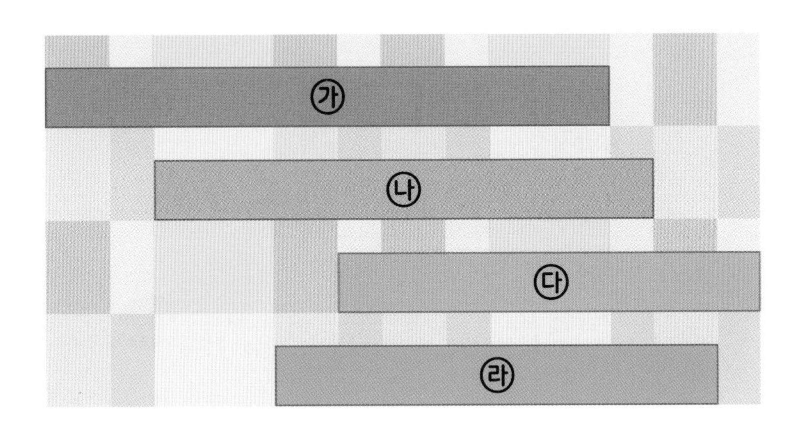
㉮
㉯
㉰
㉱

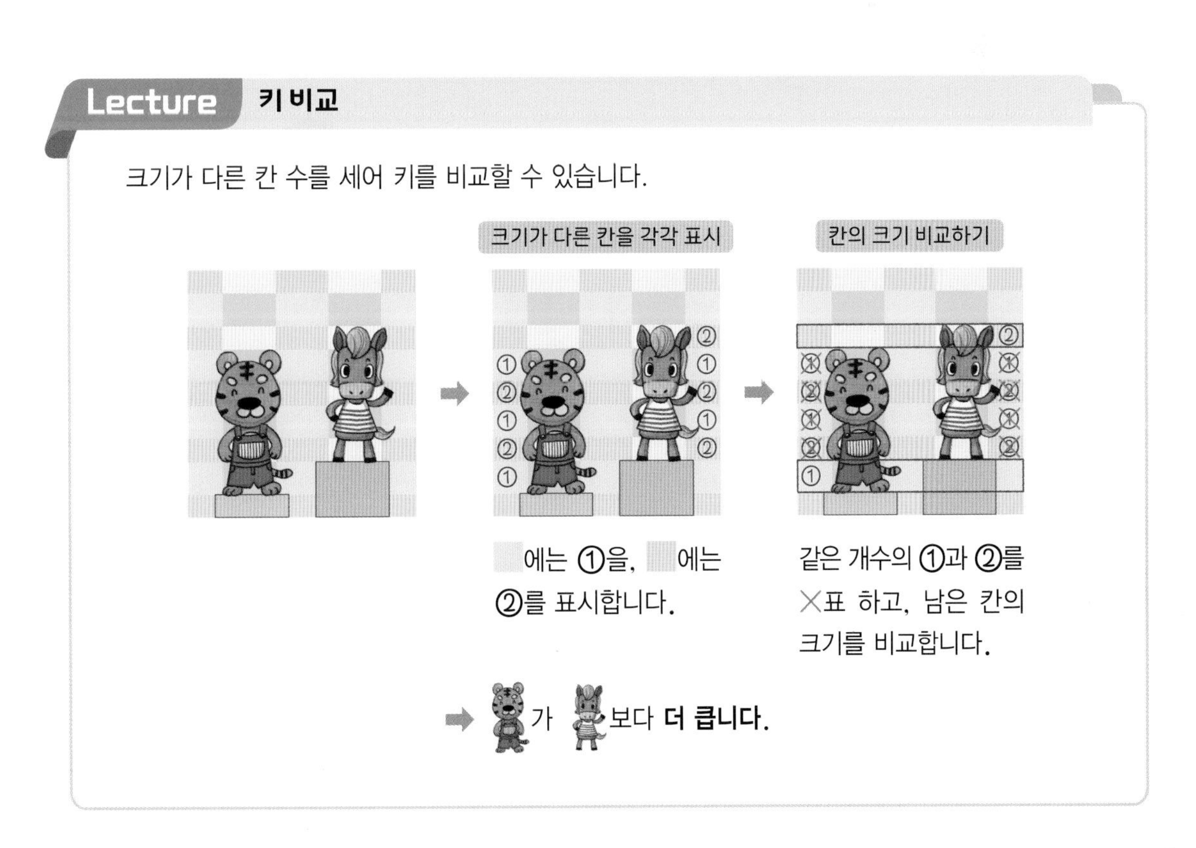
Lecture 키 비교
크기가 다른 칸 수를 세어 키를 비교할 수 있습니다.
크기가 다른 칸을 각각 표시
칸의 크기 비교하기
에는 ①을, 에는 ②를 표시합니다.
같은 개수의 ①과 ②를 ×표 하고, 남은 칸의 크기를 비교합니다.
➡ 가 보다 더 큽니다.

원리탐구 ② 선의 길이 비교

가장 긴 길을 걸어간 동물의 이름을 써 보시오.

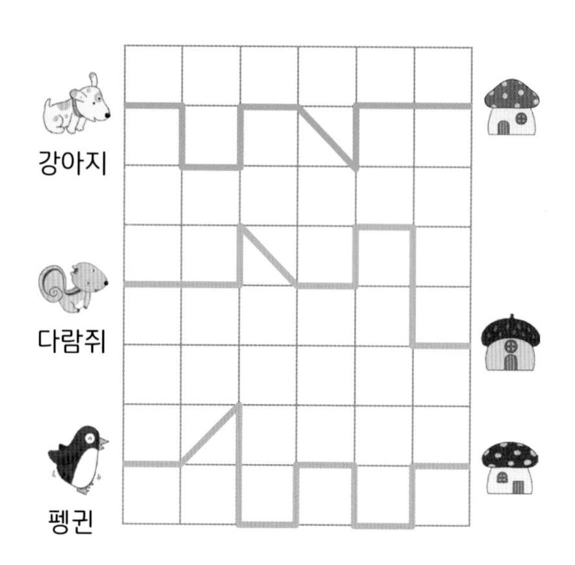

STEP 1 같은 길이의 길을 하나씩 ×표 하여 지워 보시오.

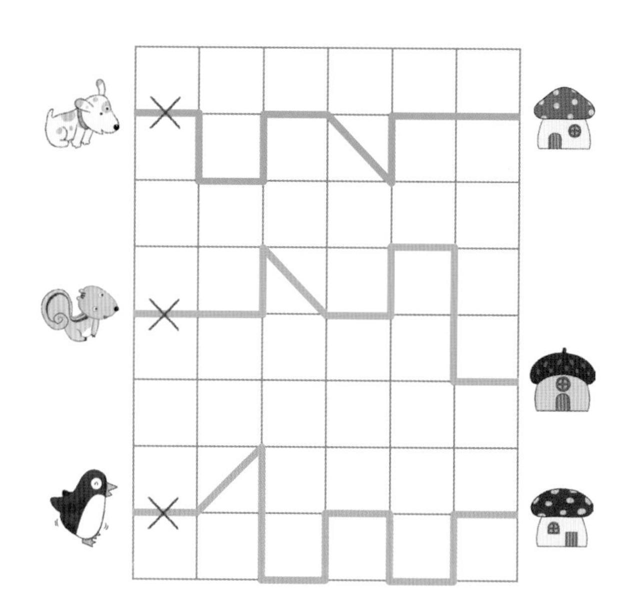

STEP 2 STEP 1에서 지우고 남은 길의 개수를 세어 가장 긴 길을 걸어간 동물의 이름을 찾아 써 보시오.

유제 꽃을 보기 위해 가장 먼 길을 날아간 곤충의 이름을 써 보시오.

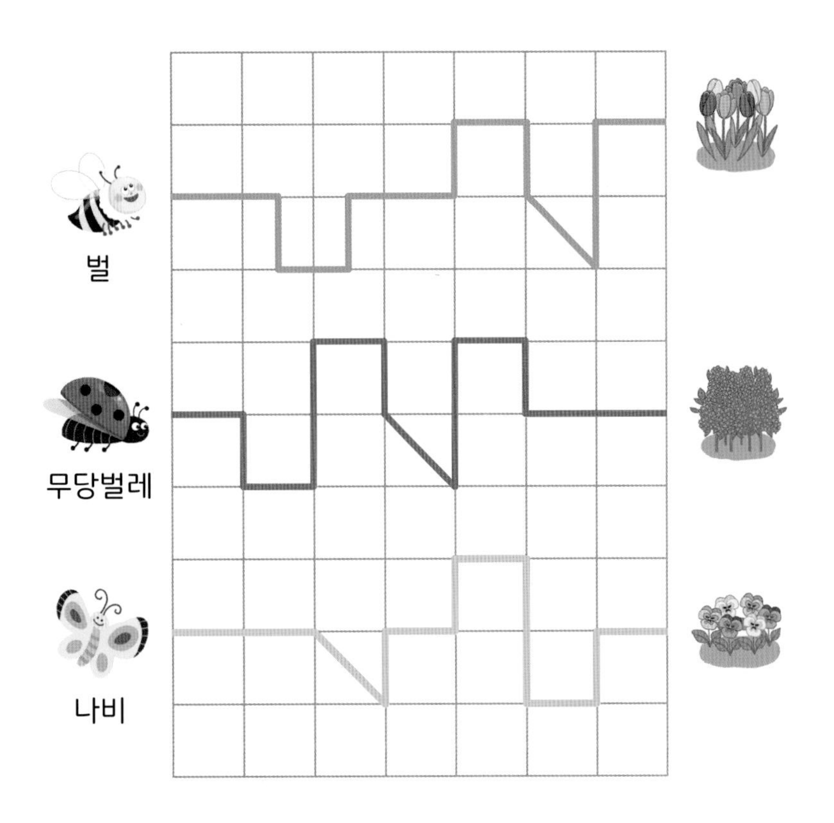
벌
무당벌레
나비

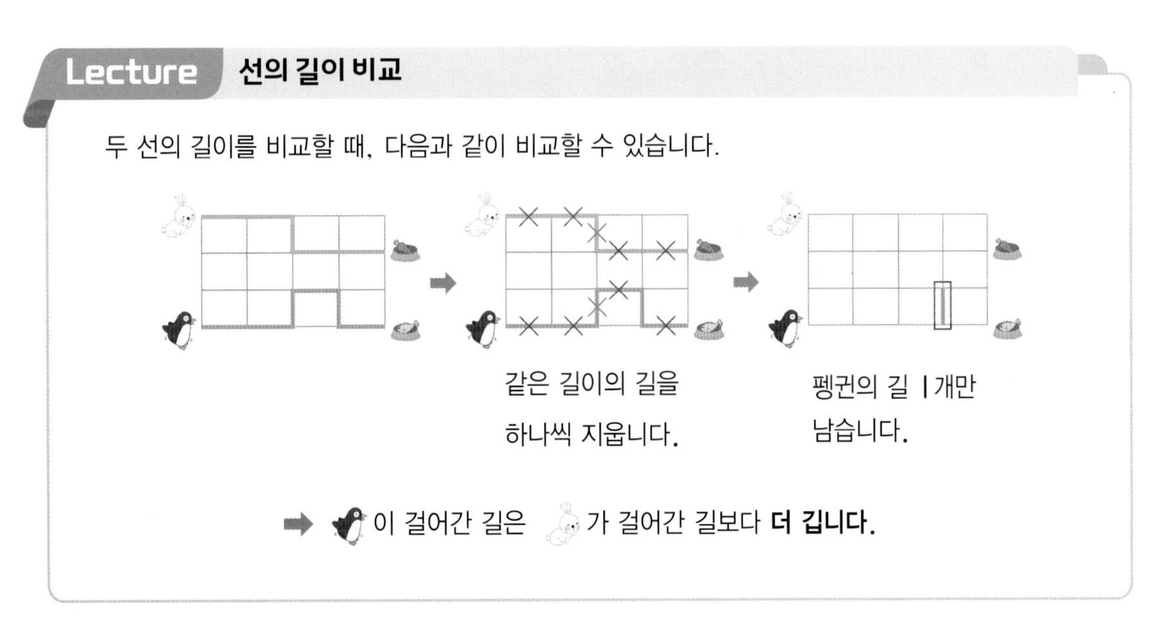
Lecture 선의 길이 비교
두 선의 길이를 비교할 때, 다음과 같이 비교할 수 있습니다.
같은 길이의 길을 하나씩 지웁니다.
펭귄의 길 1개만 남습니다.
이 걸어간 길은 가 걸어간 길보다 더 깁니다.

Practice 팩토

|원리탐구❷|

1 어느 동물의 낚시 줄이 가장 깁니까?

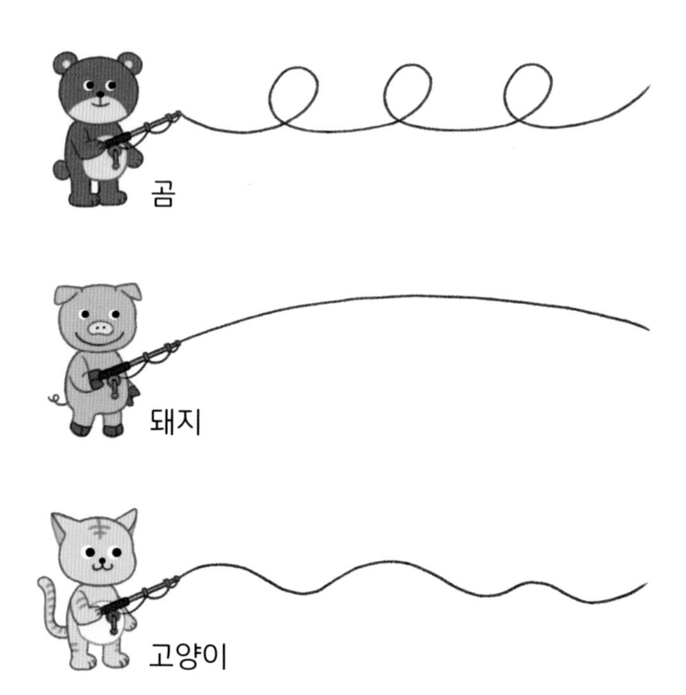

|원리탐구❶|

2 키가 가장 큰 동물부터 순서대로 써 보시오.

정답과 풀이 32쪽

|원리탐구❷|

3 |보기|와 같이 바느질을 하려고 합니다. ㉮와 ㉯ 중에서 실이 더 긴 것은 어느 것입니까? (단, 바느질한 부분은 1에서 6까지입니다.)

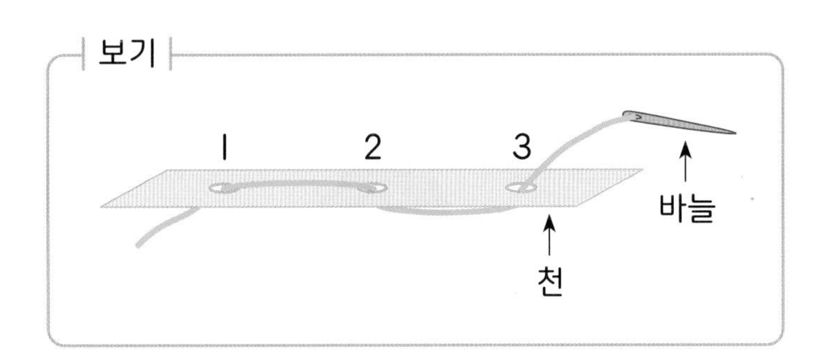

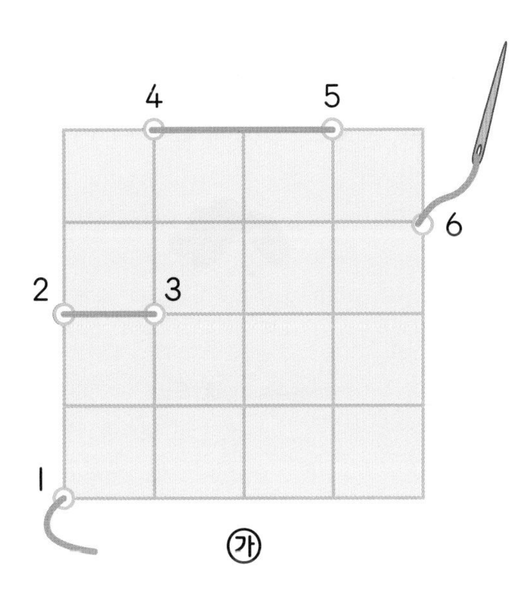

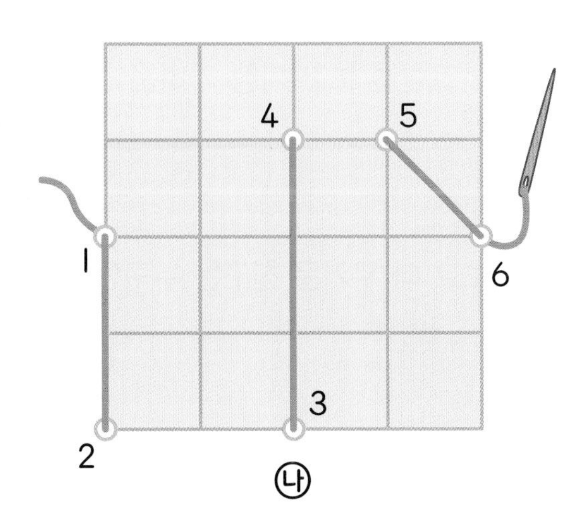

2. 무게 비교

원리탐구 ① 무게 비교

가장 무거운 친구부터 순서대로 친구의 이름을 써 보시오.

STEP 1 각 친구의 이야기를 보고 시소의 알맞은 위치에 친구의 이름을 써 보시오.

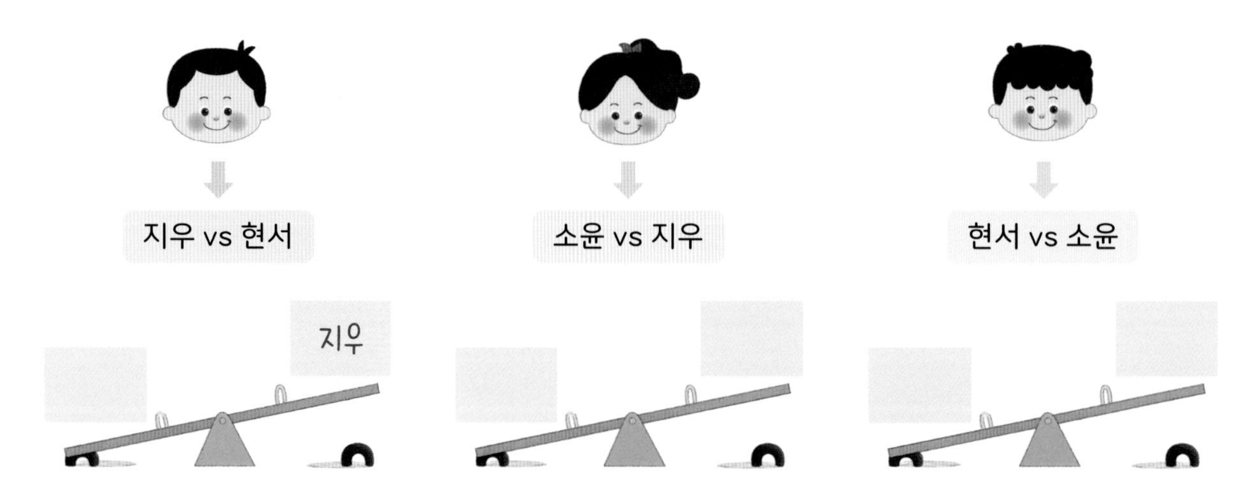

STEP 2 STEP 1의 첫째 번과 둘째 번 시소 그림을 보고 가장 가벼운 친구는 누구인지 써 보시오.

STEP 3 STEP 2의 셋째 번 시소 그림을 보고 더 무거운 친구는 누구인지 써 보시오.

STEP 4 가장 무거운 친구부터 순서대로 친구의 이름을 써 보시오.

정답과 풀이 33쪽

유제 가장 가벼운 것부터 순서대로 써 보시오.

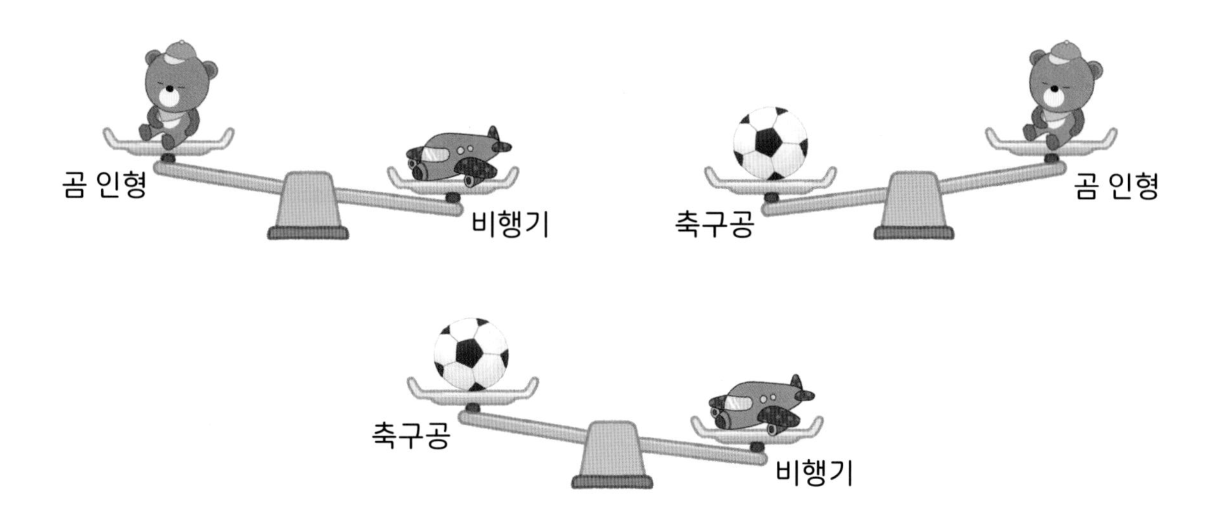

유제 가장 가벼운 동물의 이름을 써 보시오.

Lecture **무게 비교**

양팔 저울을 이용하여 무게를 비교할 수 있습니다.

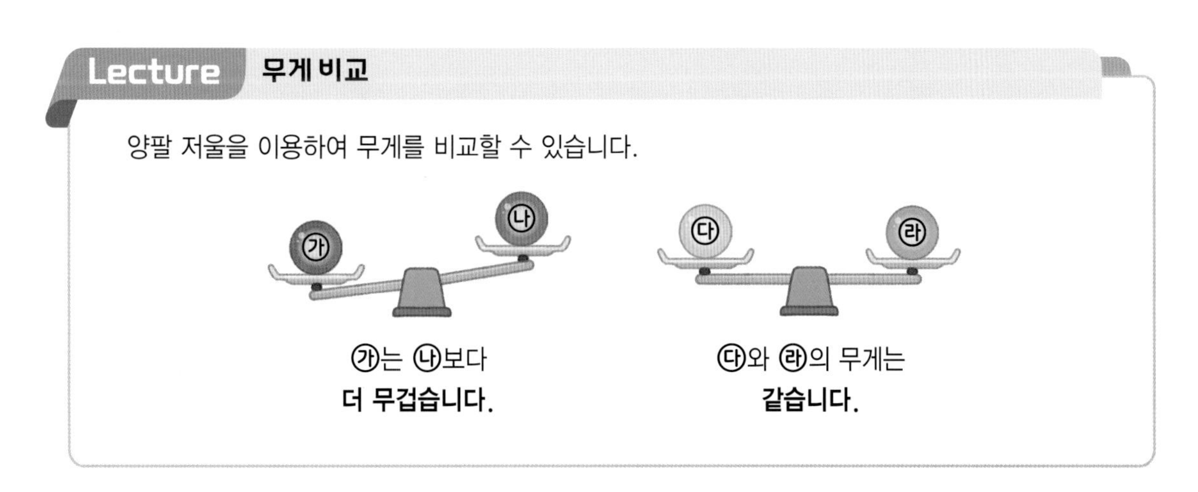

㉮는 ㉯보다 **더 무겁습니다.**

㉰와 ㉱의 무게는 **같습니다.**

원리탐구 ② 양팔 저울을 이용한 무게 비교

포도, 참외, 복숭아 중에서 가장 가벼운 과일부터 순서대로 써 보시오.

STEP 1 가장 무거운 과일을 써 보시오.

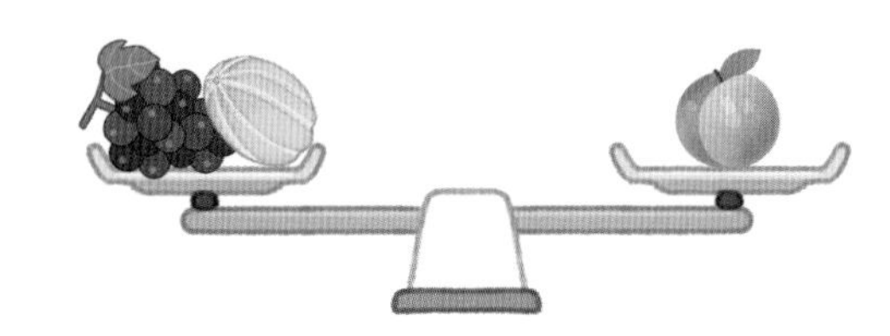

STEP 2 포도와 참외 중에서 더 가벼운 과일을 써 보시오.

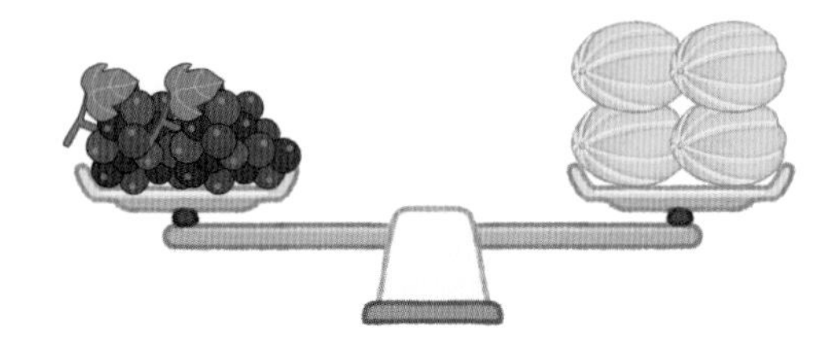

STEP 3 가장 가벼운 과일부터 순서대로 써 보시오.

유제 가장 가벼운 구슬부터 순서대로 기호를 써 보시오.

유제 강아지, 공룡, 달팽이 장난감 중에서 가장 무거운 것부터 순서대로 써 보시오.

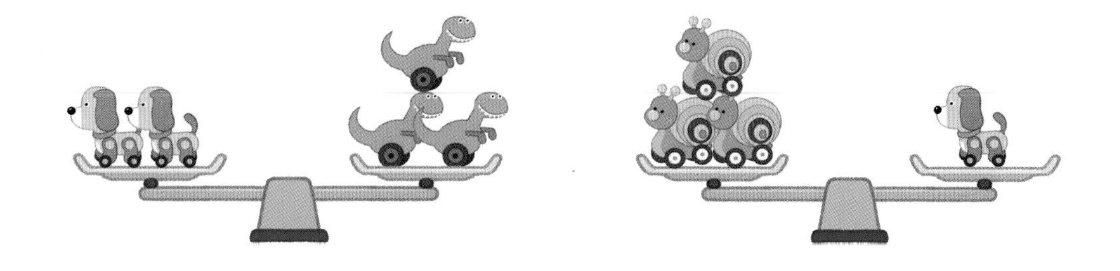

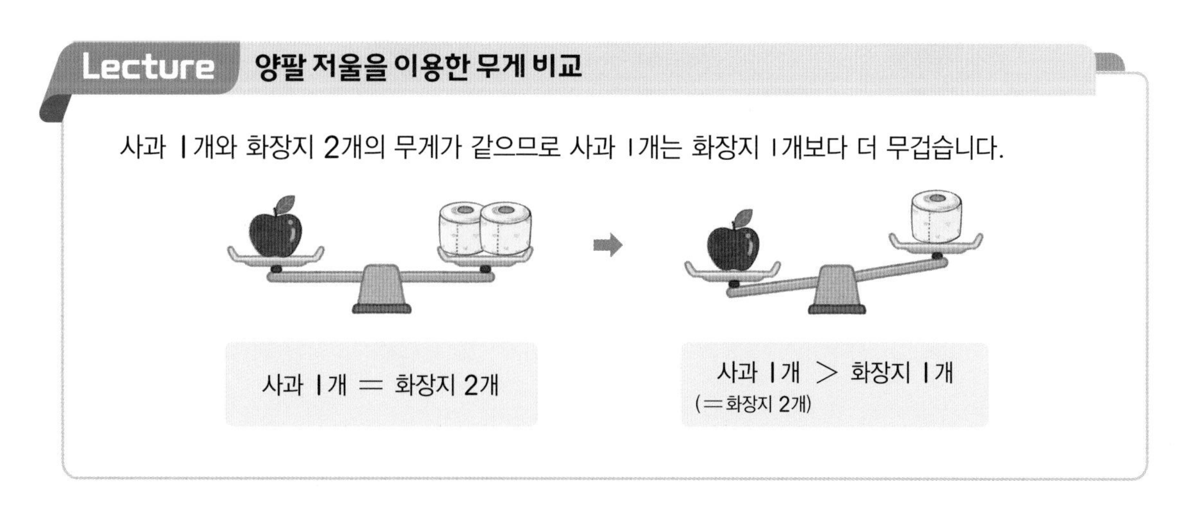

Lecture 양팔 저울을 이용한 무게 비교
사과 1개와 화장지 2개의 무게가 같으므로 사과 1개는 화장지 1개보다 더 무겁습니다.
사과 1개 = 화장지 2개
사과 1개 > 화장지 1개
(=화장지 2개)

Practice 팩토

|원리탐구 ❷|

1 당근, 옥수수, 가지 중에서 둘째 번으로 무거운 채소를 써 보시오.

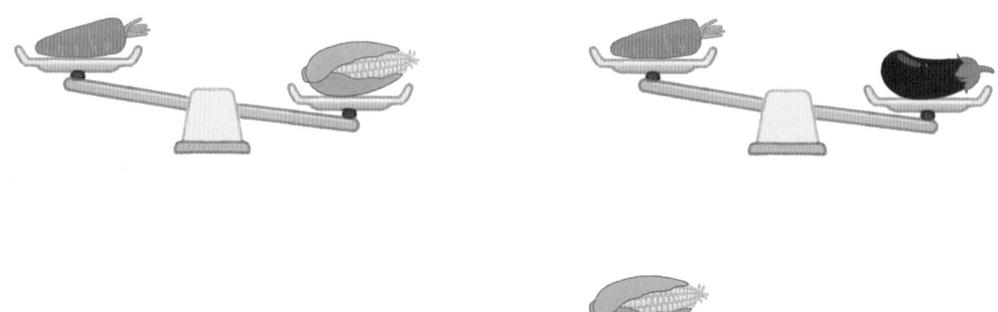

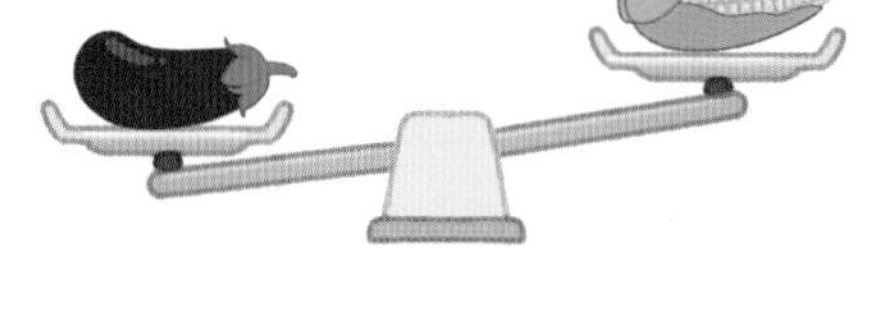

|원리탐구 ❷|

2 농구공, 탬버린, 인형의 무게를 비교한 것입니다. 가장 가벼운 물건부터 순서대로 써 보시오.

| 원리탐구 ❶ |

가장 무거운 동물과 가장 가벼운 동물의 이름을 써 보시오.

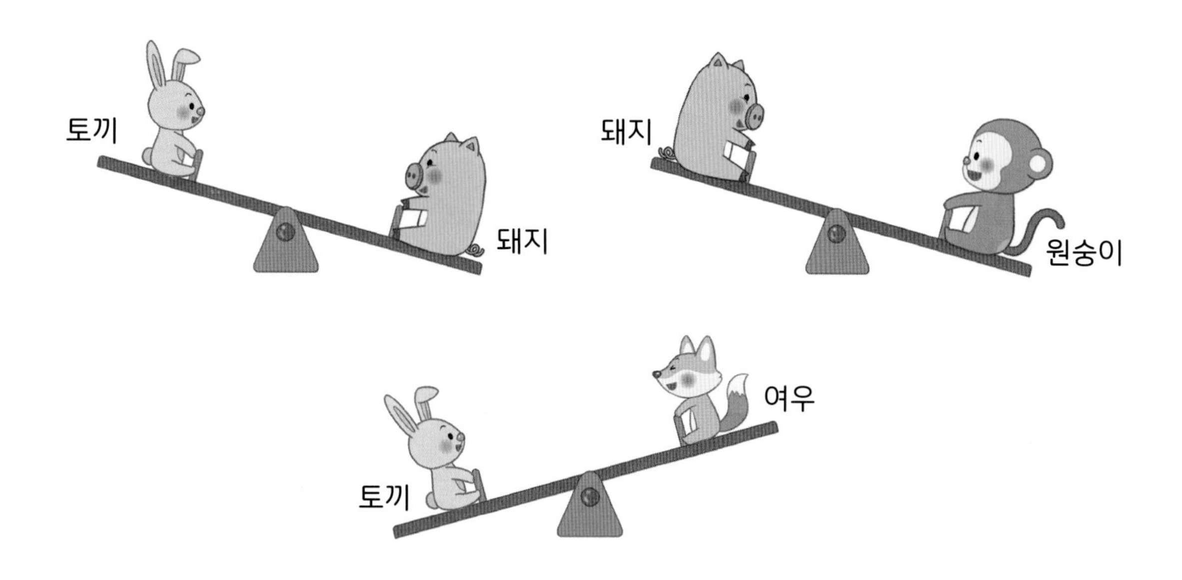

• 가장 무거운 동물:

• 가장 가벼운 동물:

| 원리탐구 ❶ |

동물들의 이야기를 보고 가장 가벼운 동물부터 순서대로 이름을 써 보시오.

사자 : 난 기린보다 가벼워.

돼지 : 난 사자보다 무거워.

기린 : 돼지가 사과 3개를 가지고 있으면 나랑 무게가 같아져.

3. 들이 비교

원리탐구 ❶ 구슬이 들어 있는 물의 양

물이 가장 많이 들어 있는 그릇의 기호를 써 보시오.

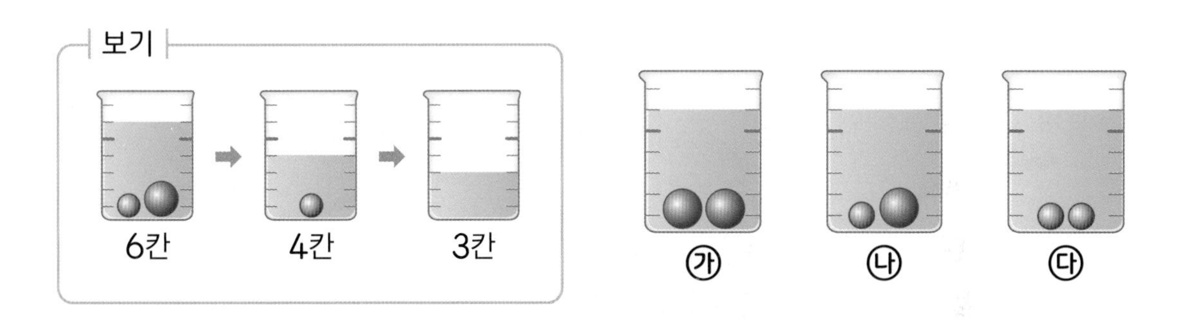

STEP 1 그림을 보고 ☐ 안에 알맞은 수를 써넣으시오.

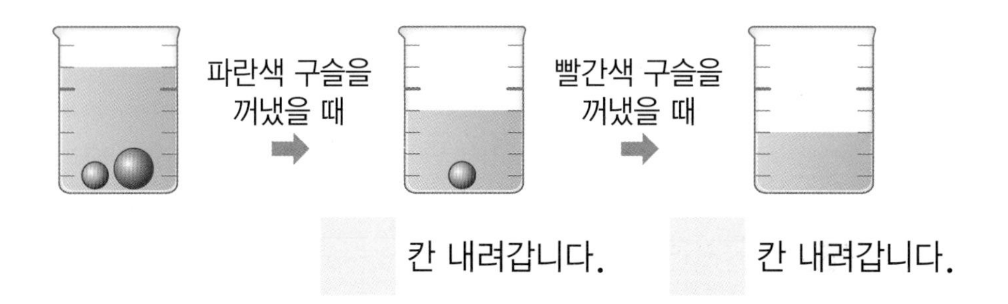

STEP 2 구슬을 모두 꺼냈을 때 물의 양을 그려 보시오.

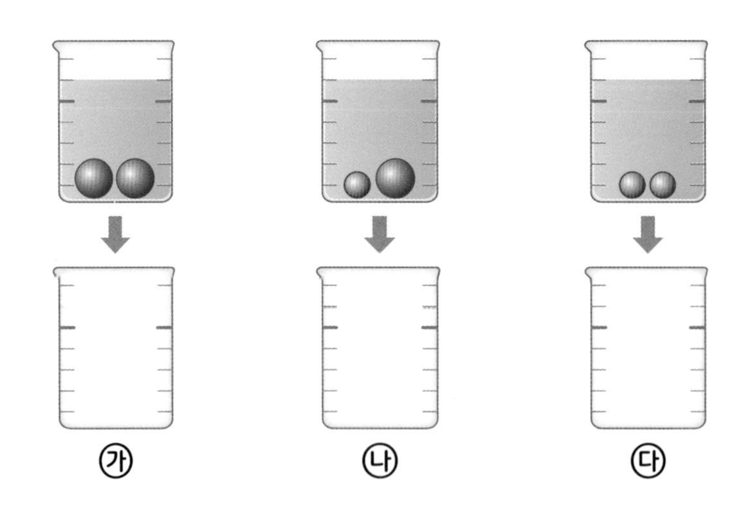

STEP 3 STEP 2의 그릇을 보고 물이 가장 많이 들어 있는 그릇의 기호를 써 보시오.

정답과 풀이 36쪽

유제 ㉮ 그릇의 물이 넘치려면 노란색과 분홍색 구슬을 각각 적어도 몇 개 넣어야 하는지 구해 보시오.

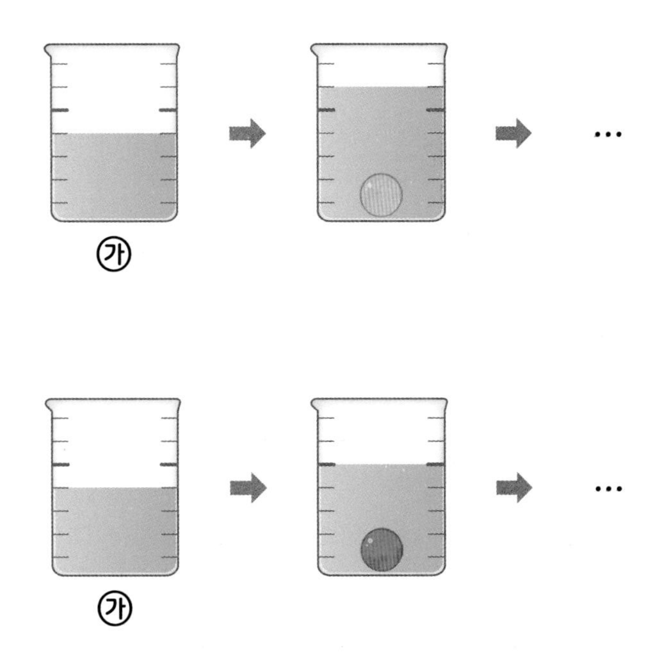

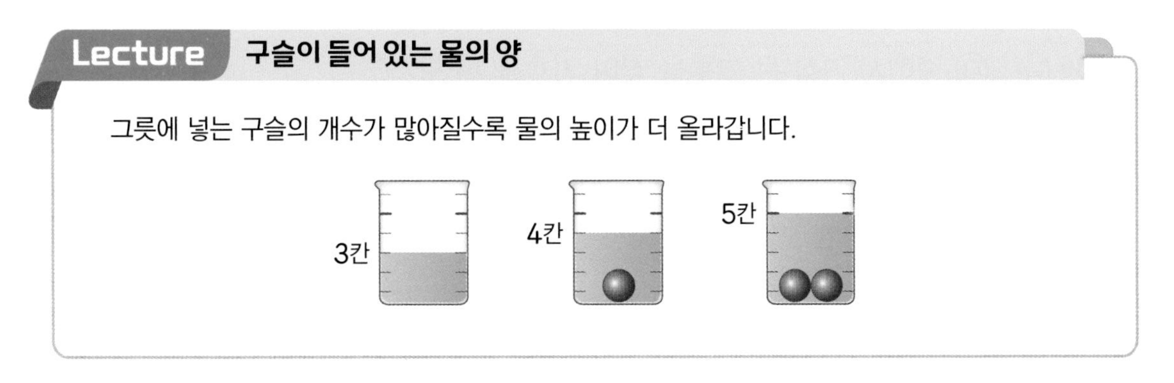

Lecture
구슬이 들어 있는 물의 양
그릇에 넣는 구슬의 개수가 많아질수록 물의 높이가 더 올라갑니다.
3칸
4칸
5칸

원리탐구 ② 그릇의 크기가 다른 경우 들이 비교

㉮, ㉯, ㉰ 중 가장 큰 그릇을 찾아 기호를 써 보시오.

- ㉮ 그릇에 물을 가득 넣어 ㉯ 그릇에 부으면 물이 절반만 찹니다.
- ㉯ 그릇에 물을 가득 넣어 ㉰ 그릇에 부으면 물이 넘칩니다.

STEP 1 ㉮ 그릇에 물을 가득 넣어 ㉯ 그릇에 부으면 물이 절반만 찰 때, 더 큰 그릇의 기호를 써 보시오.

STEP 2 ㉯ 그릇에 물을 가득 넣어 ㉰ 그릇에 부으면 물이 넘칠 때, 더 큰 그릇의 기호를 써 보시오.

STEP 3 ㉮, ㉯, ㉰ 중에서 가장 큰 그릇을 찾아 기호를 써 보시오.

정답과 풀이 37쪽

유제 우빈, 연수, 은호 중 가장 큰 컵을 가진 친구부터 순서대로 이름을 써 보시오.

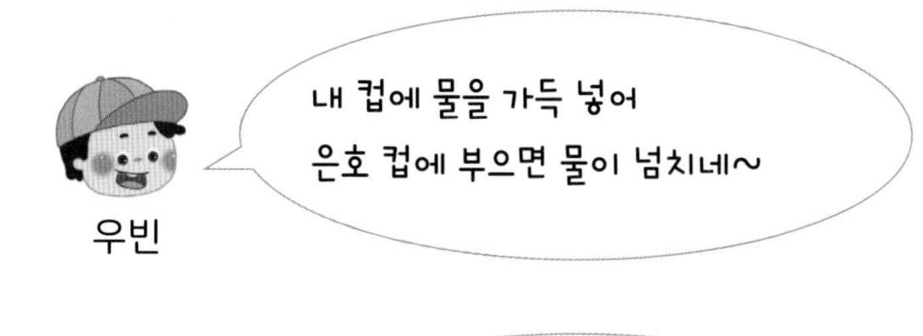
내 컵에 물을 가득 넣어
은호 컵에 부으면 물이 넘치네~
우빈

연수

내 컵에 물을 가득 넣어
우빈이 컵에 부으면 물이 절반만 차네.

은호

내 컵에 물을 가득 넣어
연수 컵에 부으면 물이 절반만 차네!

Lecture 그릇의 크기가 다른 경우 들이 비교

㉮에 물을 가득 넣어 ㉯에 부었을 때 물이 넘치면 ㉮에 담을 수 있는 물의 양이 더 많다는 것을 알 수 있습니다.

㉮
㉯

Practice 팩토

|원리탐구 ❶|

물이 가장 많이 들어 있는 그릇의 기호를 써 보시오.

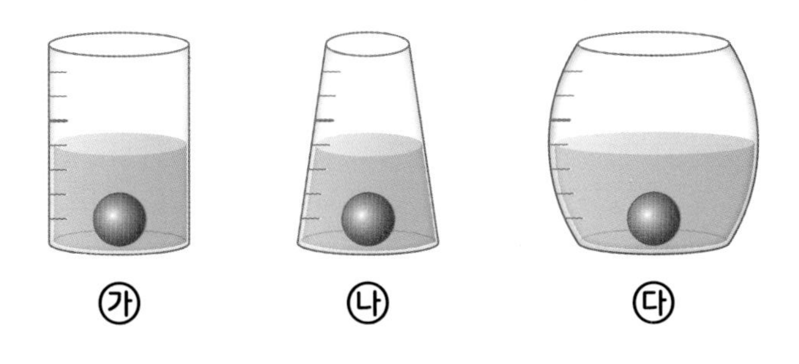

|원리탐구 ❷|

㉮, ㉯, ㉰ 중에서 물을 가장 많이 담을 수 있는 그릇부터 순서대로 기호를 써 보시오.

- ㉮ 그릇에 물을 가득 넣어 ㉯ 그릇에 부으면 물이 모자랍니다.
- ㉮ 그릇에 물을 가득 넣어 ㉰ 그릇에 부으면 물이 넘칩니다.

정답과 풀이 38쪽

| 원리탐구 ❶ |

3 물이 가장 많이 들어 있는 것부터 순서대로 기호를 써 보시오.

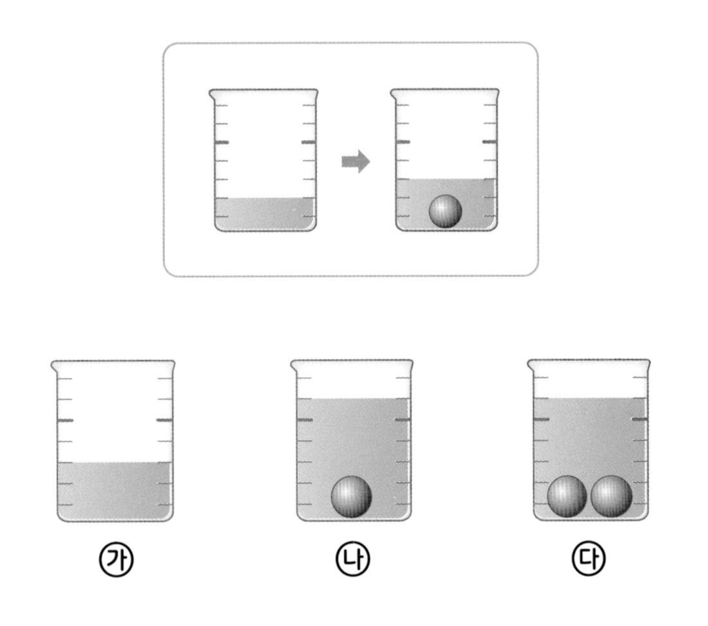

| 원리탐구 ❷ |

4 동물들의 이야기를 보고 둘째 번으로 큰 컵을 가진 동물의 이름을 써 보시오.

돼지
내 컵에 물을 가득 담아 원숭이의 컵에 부으면 물이 많이 모자라.
여우
내 컵에 물을 가득 담아 돼지의 컵에 부으면 물이 넘쳐 흘러!
원숭이
내 컵에 물을 가득 담아 여우의 컵에 담으면 물이 절반만 채워져~

4. 위치 찾기

원리탐구 ① 점의 위치 읽기

바닷가에 있는 물건의 위치를 써 보시오.

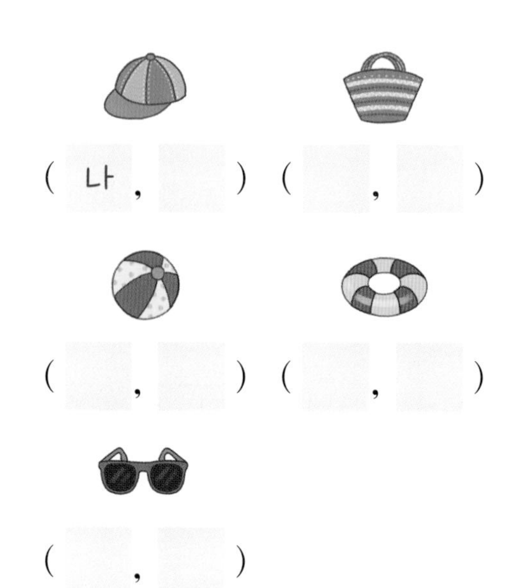

STEP 1 모자가 있는 위치를 써 보시오.

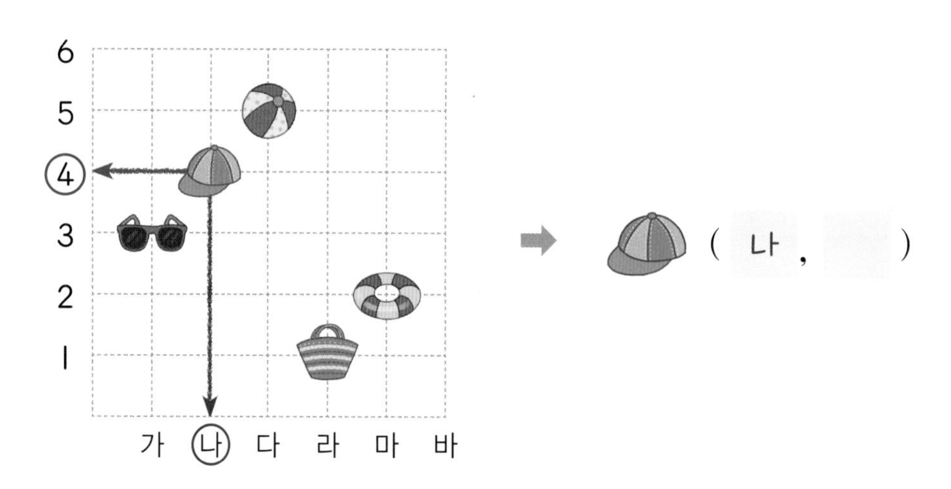

STEP 2 STEP 1의 그림을 보고 가방, 공, 튜브, 선글라스의 위치를 찾아 써 보시오.

유제 숨은 그림을 찾아 위치를 써 보시오.

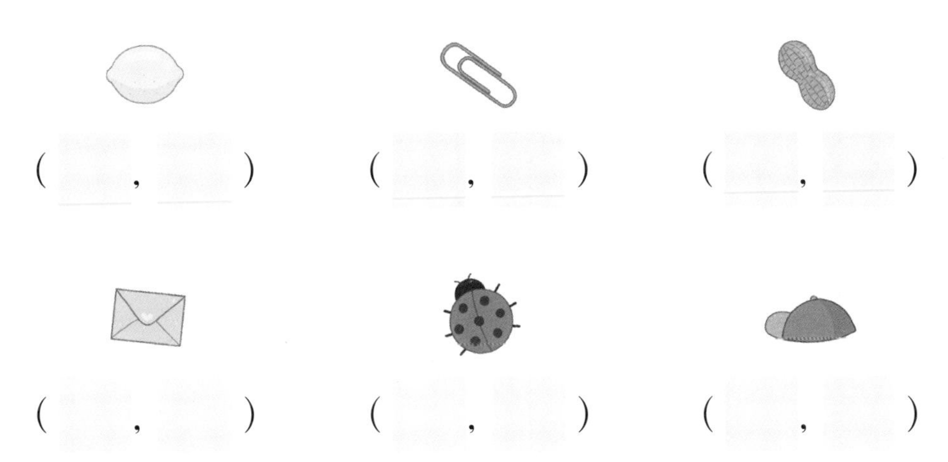

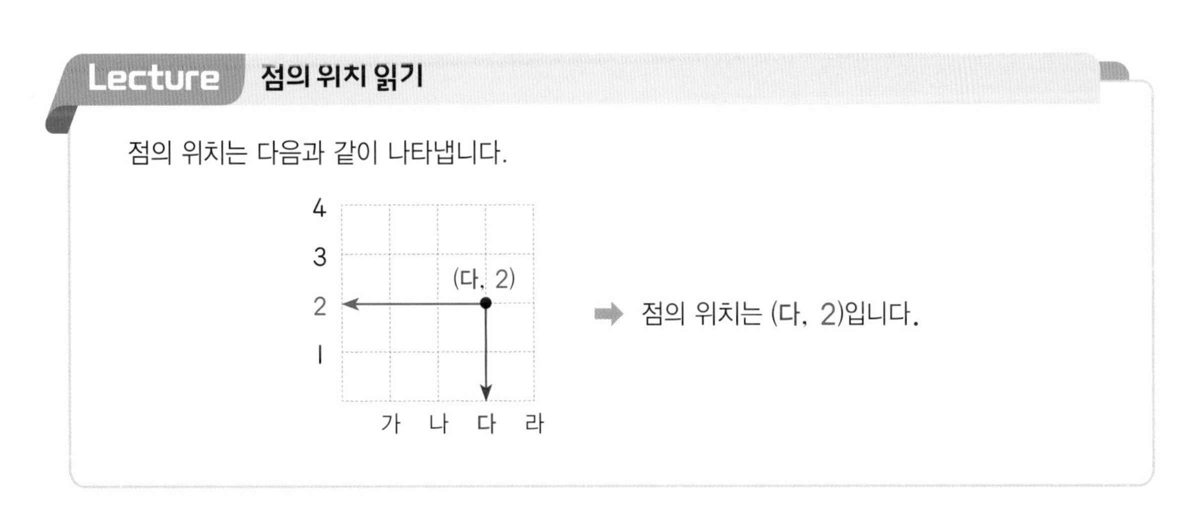

Lecture 점의 위치 읽기
점의 위치는 다음과 같이 나타냅니다.
4
3
2
1
(다, 2)
가 나 다 라
점의 위치는 (다, 2)입니다.

원리탐구 ② 점의 위치 표현

'아름다운 강산'이 나타내는 점을 찾아 순서대로 연결했을 때, 나타나는 모양을 써 보시오.

아	름	다	운
(다, 5)	(마, 5)	(바, 3)	(마, 3)

강	산
(마, 1)	(나, 1)

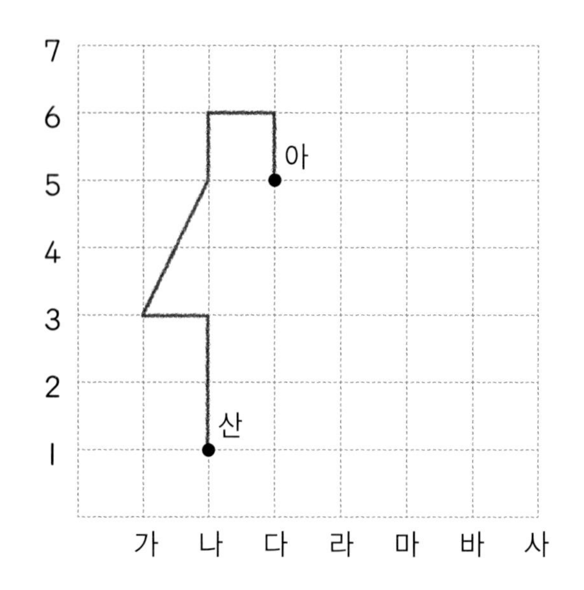

STEP 1 '아름다운 강산'이 나타내는 점을 표시해 보시오.

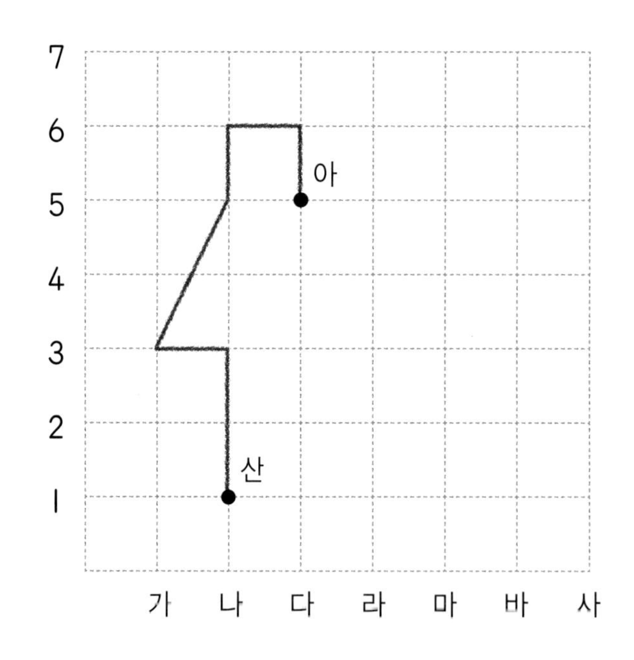

STEP 2 STEP 1에 표시한 점을 순서대로 연결하여 모양을 만들고, 나타나는 모양을 써 보시오.

유제 각 그물의 위치를 나타내는 점과 점을 점선을 따라 곧은 선으로 연결하면 그물이 됩니다. 그물 1 과 그물 2 에 잡힌 물고기는 각각 몇 마리인지 구해 보시오.

- 그물 1 (가, 6), (라, 6), (마, 5), (라, 4), (가, 4)
- 그물 2 (나, 3), (바, 3), (바, 1), (나, 1)

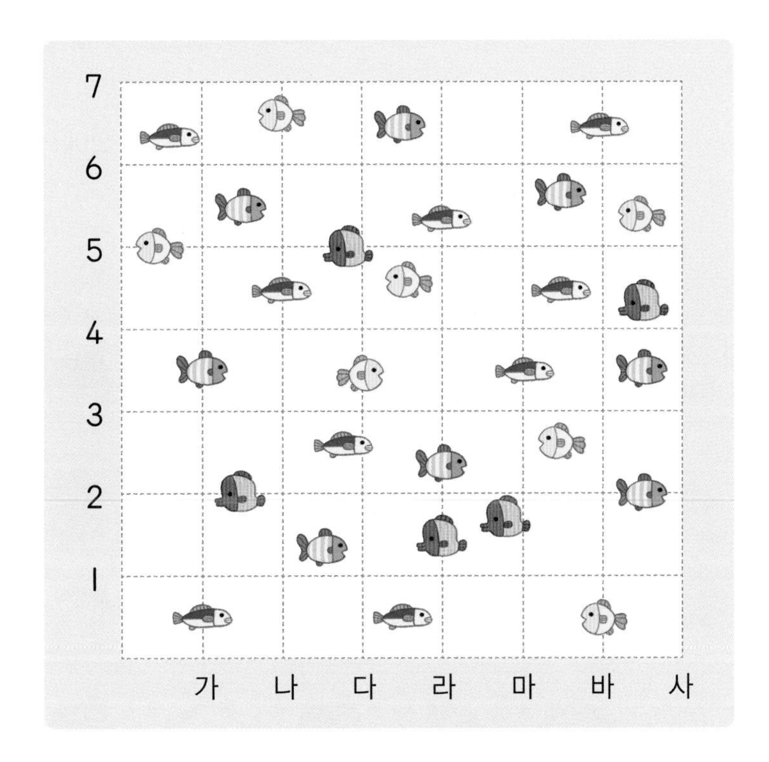

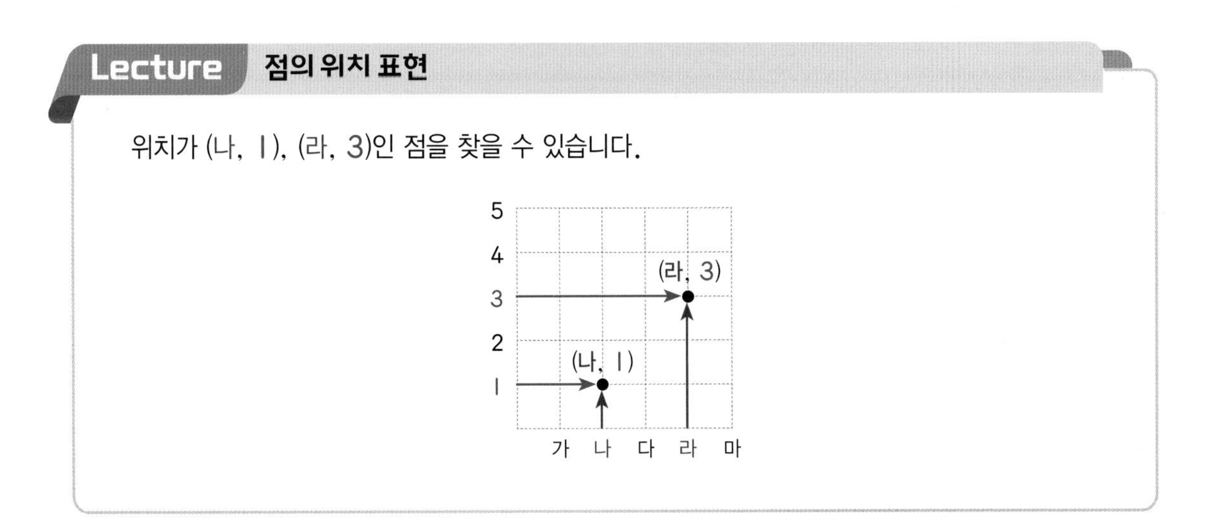

Lecture 점의 위치 표현
위치가 (나, 1), (라, 3)인 점을 찾을 수 있습니다.
5
4
3
2
1
(라, 3)
(나, 1)
가
나
다
라
마

Practice 팩토

|원리탐구 ❶|

1 친구들의 집의 위치를 찾아보시오.

수지 : 난 우정로 4길에 살아.

지호 : 우리 집은 수지네 집에서 동쪽으로 둘째 번 집이야.

민우 : 우리 집은 지호네 집에서 남쪽으로 셋째 번 집이야.

다미 : 난 민우네 집에서 서쪽으로 셋째 번 집에 살아.

5길					
4길					
3길					
2길					
1길					
	사랑로	우정로	행복로	희망로	기쁨로

북, 서, 동, 남

수지네 (,) 지호네 (,)

민우네 (,) 다미네 (,)

정답과 풀이 41쪽

| 원리탐구 ❷ |

2 점을 순서대로 이어 나오는 모양의 제목을 지어 보시오.

(다, 1) → (나, 2) → (나, 3) → (다, 4) → (다, 6) →
(나, 6) → (다, 4) → (마, 4) → (마, 6) → (바, 6) →
(마, 4) → (바, 3) → (바, 2) → (마, 1) → (다, 1)

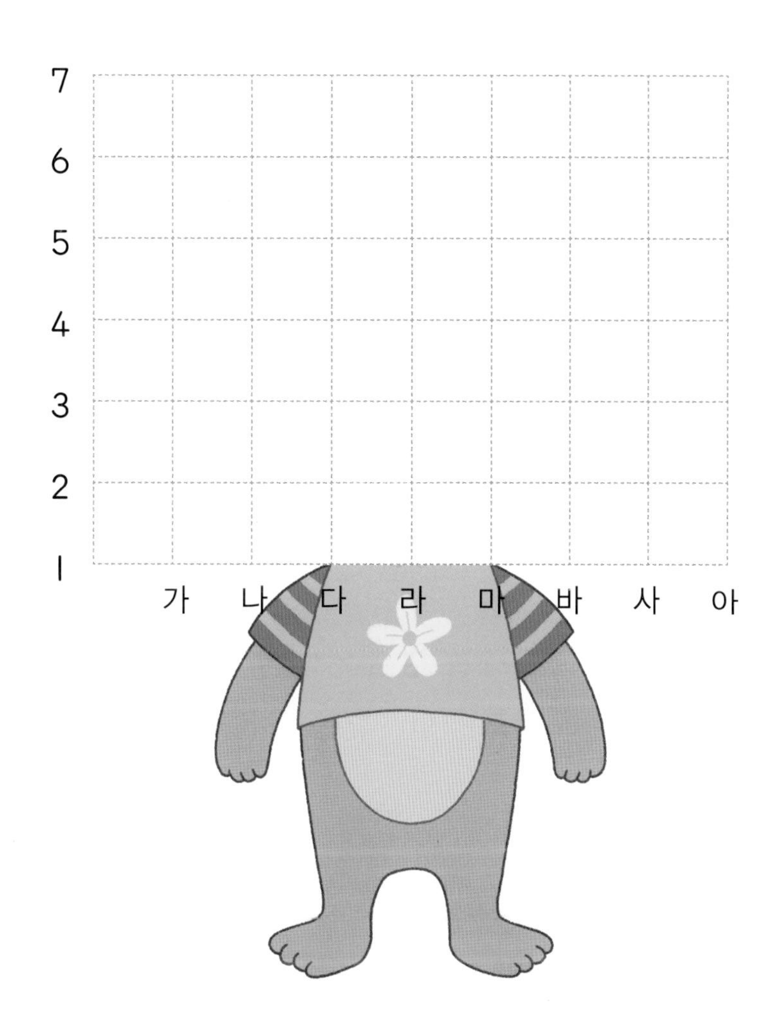

제목:

01 곰 인형, 모자, 축구공 중에서 가장 무거운 물건부터 순서대로 써 보시오.

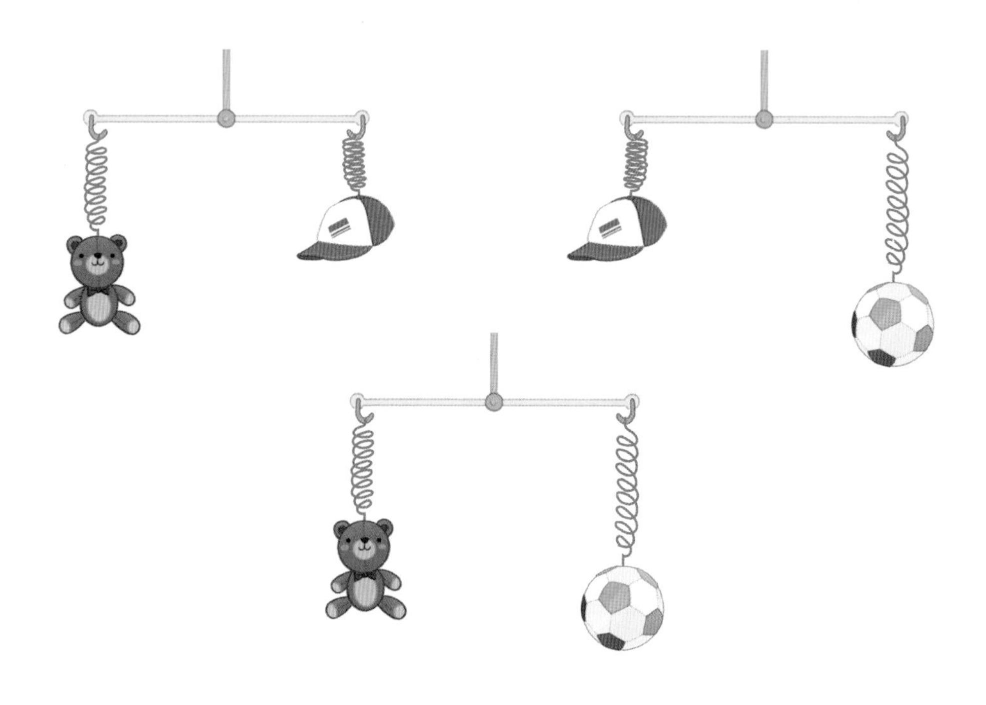

02 크기가 같은 상자를 2가지 방법으로 묶었습니다. 끈이 더 많이 사용된 상자의 기호를 써 보시오. (단, 묶은 리본의 길이는 같습니다.)

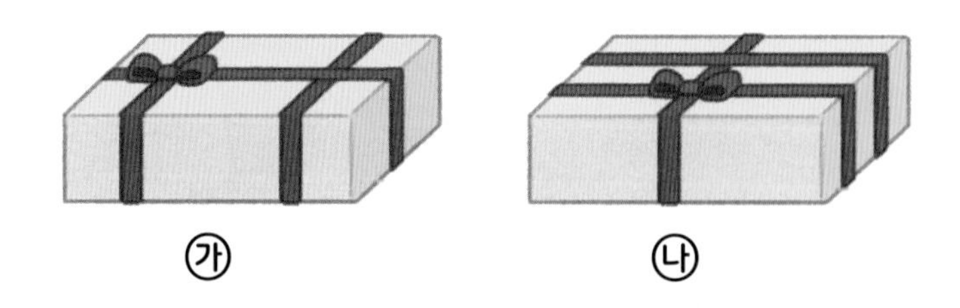

정답과 풀이 42쪽

03 파란색, 노란색, 초록색, 보라색 새 중에서 가장 가벼운 새부터 순서대로 써 보시오.

04 ①번부터 ⑥번까지 컵 6개에 물이 담겨 있습니다. 가장 큰 컵의 번호를 써 보시오.

- ①번, ②번, ③번 컵 중에서 ③번 컵에 물이 가장 많이 담겨 있습니다.
- ①번, ②번, ⑥번 컵 중에서 ②번 컵에 물이 가장 많이 담겨 있습니다.
- ③번, ④번, ⑤번 컵 중에서 ④번 컵에 물이 가장 많이 담겨 있습니다.

Challenge 영재교육원

01 다음은 여러 가지 물건의 무게를 비교한 것입니다.

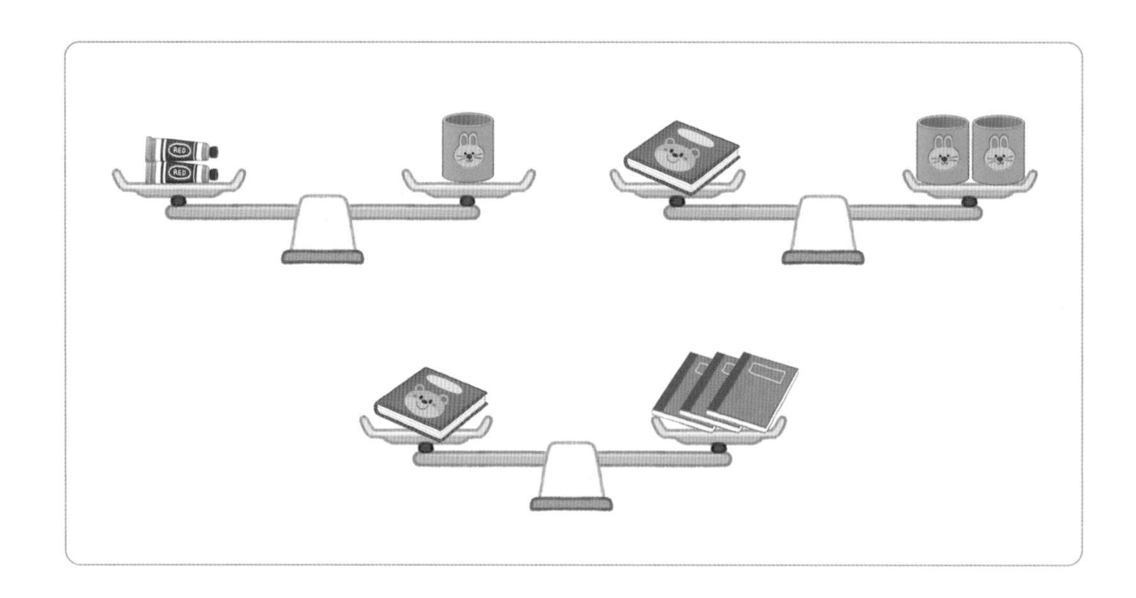

위의 그림을 이용하여 빈 곳에 알맞은 물건의 개수를 써 보시오.

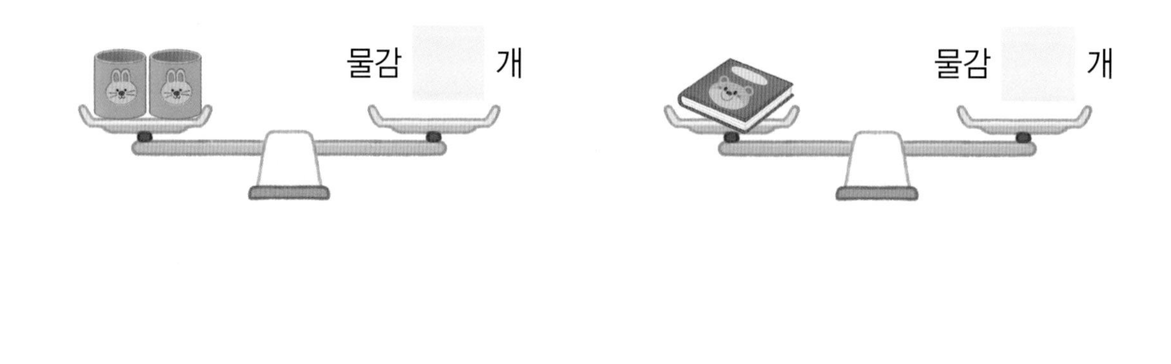

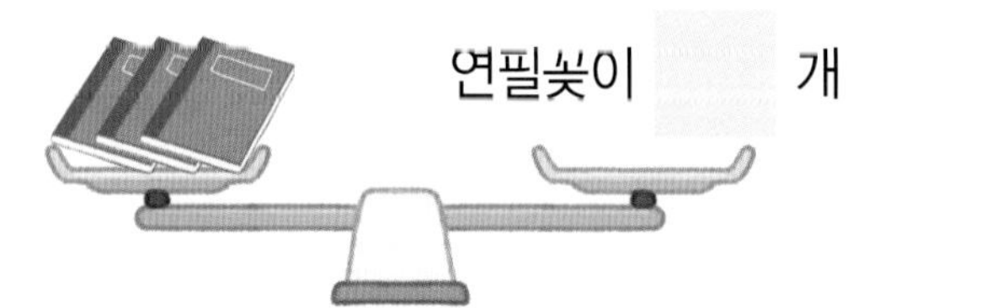

02 바둑판에 여러 색깔 바둑돌이 놓여 있습니다. 물음에 답해 보시오.

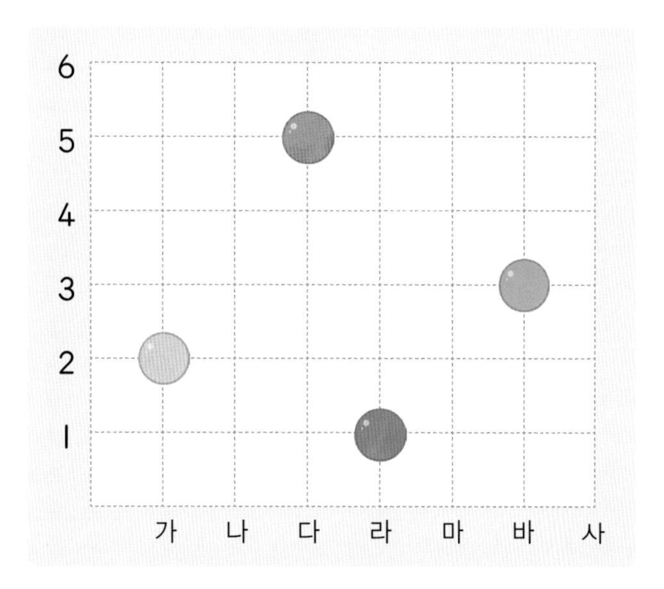

(1) 각 바둑돌이 있는 위치를 써 보시오.

(,)　　(,)

(,)　　(,)

(2) 각 바둑돌을 조건 에 맞게 옮겨 놓았습니다. 옮겨 놓은 바둑돌의 위치를 써 보시오.

색깔 바둑돌	조건		도착한 위치
	(오른쪽 1칸, 위로 1칸) 이동	➡	(,)
	(왼쪽 1칸, 아래로 1칸) 이동	➡	(,)
	(왼쪽 3칸, 아래로 2칸) 이동	➡	(,)
	(오른쪽 2칸, 위로 4칸) 이동	➡	(,)

MEMO

형성평가

시험일시	년 월 일
이 름	

권장 시험 시간	30분

- ✓ 총 문항 수(10문항)를 확인해 주세요.
- ✓ 권장 시험 시간(30분) 안에 문제를 풀어 주세요.
- ✓ 문제를 정확히 읽고 답을 바르게 쓰세요.
- ✓ 잘 풀리지 않는 문제가 있으면 쉬운 문제부터 해결한 후 다시 도전해 보세요.

채점 결과를 매스티안 홈페이지(https://www.mathtian.com)에 방문하여 양식에 맞게 입력해 보세요.
「형성평가 결과지」를 직접 받아보실 수 있습니다.

01 다음은 고대 중국 수입니다. ▒ 안에 알맞은 고대 중국 수를 써넣으시오.

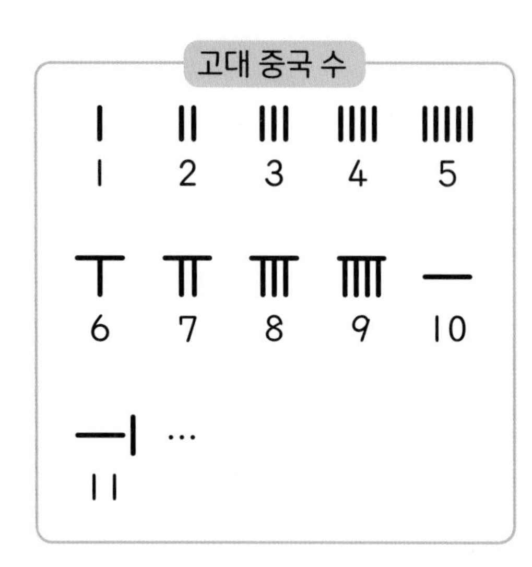

〓Ⅲ − Ⅲ = ▒

02 20에서 막대 1개를 옮겨 만들 수 있는 가장 큰 수를 써 보시오.

03 양면이 오른쪽과 같은 카드 5장을 주어진 횟수만큼 각각 뒤집으면, 그림면과 숫자면 중 어느 면이 더 적게 되는지 써 보시오.

04 주어진 4장의 숫자 카드를 모두 사용하여 만들 수 있는 수 중에서 둘째 번으로 작은 수를 구해 보시오.

6 0 4 9

05 민호는 종이에 다음과 같은 덧셈식과 뺄셈식을 썼습니다. 민호가 쓴 식에서 숫자의 개수는 모두 몇 개인지 구해 보시오.

15＋20＝35
17－13＝4

06 50에서 막대 1개를 더해서 서로 다른 수 3개를 만들어 보시오.

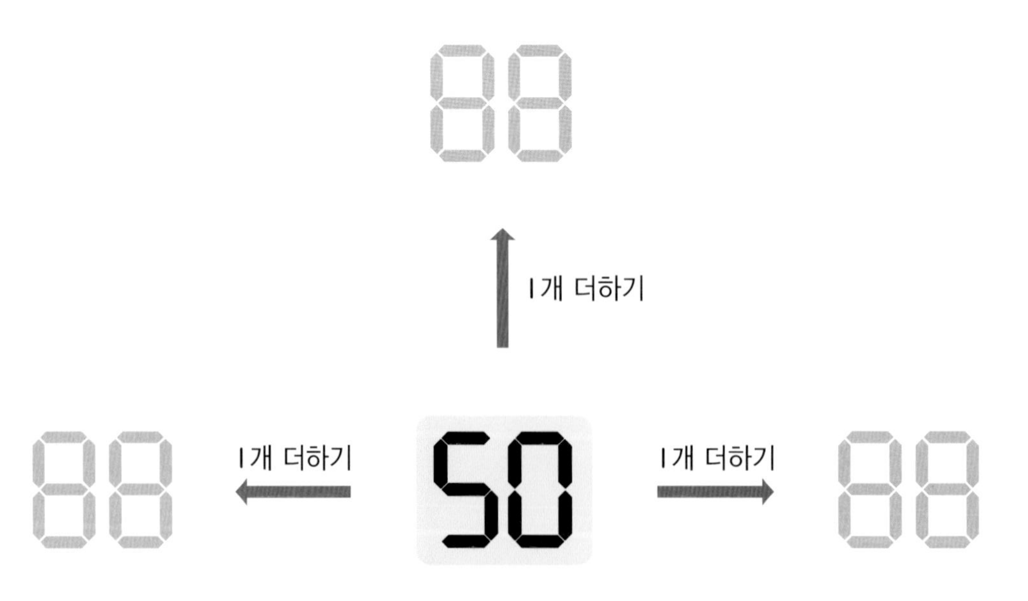

07 아빠, 엄마, 민기, 예은이의 나이의 합은 홀수입니다. 내년에 네 사람의 나이의 합은 짝수입니까? 홀수입니까?

08 민주와 재윤이가 설명하고 있는 수를 모두 찾아 써 보시오.

40보다 작은
두 자리 수야.
십의 자리 숫자와
일의 자리 숫자는 같아.
민주
재윤

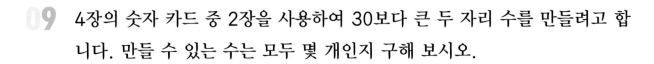

09 4장의 숫자 카드 중 2장을 사용하여 30보다 큰 두 자리 수를 만들려고 합니다. 만들 수 있는 수는 모두 몇 개인지 구해 보시오.

10 다음 조건에 맞는 수를 찾아 써 보시오.

조건

① 두 자리 수입니다.

② 10보다 큰 수입니다.

③ 30보다 작은 수입니다.

④ 십의 자리 수가 일의 자리 수보다 2만큼 큽니다.

수고하셨습니다!

정답과 풀이 44쪽

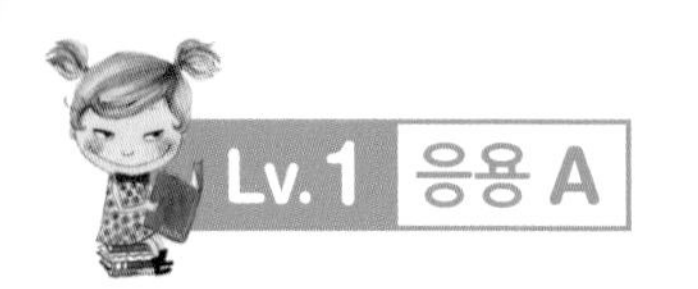

형성평가

퍼즐 영역

시험일시	년 월 일
이 름	

권장 시험 시간 30분

- ✓ 총 문항 수(10문항)를 확인해 주세요.
- ✓ 권장 시험 시간(30분) 안에 문제를 풀어 주세요.
- ✓ 문제를 정확히 읽고 답을 바르게 쓰세요.
- ✓ 잘 풀리지 않는 문제가 있으면 쉬운 문제부터 해결한 후 다시 도전해 보세요.

채점 결과를 매스티안 홈페이지(https://www.mathtian.com)에 방문하여 양식에 맞게 입력해 보세요.
「형성평가 결과지」를 직접 받아보실 수 있습니다.

01 노노그램의 |규칙|에 따라 빈칸을 알맞게 색칠해 보시오.

|규칙|

① 위에 있는 수는 세로줄에 연속하여 색칠된 칸의 수를 나타냅니다.

② 왼쪽에 있는 수는 가로줄에 연속하여 색칠된 칸의 수를 나타냅니다.

	1	3	4	2
1				
2				
4				
3				

02 노노그램 미로의 |규칙|에 따라 원숭이가 바나나가 있는 곳까지 가는 길을 그려 보시오.

|규칙|

① 위와 왼쪽에 있는 수는 원숭이가 각 줄에 지나가야 하는 방의 개수를 나타냅니다.

② 한 번 지나간 방은 다시 지나갈 수 없습니다.

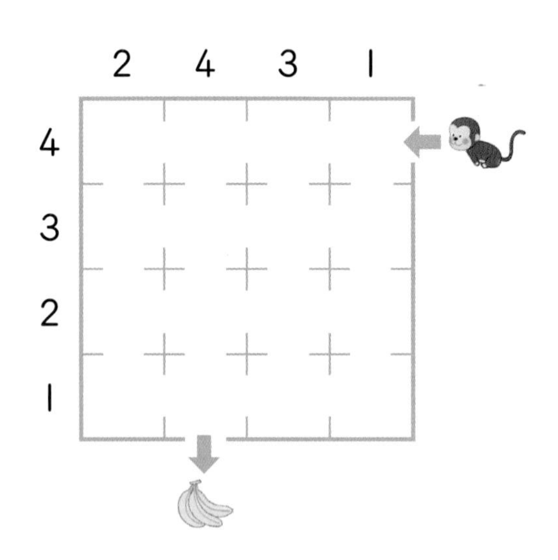

03 스도쿠의 규칙 에 따라 빈칸에 알맞은 수를 써넣으시오.

규칙

① 가로줄의 각 칸에 주어진 수가 한 번씩만 들어갑니다.

② 세로줄의 각 칸에 주어진 수가 한 번씩만 들어갑니다.

1, 2, 3

1	3	
2		

04 캔캔 퍼즐의 규칙 에 따라 빈칸에 알맞은 수를 써넣으시오.

규칙

① 작은 수는 굵은 선으로 둘러싸인 블록 안에 들어갈 수들의 합을 나타냅니다.

② 가로줄과 세로줄의 각 칸에 1부터 3까지의 수가 한 번씩만 들어갑니다.

5		1
5	1	5
	2	3

05 틱택 로직의 | 규칙 |에 따라 빈칸에 ○, ×를 알맞게 그려 보시오.

| 규칙 |

① 가로줄, 세로줄에 있는 ○의 수와 ×의 수는 서로 같습니다.

② 각 줄에서 ○ 또는 ×는 연속하여 2개까지만 그릴 수 있습니다.

	○	○	
○	×		×
	×	×	
×			○

06 | 규칙 |에 따라 빈칸에 ▲를 알맞게 그려 넣으시오.

| 규칙 |

① 위에 있는 수는 세로줄에 연속한 ▲의 수를 나타냅니다.

② 왼쪽에 있는 수는 가로줄에 연속한 ▲의 수를 나타냅니다.

	3	4	3	1
2				
3	▲			
4	▲	▲	▲	▲
2	▲			

07 거울 퍼즐의 | 규칙 |에 따라 손전등에서 나온 빛이 지나는 길을 그리고, 빛이 지나는 점의 개수의 차를 구해 보시오.

| 규칙 |

① 빛은 손전등의 방향에 따라 가로 또는 세로로 비춥니다.

② 빛은 거울을 만나면 방향을 바꿉니다.

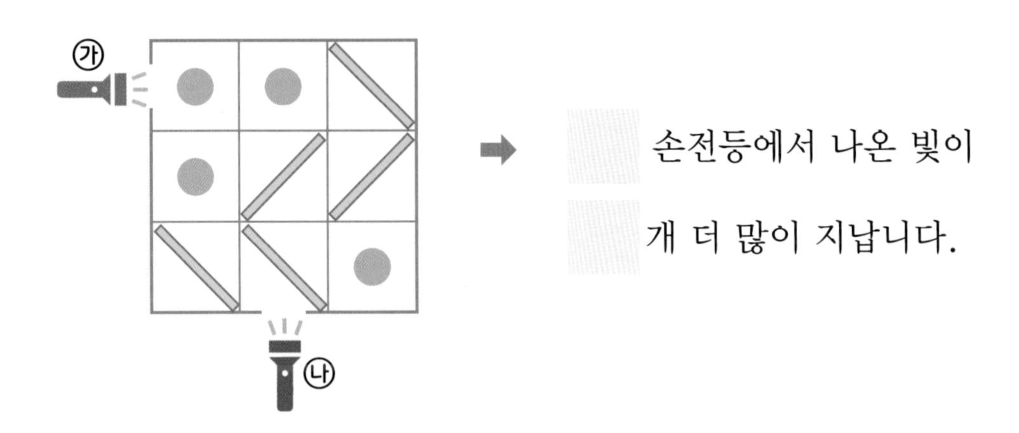

➡ [ ] 손전등에서 나온 빛이 [ ]개 더 많이 지납니다.

08 거울 연결 퍼즐의 | 규칙 |에 따라 친구와 과일을 찾아 선으로 연결해 보시오.

| 규칙 |

① 친구와 과일을 1개씩만 연결해야 합니다.

② 모든 칸을 지나가야 합니다.

③ 각 칸은 한 번씩만 지나가야 합니다.

④ 거울을 만나면 방향이 바뀝니다.

09 4개 금지 퍼즐의 |규칙|에 따라 빈칸에 ○, ×를 알맞게 그려 보시오.

|규칙|

① 가로줄, 세로줄에 ○ 또는 ×가 연속하여 4개가 되면 안됩니다.

② 모든 대각선줄에 ○ 또는 ×가 연속하여 4개가 되면 안됩니다.

		○	○	○		
	×	○		○	○	○
×	×		○	×	○	○
×		○	×	×	○	
×	×	×				○
	○	○		○	×	

10 |규칙|에 따라 빈칸에 알맞은 수를 써넣으시오.

|규칙|

① 가로줄과 세로줄의 각 칸에 주어진 수가 한 번씩만 들어갑니다.

② 굵은 선으로 나누어진 작은 사각형의 각 칸에 주어진 수가 한 번씩만 들어갑니다.

1, 2, 3, 4

3			4
4		1	
1			2
	4	3	

수고하셨습니다!

정답과 풀이 47쪽

형성평가

시험일시	년 월 일
이 름	

권장 시험 시간	30분

- ✓ 총 문항 수(10문항)를 확인해 주세요.
- ✓ 권장 시험 시간(30분) 안에 문제를 풀어 주세요.
- ✓ 문제를 정확히 읽고 답을 바르게 쓰세요.
- ✓ 잘 풀리지 않는 문제가 있으면 쉬운 문제부터 해결한 후 다시 도전해 보세요.

채점 결과를 매스티안 홈페이지(https://www.mathtian.com)에 방문하여 양식에 맞게 입력해 보세요.
「형성평가 결과지」를 직접 받아보실 수 있습니다.

01 둘째 번으로 키가 작은 동물의 이름을 써 보시오.

02 깃발까지 가는 길이 가장 짧은 자동차의 색을 찾아 써 보시오.

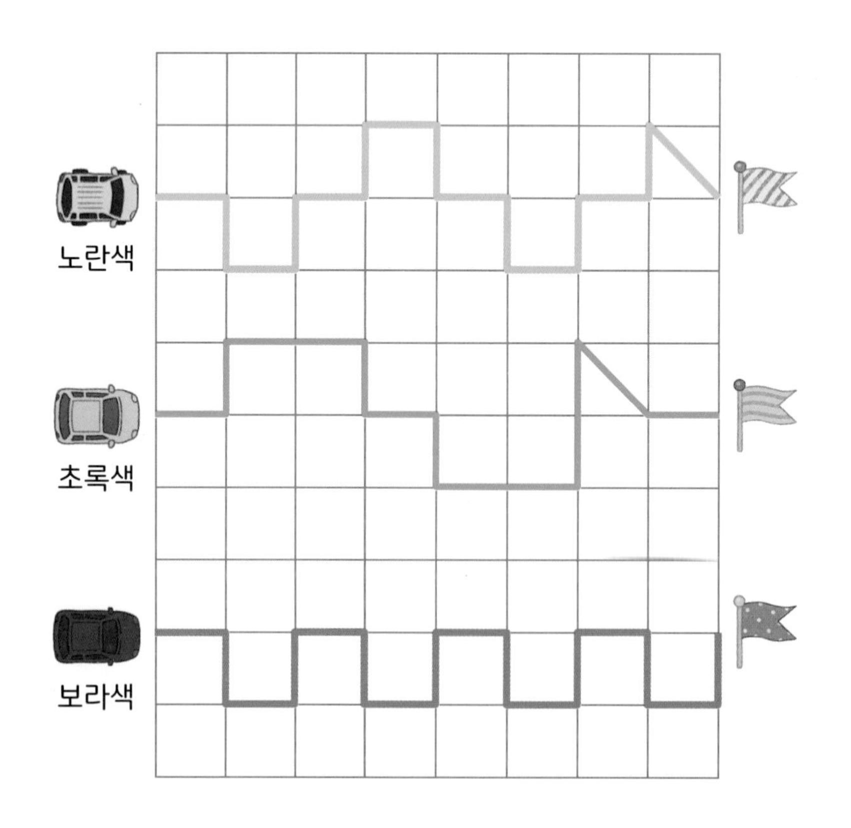

03 소, 양, 염소 중 가장 무거운 동물을 써 보시오.

04 나린, 다희, 라윤 중 가장 작은 컵을 가진 친구부터 순서대로 이름을 써 보시오.

내 컵에 물을 가득 넣어
다희 컵에 부으면 물이 넘쳐.
그런데 라윤이 컵에 물을 가득 넣어
다희 컵에 부으면 물이 절반만 차.

나린

05 (라, 2), (바, 3)에 있는 것의 이름을 각각 써 보시오.

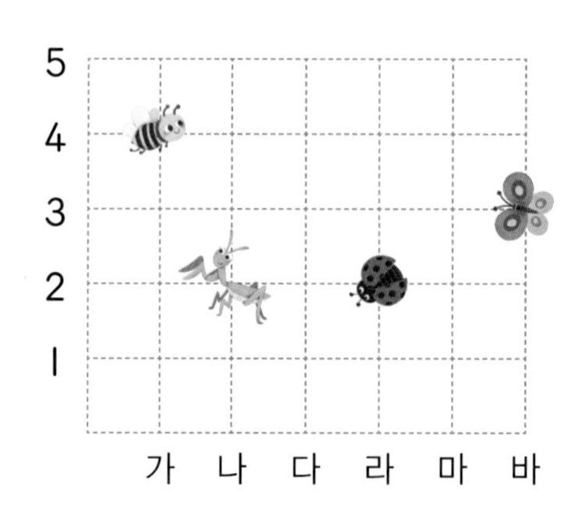

06 |보기|와 같이 바느질을 하려고 합니다. ㉮와 ㉯ 중에서 실이 더 긴 것을 찾아 기호를 써 보시오. (단, 바느질한 부분은 1에서 8까지입니다.)

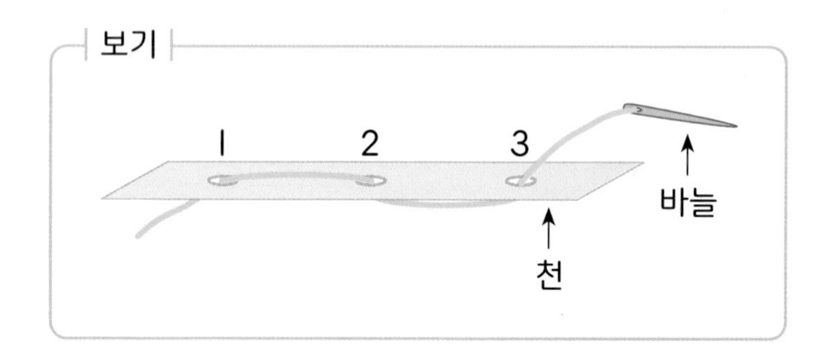

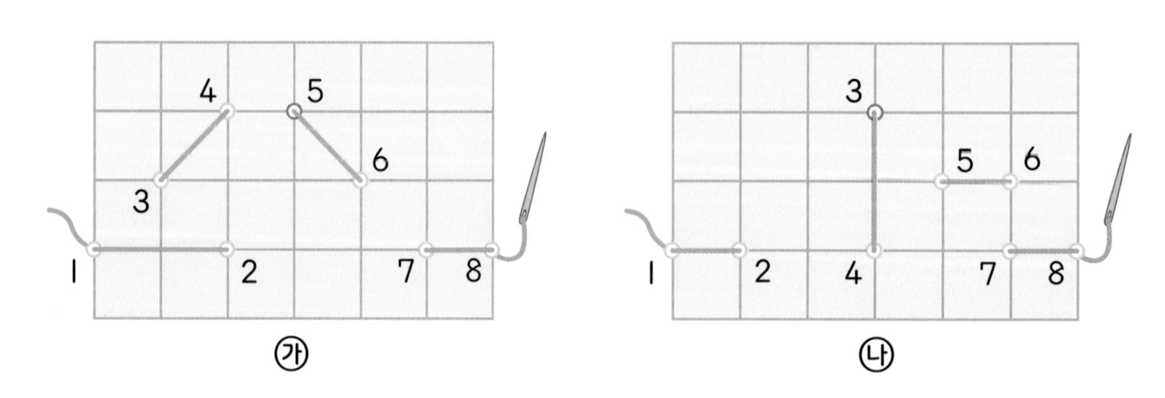

07 가장 가벼운 것부터 순서대로 이름을 써 보시오.

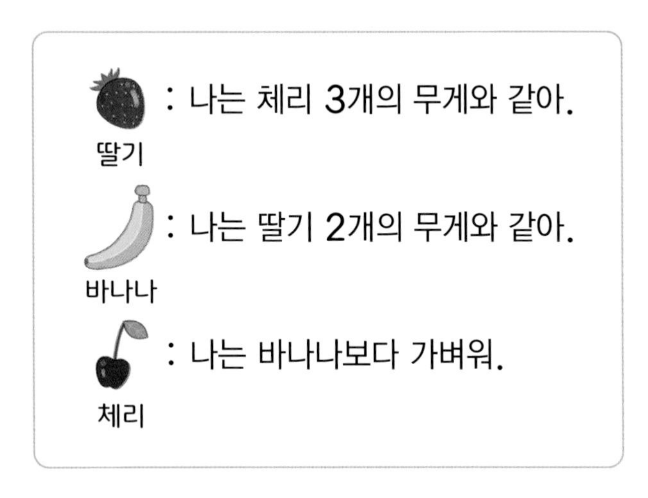
: 나는 체리 3개의 무게와 같아.
딸기
: 나는 딸기 2개의 무게와 같아.
바나나
: 나는 바나나보다 가벼워.
체리

08 물이 가장 많이 들어 있는 그릇의 기호를 써 보시오.

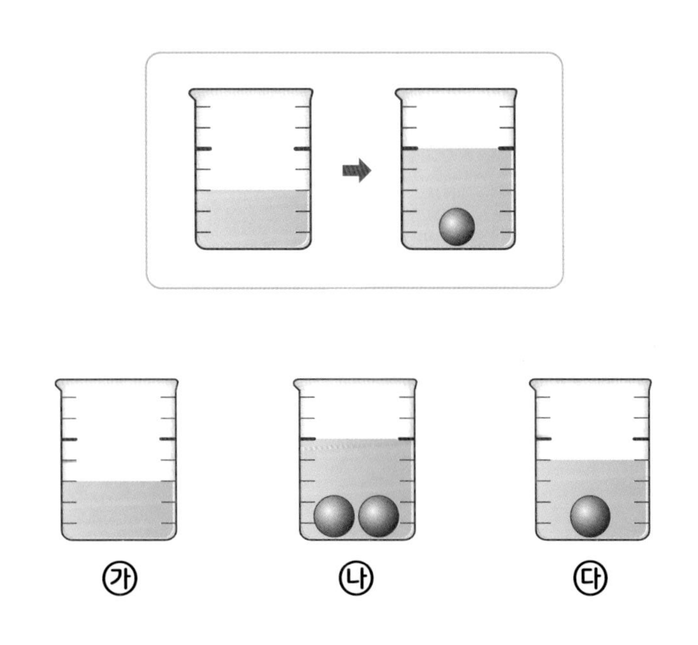
㉮
㉯
㉰

09 순서대로 점을 이어 나오는 말을 찾아 써 보시오.

(다, 5), (나, 4), (다, 3), (나, 2), (가, 1)

10 하트, 별, 달, 구름 모양을 가장 가벼운 것부터 순서대로 써 보시오.

정답과 풀이 50쪽

총괄평가

권장 시험 시간	30분

시험일시 | 년 월 일

이 름 |

- ✓ 총 문항 수(10문항)를 확인해 주세요.
- ✓ 권장 시험 시간(30분) 안에 문제를 풀어 주세요.
- ✓ 문제를 정확히 읽고 답을 바르게 쓰세요.
- ✓ 잘 풀리지 않는 문제가 있으면 쉬운 문제부터 해결한 후 다시 도전해 보세요.

채점 결과를 매스티안 홈페이지(https://www.mathtian.com)에 방문하여 양식에 맞게 입력해 보세요.
「총괄평가 결과지」를 직접 받아보실 수 있습니다.

01 4장의 숫자 카드 중 2장을 사용하여 만들 수 있는 두 자리 수 중에서 둘째 번으로 작은 수를 구해 보시오.

02 | 보기 |와 같이 막대를 1개 옮겨서 가장 큰 수를 만들어 보시오.

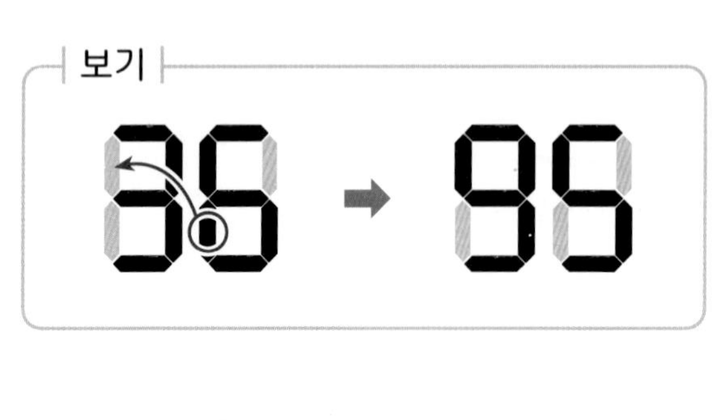

03 6부터 13까지의 수를 더한 값은 짝수입니까? 홀수입니까?

$$6 + 7 + 8 + 9 + 10 + 11 + 12 + 13$$

04 다음 |조건|에 맞는 수를 찾아 써 보시오.

|조건|

① 14보다 큰 두 자리 수입니다.

② 25보다 작은 두 자리 수입니다.

③ 십의 자리 수와 일의 자리 수의 합은 8입니다.

05 노노그램의 규칙 에 따라 빈칸을 알맞게 색칠해 보시오.

규칙

① 위에 있는 수는 세로줄에 연속하여 색칠된 칸의 수를 나타냅니다.

② 왼쪽에 있는 수는 가로줄에 연속하여 색칠된 칸의 수를 나타냅니다.

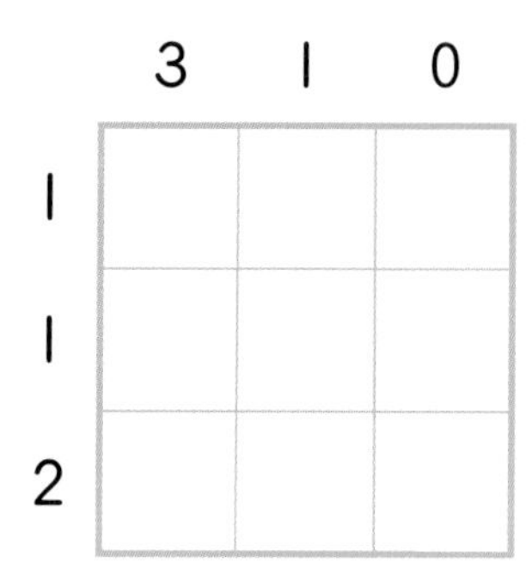

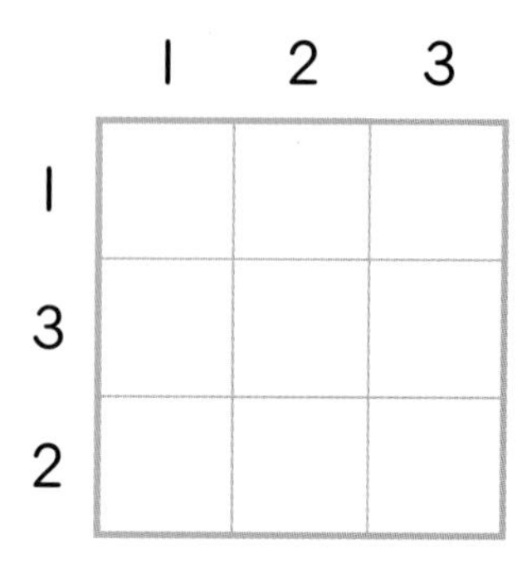

06 거울 퍼즐의 규칙 에 따라 손전등에서 나온 빛이 지나는 길을 그리고, 빛이 지나는 점의 개수의 차를 구해 보시오.

규칙

① 빛은 손전등의 방향에 따라 가로 또는 세로로 비춥니다.

② 빛은 거울을 반나면 방향을 바꿉니다.

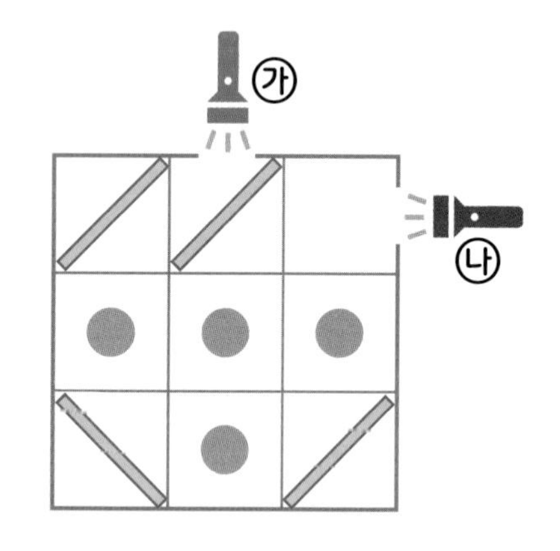

➡ ☐ 손전등에서 나온 빛이 ☐ 개 더 많이 지납니다.

07 스도쿠의 | 규칙 |에 따라 빈칸에 알맞은 수를 써넣으시오.

| 규칙 |
① 가로줄의 각 칸에 주어진 수가 한 번씩만 들어갑니다.
② 세로줄의 각 칸에 주어진 수가 한 번씩만 들어갑니다.

1, 2, 3

	2	1
1		

08 둘째 번으로 긴 막대를 찾아 기호를 써 보시오.

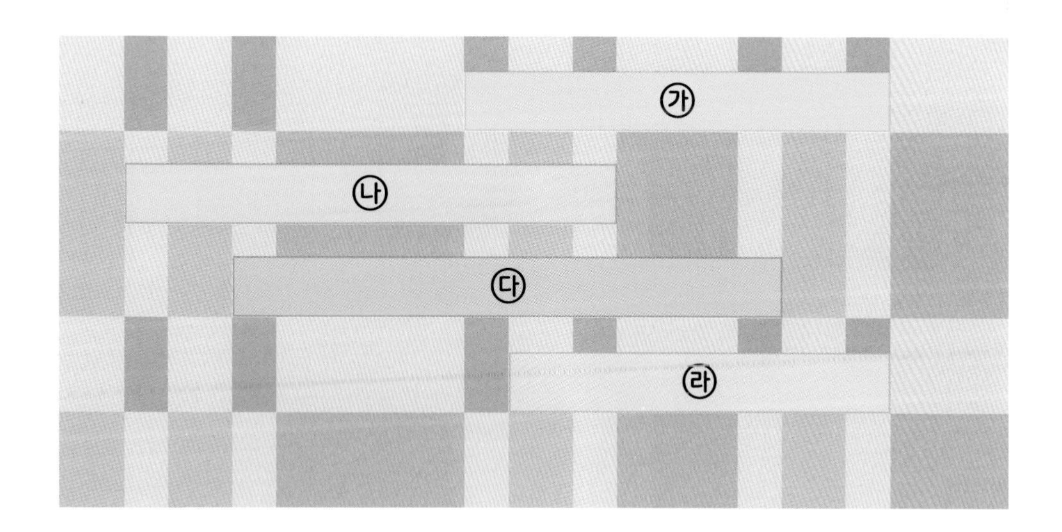

09 오리, 토끼, 고양이 중 가장 가벼운 동물의 이름을 써 보시오.

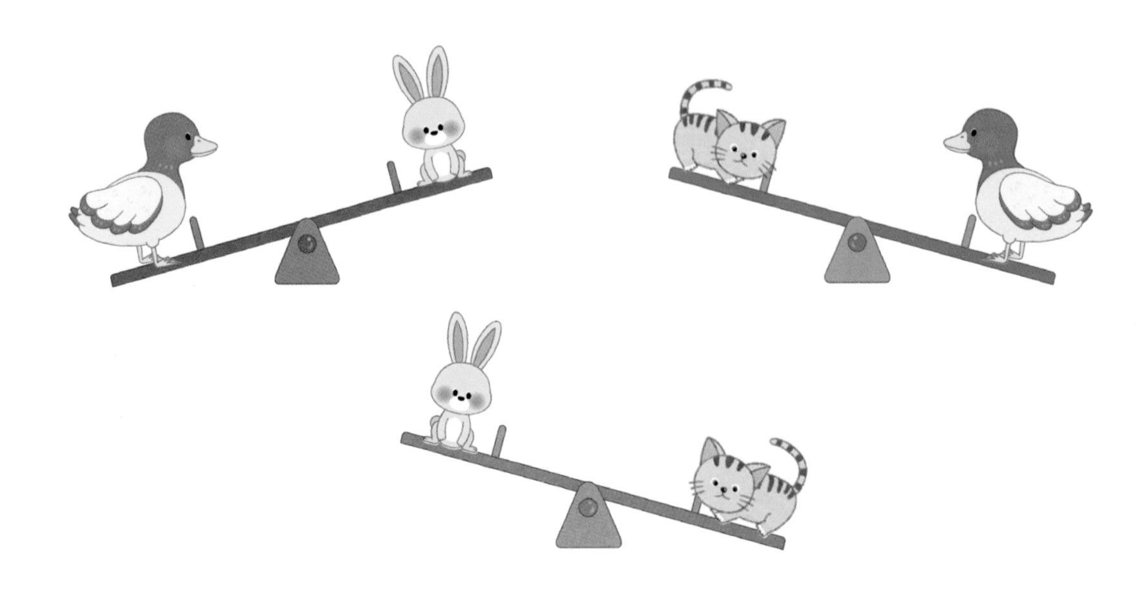

10 물이 가장 많이 들어 있는 그릇의 기호를 써 보시오.

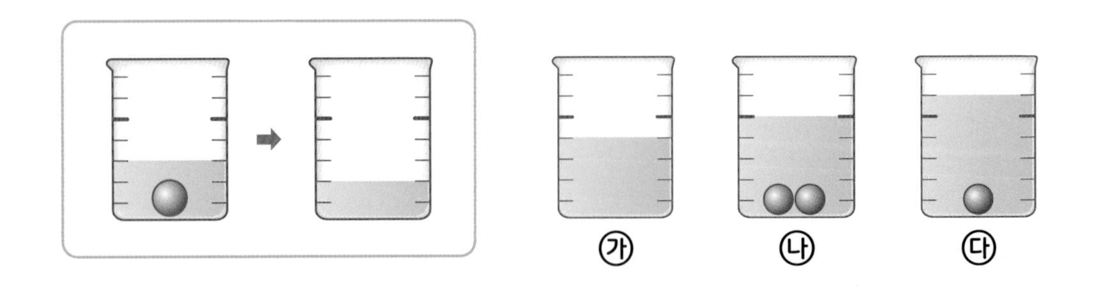

정답과 풀이 53쪽

창의사고력
초등수학

팩토

팩토는 자유롭게 자신감있게 창의적으로
생각하는 주·니·어·수·학·자입니다.

Free Active Creative Thinking O. Junior mathtian

영재학급, 영재교육원,
경시대회 준비를 위한

창의사고력
초등수학

팩토

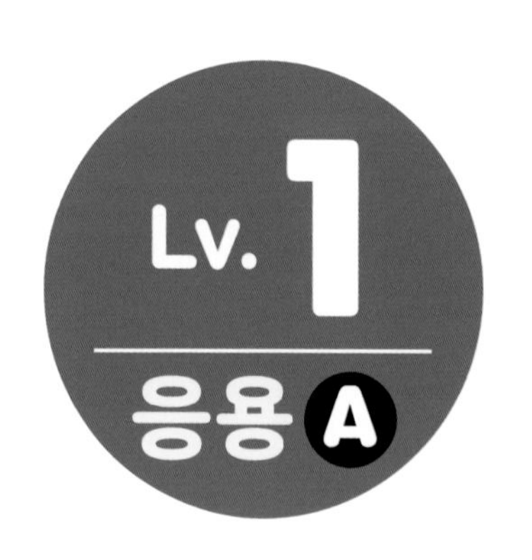

명확한 답
친절한 풀이

영재학급, 영재교육원,
경시대회 준비를 위한

창의사고력 초등수학

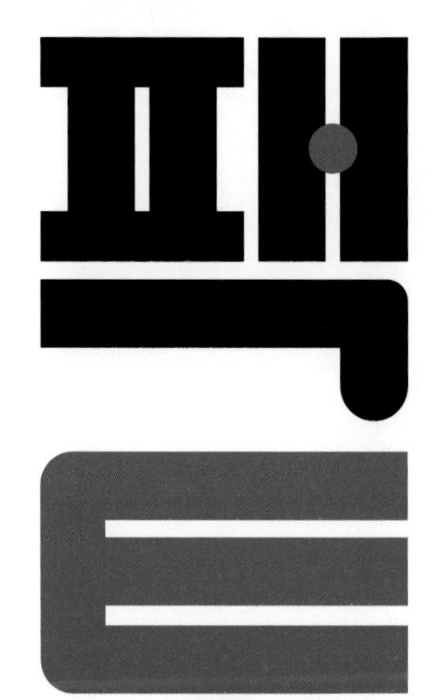

명확한 답
친절한 풀이

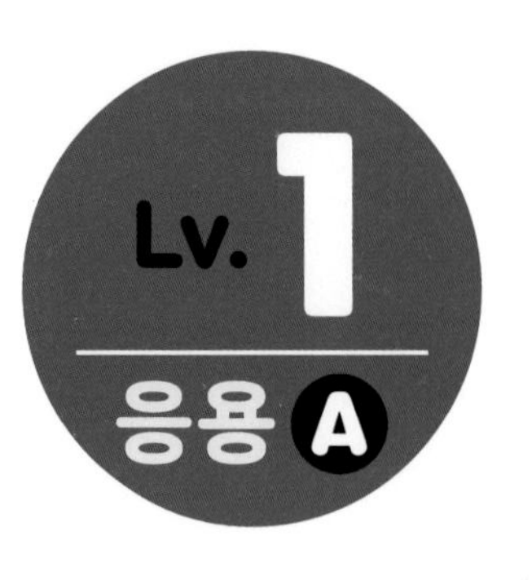

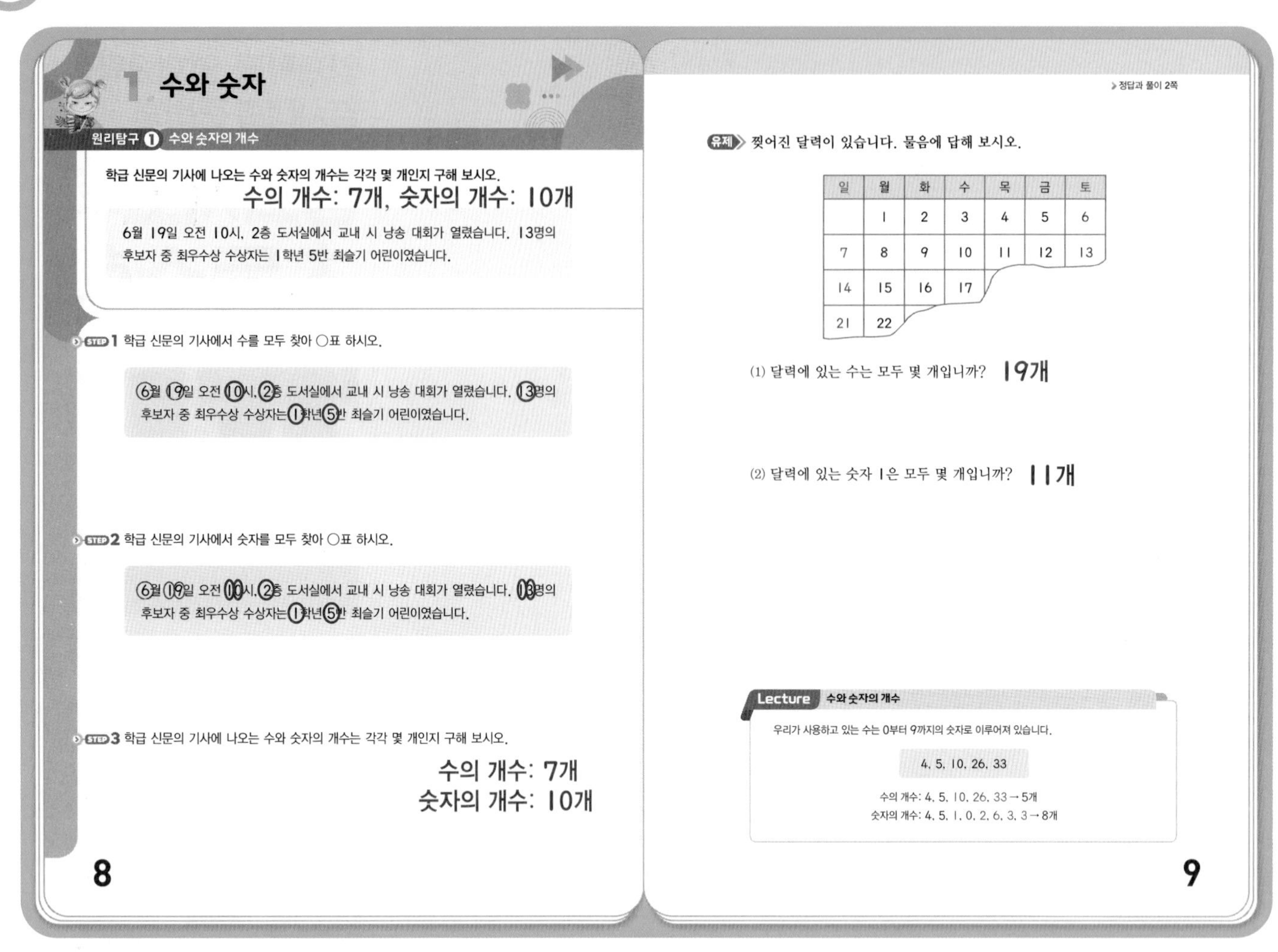

1. 수와 숫자

원리탐구 ① 수와 숫자의 개수

학급 신문의 기사에 나오는 수와 숫자의 개수는 각각 몇 개인지 구해 보시오.

수의 개수: 7개, 숫자의 개수: 10개

6월 19일 오전 10시, 2층 도서실에서 교내 시 낭송 대회가 열렸습니다. 13명의 후보자 중 최우수상 수상자는 1학년 5반 최슬기 어린이였습니다.

STEP 1 학급 신문의 기사에서 수를 모두 찾아 ○표 하시오.

6월 19일 오전 10시, 2층 도서실에서 교내 시 낭송 대회가 열렸습니다. 13명의 후보자 중 최우수상 수상자는 1학년 5반 최슬기 어린이였습니다.

STEP 2 학급 신문의 기사에서 숫자를 모두 찾아 ○표 하시오.

6월 19일 오전 10시, 2층 도서실에서 교내 시 낭송 대회가 열렸습니다. 13명의 후보자 중 최우수상 수상자는 1학년 5반 최슬기 어린이였습니다.

STEP 3 학급 신문의 기사에 나오는 수와 숫자의 개수는 각각 몇 개인지 구해 보시오.

수의 개수: 7개
숫자의 개수: 10개

8

정답과 풀이 2쪽

유제 찢어진 달력이 있습니다. 물음에 답해 보시오.

일	월	화	수	목	금	토
	1	2	3	4	5	6
7	8	9	10	11	12	13
14	15	16	17			
21	22					

(1) 달력에 있는 수는 모두 몇 개입니까? 19개

(2) 달력에 있는 숫자 1은 모두 몇 개입니까? 11개

Lecture 수와 숫자의 개수

우리가 사용하고 있는 수는 0부터 9까지의 숫자로 이루어져 있습니다.

4, 5, 10, 26, 33

수의 개수: 4, 5, 10, 26, 33 → 5개
숫자의 개수: 4, 5, 1, 0, 2, 6, 3, 3 → 8개

9

원리탐구 ①

STEP 3 수: 6, 19, 10, 2, 13, 1, 5 → 7개
숫자: 6, 1, 9, 1, 0, 2, 1, 3, 1, 5 → 10개

유제 (1) 1부터 17까지 17개의 수와 21, 22에서 2개의 수가 있으므로 달력에 있는 수는 모두 17+2=19(개)입니다.

(2) • 일의 자리에 숫자 1이 있는 경우: 1, 11, 21 → 3개
• 십의 자리에 숫자 1이 있는 경우: 10, 11, 12, 13, 14, 15, 16, 17 → 8개
따라서 달력에 있는 숫자 1은 모두 3+8=11(개)입니다.

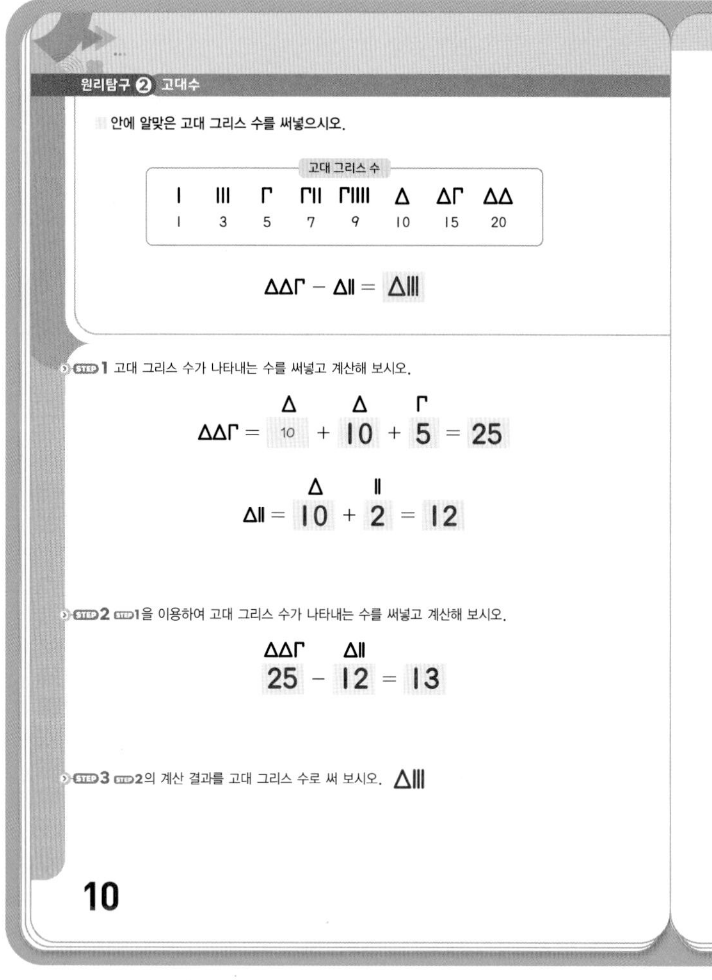
원리탐구 ② 고대수
안에 알맞은 고대 그리스 수를 써넣으시오.
고대 그리스 수
ΔΔΓ − ΔII = ΔIII
STEP 1 고대 그리스 수가 나타내는 수를 써넣고 계산해 보시오.
ΔΔΓ = 10 + 10 + 5 = 25
ΔII = 10 + 2 = 12
STEP 2 STEP 1을 이용하여 고대 그리스 수가 나타내는 수를 써넣고 계산해 보시오.
25 − 12 = 13
STEP 3 STEP 2의 계산 결과를 고대 그리스 수로 써 보시오. ΔIII
10

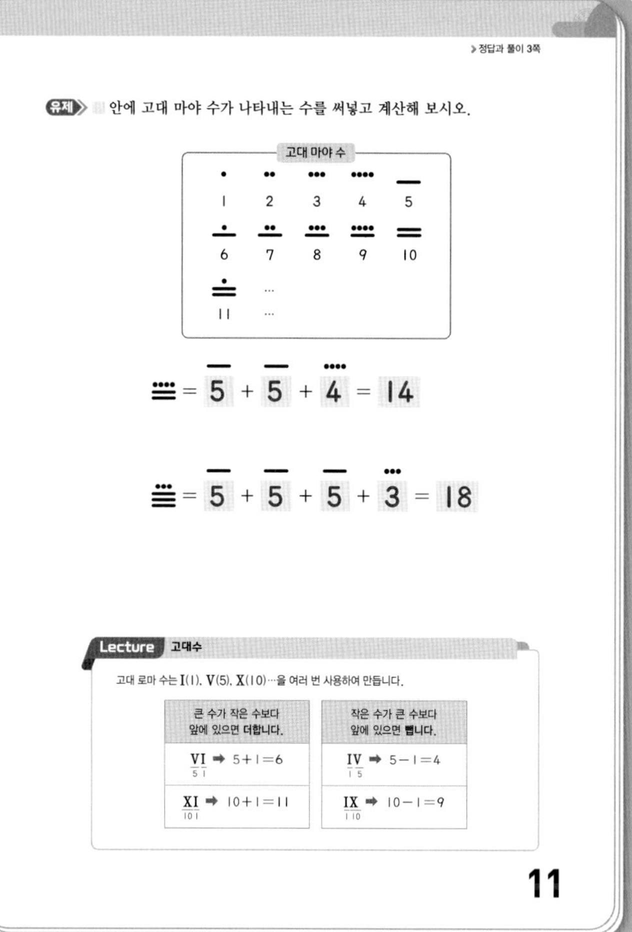
정답과 풀이 3쪽
유제 안에 고대 마야 수가 나타내는 수를 써넣고 계산해 보시오.
고대 마야 수
= 5 + 5 + 4 = 14
= 5 + 5 + 5 + 3 = 18
Lecture 고대수
고대 로마 수는 I(1), V(5), X(10)…을 여러 번 사용하여 만듭니다.
큰 수가 작은 수보다 앞에 있으면 더합니다.
작은 수가 큰 수보다 앞에 있으면 뺍니다.
VI ➡ 5+1=6
IV ➡ 5−1=4
XI ➡ 10+1=11
IX ➡ 10−1=9
11

원리탐구 ②

STEP 3 13＝10＋3 ➡ ΔIII
(10 → Δ, 3 → III)

유제 고대 마야 수에서 규칙을 찾아 고대 마야 수가 나타내는 수를 아라비아 수로 나타내어 봅니다.

정답과 풀이 4쪽

| 원리탐구❶ |

1 팩토 빌딩 1층에 있는 건물 안내판입니다. 물음에 답해 보시오.

안내 INFORMATION

4층	[41호] 관리실 [42호] 독서실
3층	[31호] 한의원 [32호] 치과 [33호] 동물 병원
2층	[21호] 영어 학원 [22호] 수학 학원 [23호] 피아노 학원
1층	[11호] 편의점 [12호] 커피 전문점

(1) 안내판에 있는 수는 모두 몇 개입니까? 14개

(2) 안내판에 있는 숫자는 모두 몇 개입니까? 24개

(3) 안내판에 있는 숫자 3은 모두 몇 개입니까? 6개

12

| 원리탐구❷ |

2 ▢ 안에 고대 바빌로니아 수가 나타내는 수를 써넣고 계산해 보시오.

고대 바빌로니아 수

▼	▼▼	▼▼▼	▼▼▼▼	▼▼▼▼▼
1	2	3	4	5
▼▼▼▼▼▼	▼▼▼▼▼▼▼	▼▼▼▼▼▼▼▼	▼▼▼▼▼▼▼▼▼	<
6	7	8	9	10
<▼	<▼▼	…		
11	12	…		

(1) <<< = 10 + 10 + 10 = 30

(2) <<▼ = 10 + 10 + 1 = 21

(3) <<<<▼▼▼▼▼▼ = 46

13

1 위에서부터 각 층별로 차례로 알아봅니다.

(1) 수: 4, 41, 42 / 3, 31, 32, 33 / 2, 21, 22, 23 / 1, 11, 12 → 14개

(2) 숫자: 4, 4, 1, 4, 2 / 3, 3, 1, 3, 2, 3, 3 / 2, 2, 1, 2, 2, 2, 3 / 1, 1, 1, 1, 2 → 24개

(3) ③층, ③1호, ③2호, ③③호, 2③호 → 6개

2 (3) <<<<▼▼▼▼▼▼

= 10 + 10 + 10 + 10 + 6

= 46

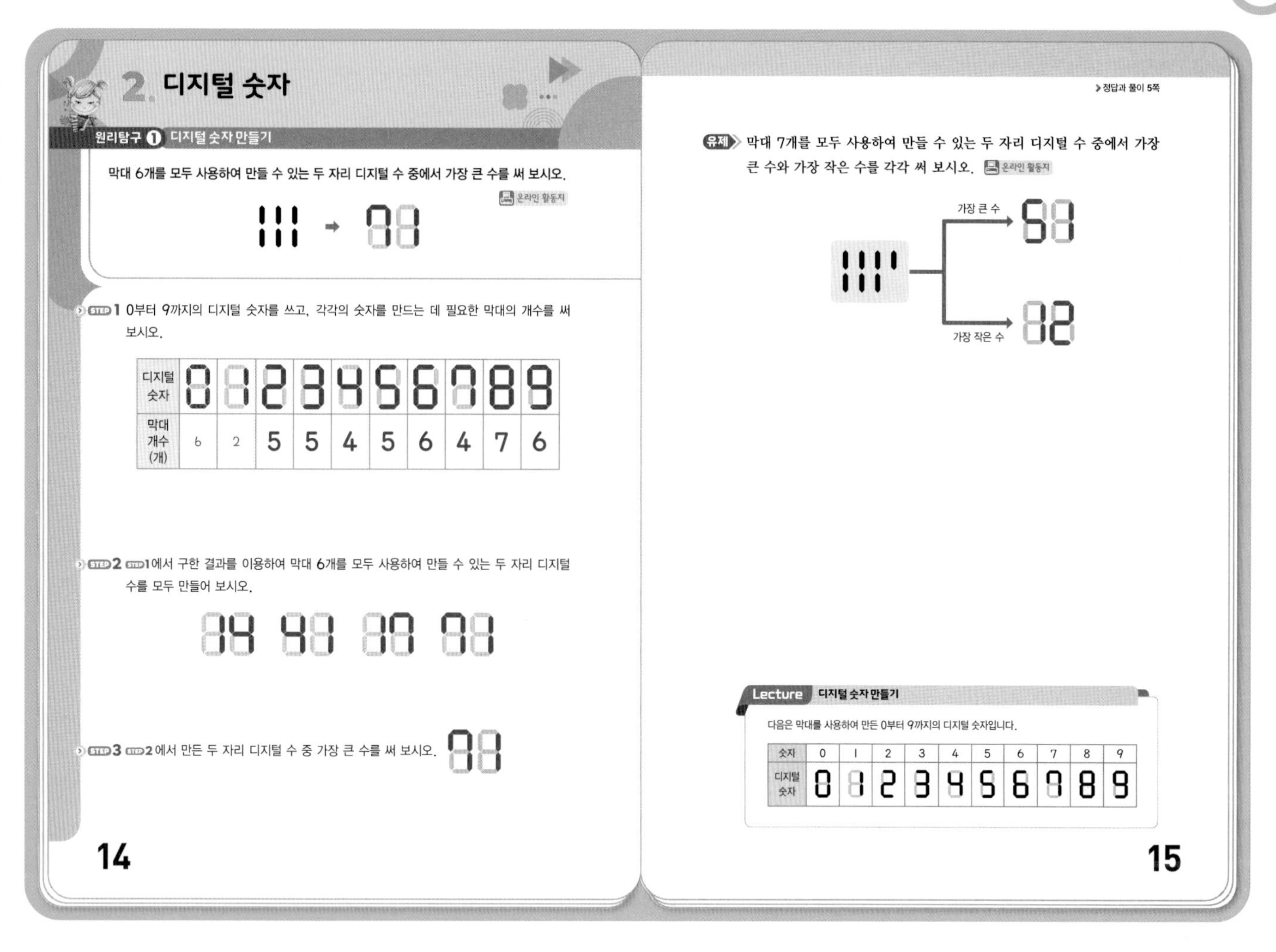

2. 디지털 숫자

원리탐구 ① 디지털 숫자 만들기

막대 6개를 모두 사용하여 만들 수 있는 두 자리 디지털 수 중에서 가장 큰 수를 써 보시오. 온라인 활동지

STEP 1 0부터 9까지의 디지털 숫자를 쓰고, 각각의 숫자를 만드는 데 필요한 막대의 개수를 써 보시오.

디지털 숫자	0	1	2	3	4	5	6	7	8	9
막대 개수(개)	6	2	5	5	4	5	6	4	7	6

STEP 2 STEP 1에서 구한 결과를 이용하여 막대 6개를 모두 사용하여 만들 수 있는 두 자리 디지털 수를 모두 만들어 보시오.

14 41 17 71

STEP 3 STEP 2에서 만든 두 자리 디지털 수 중 가장 큰 수를 써 보시오. 71

14

정답과 풀이 5쪽

유제 막대 7개를 모두 사용하여 만들 수 있는 두 자리 디지털 수 중에서 가장 큰 수와 가장 작은 수를 각각 써 보시오. 온라인 활동지

가장 큰 수 51

가장 작은 수 12

Lecture 디지털 숫자 만들기

다음은 막대를 사용하여 만든 0부터 9까지의 디지털 숫자입니다.

숫자	0	1	2	3	4	5	6	7	8	9
디지털 숫자	0	1	2	3	4	5	6	7	8	9

15

원리탐구 ①

STEP 1 디지털 숫자를 쓰고, 필요한 막대의 수를 세어 봅니다.

STEP 2 막대 6개로 디지털 숫자 2개를 만들어야 하므로 만들 수 있는 디지털 숫자는 1과 4, 1과 7입니다. 따라서 만들 수 있는 두 자리 디지털 수는 14, 41, 17, 71입니다.

STEP 3 14, 41, 17, 71 중에서 가장 큰 수는 71입니다.

유제 막대 7개로 디지털 숫자 2개를 만들어야 하므로 만들 수 있는 디지털 숫자는 1과 2, 1과 3, 1과 5이고, 만들 수 있는 두 자리 디지털 수는 12, 21, 13, 31, 15, 51입니다. 따라서 12, 21, 13, 31, 15, 51 중에서 가장 큰 수는 51이고, 가장 작은 수는 12입니다.

원리탐구 ❷ 디지털 숫자 바꾸기

다음은 63에서 막대 1개를 옮겨 59를 만든 것입니다.

63 → 63 → 59

위와 같이 39에서 막대 1개를 옮겨 만들 수 있는 가장 큰 수를 써 보시오. 온라인 활동지

39 → 95

STEP 1 일의 자리 숫자 9에서 막대 1개를 빼서 다른 숫자를 만들어 보시오.

9 → 3, 5

STEP 2 십의 자리 숫자 3에 막대 1개를 더해서 다른 숫자를 만들어 보시오.

3 → 9

STEP 3 39에서 막대 1개를 옮겨 만들 수 있는 가장 큰 수를 써 보시오. 95

16

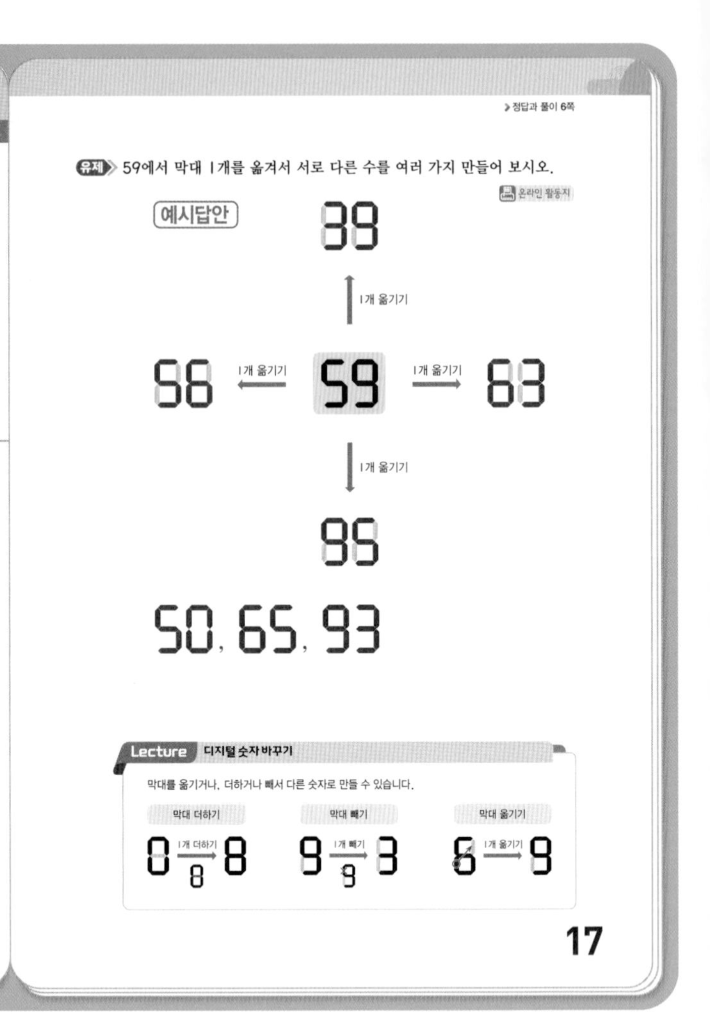

정답과 풀이 6쪽

유제 59에서 막대 1개를 옮겨서 서로 다른 수를 여러 가지 만들어 보시오. 온라인 활동지

예시답안

39 ← 1개 옮기기 ← 59

56 ← 1개 옮기기 ← 59 → 1개 옮기기 → 63

59 → 1개 옮기기 → 95

50, 65, 93

Lecture 디지털 숫자 바꾸기

막대를 옮기거나, 더하거나 빼서 다른 숫자로 만들 수 있습니다.

막대 더하기	막대 빼기	막대 옮기기
0 —1개 더하기→ 8	9 —1개 빼기→ 3	6 —1개 옮기기→ 9

17

원리탐구 ❷

STEP 1 9 → 3　9 → 5

STEP 2 3 → 9

STEP 3 39에서 막대 1개를 옮겨 만들 수 있는 가장 큰 수는 95입니다.

유제 여러 가지 수 중에서 4개를 완성하면 정답으로 인정합니다.

59 → 39　59 → 50

59 → 56　59 → 65

59 → 95　59 → 63

59 → 93

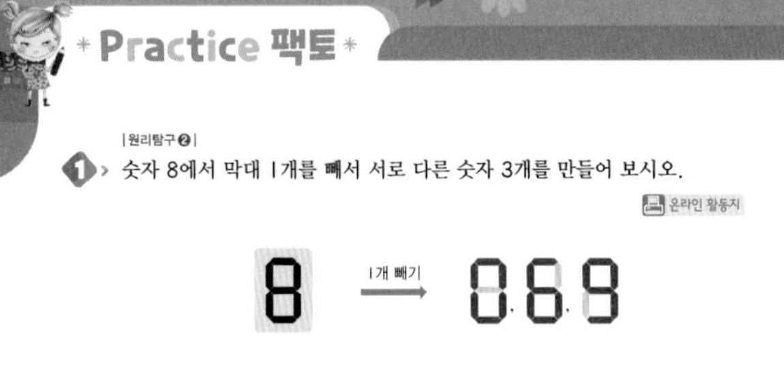

| 원리탐구❶ |

2 막대 10개를 모두 사용하여 만들 수 있는 가장 큰 두 자리 수를 만들어 보시오. 온라인 활동지

→ 97

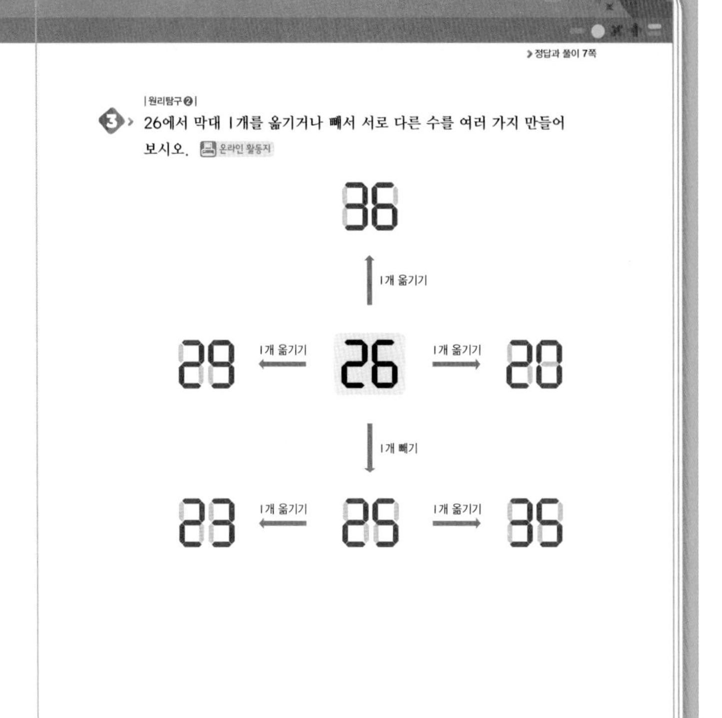

18

19

---

1 8 → 0 8 → 6 8 → 9

2 가장 큰 두 자리 수의 십의 자리 숫자는 9입니다. 막대 6개로 9를 만들고, 나머지 4개로 4 또는 7을 만들 수 있습니다. 따라서 만들 수 있는 가장 큰 두 자리 수는 97입니다.

3 1개 옮기기

26 → 36

26 → 29

26 → 20

1개 빼기

26 → 25

1개 뺀 수에서 1개 옮기기

25 → 23

25 → 35

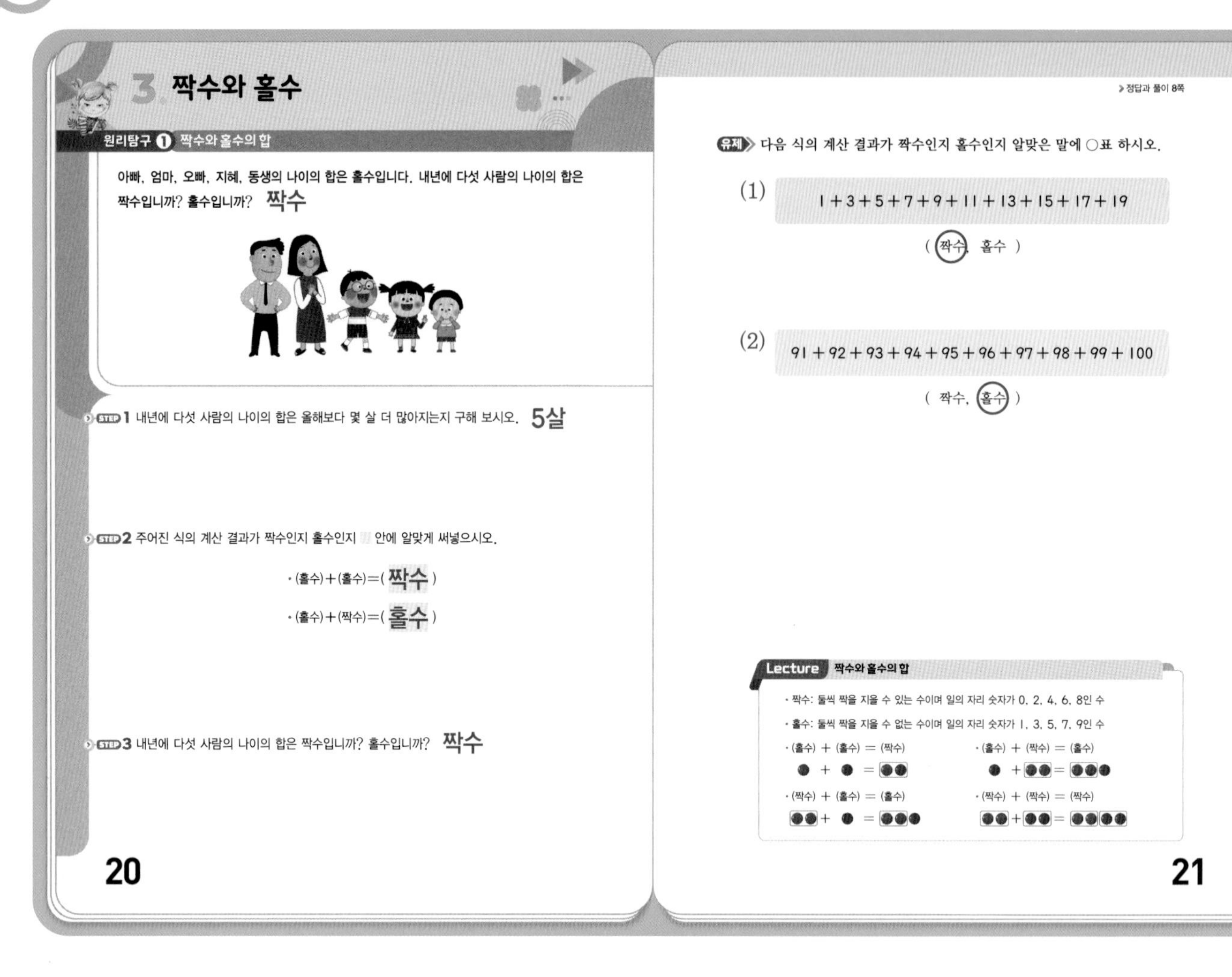

3. 짝수와 홀수

원리탐구 ① 짝수와 홀수의 합

아빠, 엄마, 오빠, 지혜, 동생의 나이의 합은 홀수입니다. 내년에 다섯 사람의 나이의 합은 짝수입니까? 홀수입니까? 짝수

STEP 1 내년에 다섯 사람의 나이의 합은 올해보다 몇 살 더 많아지는지 구해 보시오. 5살

STEP 2 주어진 식의 계산 결과가 짝수인지 홀수인지 안에 알맞게 써넣으시오.

- (홀수)+(홀수)=(짝수)
- (홀수)+(짝수)=(홀수)

STEP 3 내년에 다섯 사람의 나이의 합은 짝수입니까? 홀수입니까? 짝수

20

정답과 풀이 8쪽

유제 다음 식의 계산 결과가 짝수인지 홀수인지 알맞은 말에 ○표 하시오.

(1) 1+3+5+7+9+11+13+15+17+19

(짝수, 홀수) — 짝수에 ○표

(2) 91+92+93+94+95+96+97+98+99+100

(짝수, 홀수) — 홀수에 ○표

Lecture 짝수와 홀수의 합

- 짝수: 둘씩 짝을 지을 수 있는 수이며 일의 자리 숫자가 0, 2, 4, 6, 8인 수
- 홀수: 둘씩 짝을 지을 수 없는 수이며 일의 자리 숫자가 1, 3, 5, 7, 9인 수
- (홀수) + (홀수) = (짝수)
- (홀수) + (짝수) = (홀수)
- (짝수) + (홀수) = (홀수)
- (짝수) + (짝수) = (짝수)

21

원리탐구 ①

STEP 1 내년에 다섯 사람의 나이가 올해보다 모두 한 살씩 더 많아지므로 내년에 다섯 사람의 나이의 합은 올해보다 5살 더 많아집니다.

STEP 3 • 올해 다섯 사람의 나이의 합: 홀수
• 내년에 다섯 사람의 나이의 합:
(올해 나이의 합)+5 → (홀수)+(홀수)=(짝수)
따라서 내년에 다섯 사람의 나이의 합은 짝수입니다.

유제 • (홀수)+(홀수)=(짝수)
• (홀수)+(홀수)+(홀수)+(홀수)=(짝수)

(1) 1+3+5+7 → 짝수
9+11+13+15 → 짝수
17+19 → 짝수
➡ (짝수)+(짝수)+(짝수)=(짝수)이므로
홀수를 10번 더하면 짝수입니다.

(2) 91+93+95+97+99
→ (짝수)+(홀수)=(홀수)
92+94+96+98+100 → 짝수
➡ (홀수)+(짝수)=(홀수)

TIP 수를 더하여 해결하는 대신 짝수, 홀수의 덧셈 관계를 이용하여 문제를 해결해 보도록 합니다.

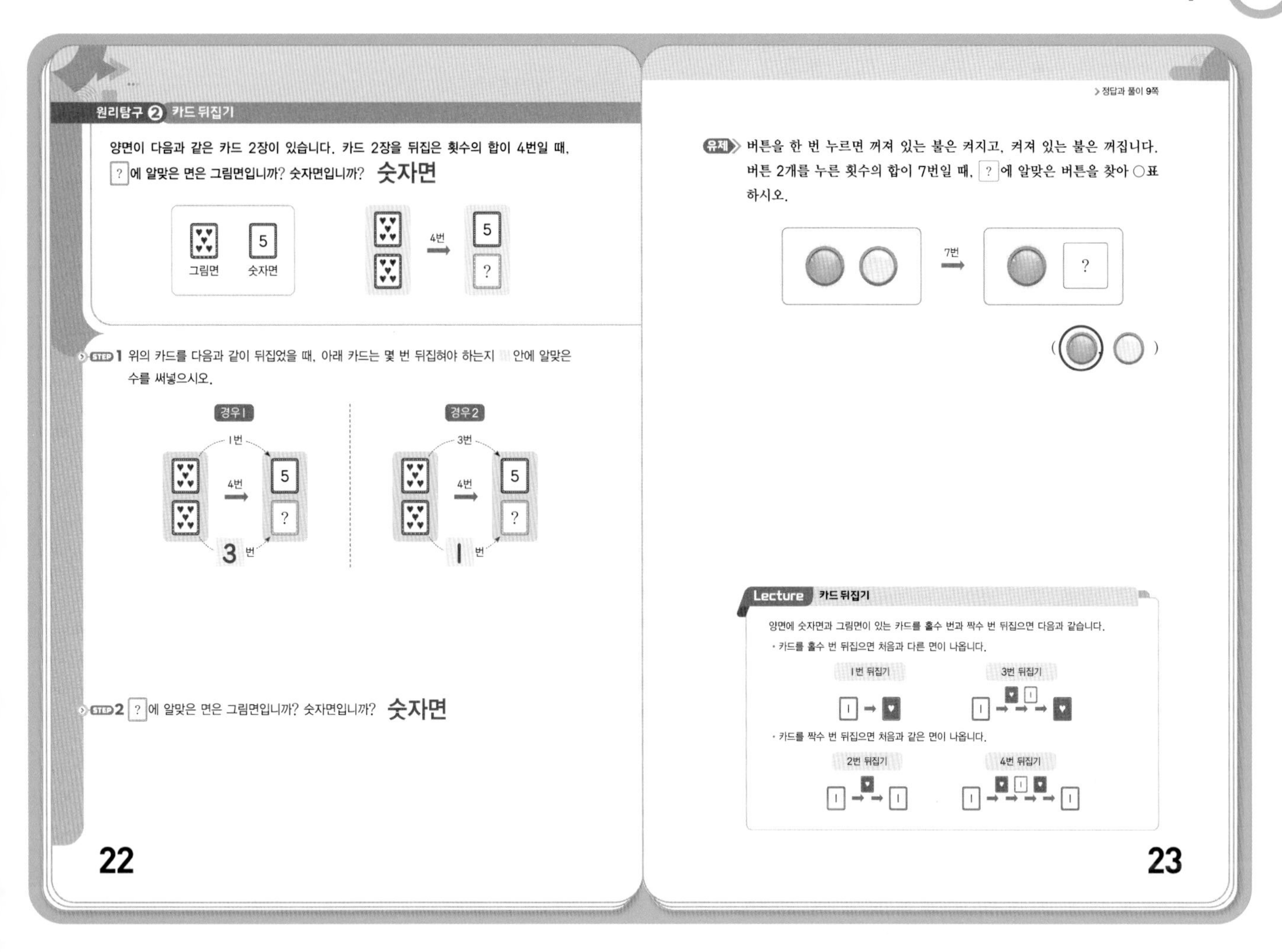

원리탐구 ②

STEP 1 카드를 홀수 번 뒤집으면 처음과 다른 면이 나옵니다.

(그림) —1번→ 5

(그림) —3번→ 5

STEP 2 ?에 알맞은 면은 (그림)를 3번 또는 1번 뒤집은 것과 같으므로 숫자면이 나오게 됩니다.

유제 왼쪽 버튼의 불은 버튼을 누르기 전과 누른 후에 켜져 있으므로 버튼을 짝수 번 눌렀습니다.

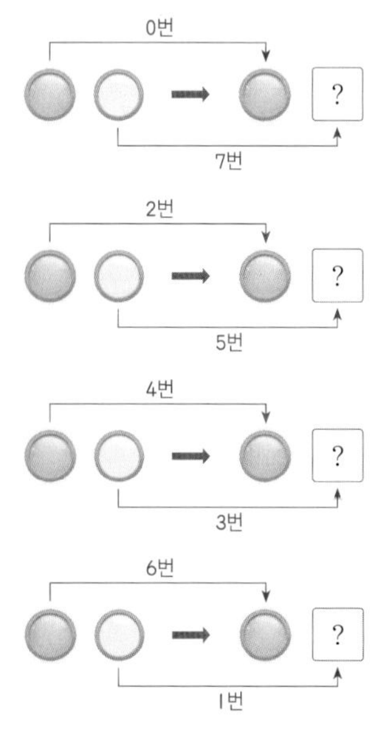

왼쪽 버튼은 짝수 번 눌렀으므로 오른쪽 버튼은 반드시 홀수 번 눌렀습니다. 따라서 오른쪽 버튼은 불이 켜져 있어야 합니다.

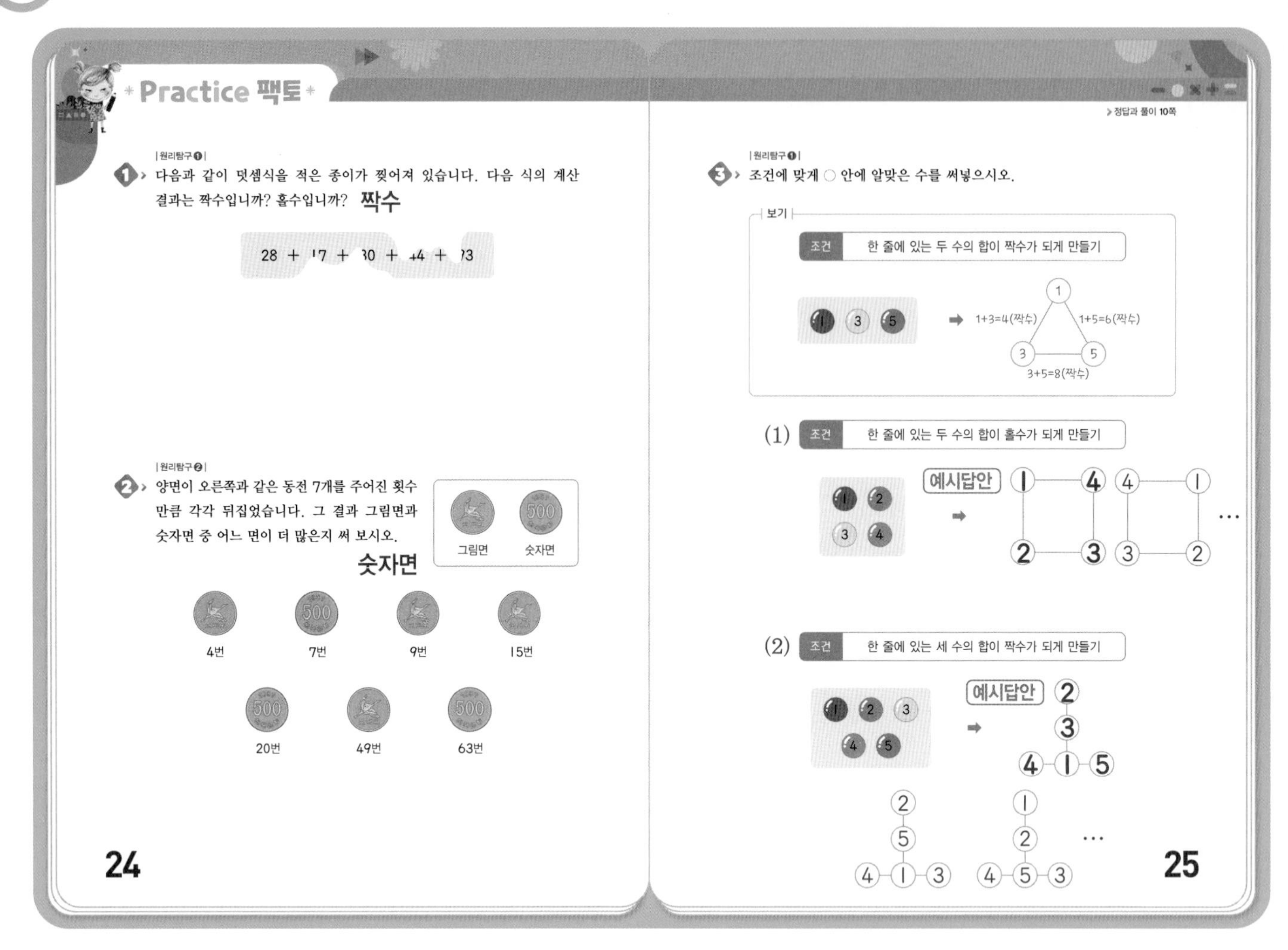

Practice 팩토

정답과 풀이 10쪽

|원리탐구 ❶|

1 다음과 같이 덧셈식을 적은 종이가 찢어져 있습니다. 다음 식의 계산 결과는 짝수입니까? 홀수입니까? 짝수

28 + 17 + 30 + 44 + 73

|원리탐구 ❷|

2 양면이 오른쪽과 같은 동전 7개를 주어진 횟수만큼 각각 뒤집었습니다. 그 결과 그림면과 숫자면 중 어느 면이 더 많은지 써 보시오. 숫자면

그림면 숫자면

4번 7번 9번 15번

20번 49번 63번

24

|원리탐구 ❶|

3 조건에 맞게 ○ 안에 알맞은 수를 써넣으시오.

보기

조건 한 줄에 있는 두 수의 합이 짝수가 되게 만들기

1 3 5 ➡ 1+3=4(짝수) 1+5=6(짝수) 3+5=8(짝수)

(1) 조건 한 줄에 있는 두 수의 합이 홀수가 되게 만들기

1 2 3 4 ➡ 예시답안 1 4 2 3 4 1 3 2 …

(2) 조건 한 줄에 있는 세 수의 합이 짝수가 되게 만들기

1 2 3 4 5 ➡ 예시답안 2 3 4 1 5 2 5 4 1 3 1 2 4 5 3 …

25

1 • 일의 자리 숫자가 0, 2, 4, 6, 8이면 짝수, 1, 3, 5, 7, 9이면 홀수입니다.

• 주어진 식은 일의 자리 숫자가 8, 7, 0, 4, 3이므로 (짝수)+(홀수)+(짝수)+(짝수)+(홀수)입니다.

• (짝수)+(홀수)+(짝수)+(짝수)+(홀수)
=(홀수)+(짝수)+(짝수)+(홀수)
=(홀수)+(짝수)+(홀수)
=(홀수)+(홀수)
=(짝수)

2 동전을 홀수 번 뒤집으면 처음과 다른 면이 나오고, 짝수 번 뒤집으면 처음과 같은 면이 나옵니다.

뒤집은 후의 동전의 그림면과 숫자면의 수를 각각 세어 보면 그림면 3개, 숫자면 4개입니다.
따라서 숫자면이 더 많습니다.

3 (1) (홀수)+(짝수)=(홀수)이므로 한 줄에 홀수와 짝수가 있게 만듭니다.

(2) (홀수)+(홀수)+(짝수)=(짝수)이므로 색칠한 부분에는 홀수를 쓰고 한 줄에 있는 나머지 두 수는 짝수와 홀수 1개씩을 씁니다.

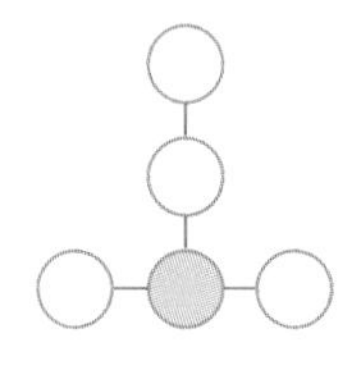

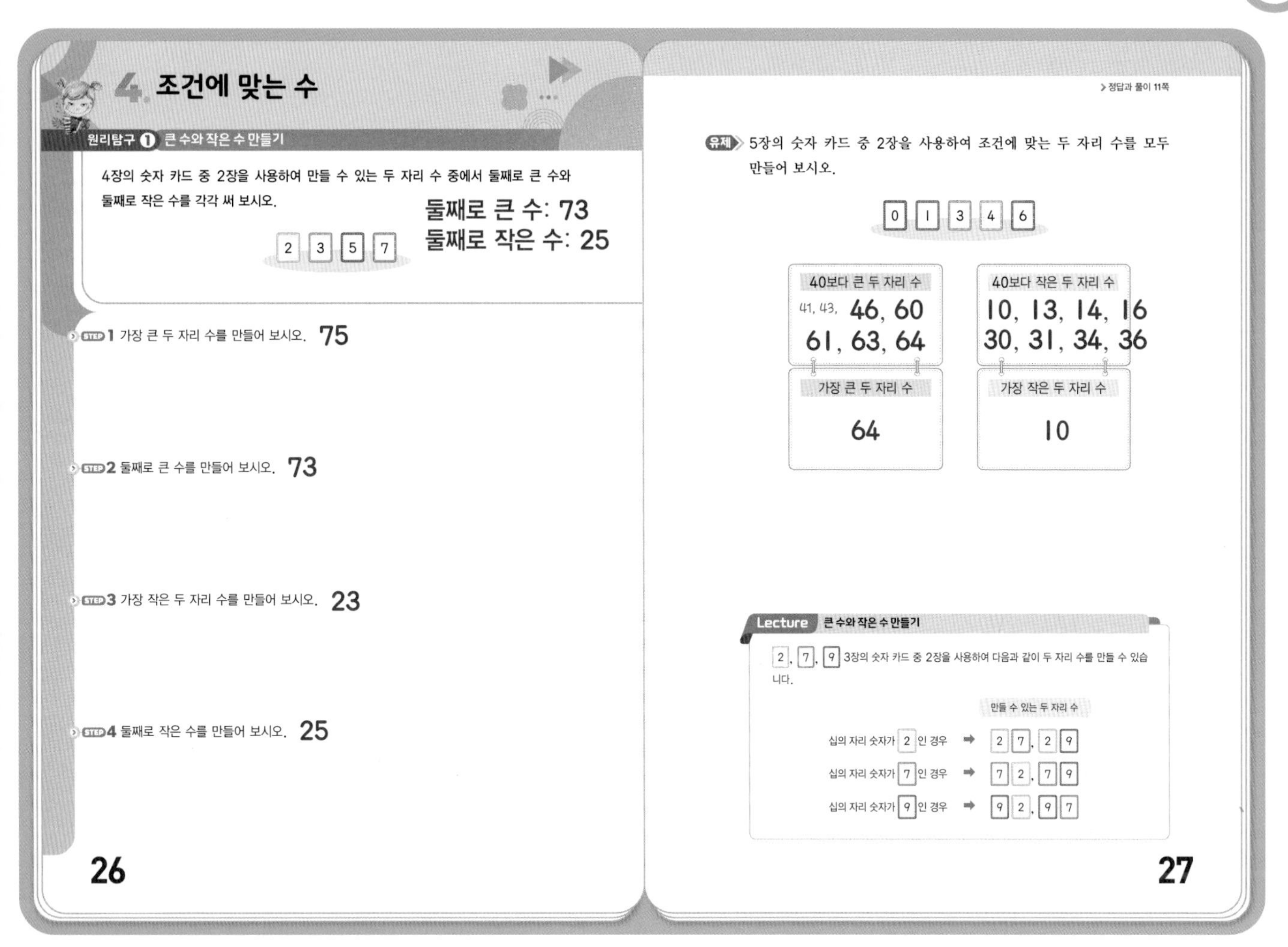
4. 조건에 맞는 수
원리탐구 ① 큰 수와 작은 수 만들기
4장의 숫자 카드 중 2장을 사용하여 만들 수 있는 두 자리 수 중에서 둘째로 큰 수와 둘째로 작은 수를 각각 써 보시오.
2 3 5 7
둘째로 큰 수: 73
둘째로 작은 수: 25
STEP 1 가장 큰 두 자리 수를 만들어 보시오. 75
STEP 2 둘째로 큰 수를 만들어 보시오. 73
STEP 3 가장 작은 두 자리 수를 만들어 보시오. 23
STEP 4 둘째로 작은 수를 만들어 보시오. 25
26
정답과 풀이 11쪽
유제 5장의 숫자 카드 중 2장을 사용하여 조건에 맞는 두 자리 수를 모두 만들어 보시오.
0 1 3 4 6
40보다 큰 두 자리 수
41, 43, 46, 60 61, 63, 64
40보다 작은 두 자리 수
10, 13, 14, 16 30, 31, 34, 36
가장 큰 두 자리 수
64
가장 작은 두 자리 수
10
Lecture 큰 수와 작은 수 만들기
2, 7, 9 3장의 숫자 카드 중 2장을 사용하여 다음과 같이 두 자리 수를 만들 수 있습니다.
만들 수 있는 두 자리 수
십의 자리 숫자가 2인 경우 ➡ 27, 29
십의 자리 숫자가 7인 경우 ➡ 72, 79
십의 자리 숫자가 9인 경우 ➡ 92, 97
27

원리탐구 ①

STEP 1 가장 큰 두 자리 수는 십의 자리 수가 가장 큰 수인 7이고, 일의 자리 수가 둘째로 큰 수인 5입니다.

STEP 2 둘째로 큰 수는 십의 자리 수가 7이고, 일의 자리 수가 5보다 작은 수인 3입니다.

STEP 3 가장 작은 두 자리 수는 십의 자리 수가 가장 작은 수인 2이고, 일의 자리 수가 둘째로 작은 수인 3입니다.

STEP 4 둘째로 작은 수는 십의 자리 수가 2이고, 일의 자리 수가 3보다 큰 수인 5입니다.

유제 먼저 십의 자리 숫자를 1, 3, 4, 6으로 했을 때 만들어지는 두 자리 수를 구합니다.

1 → 10, 13, 14, 16
3 → 30, 31, 34, 36
4 → 40, 41, 43, 46
6 → 60, 61, 63, 64

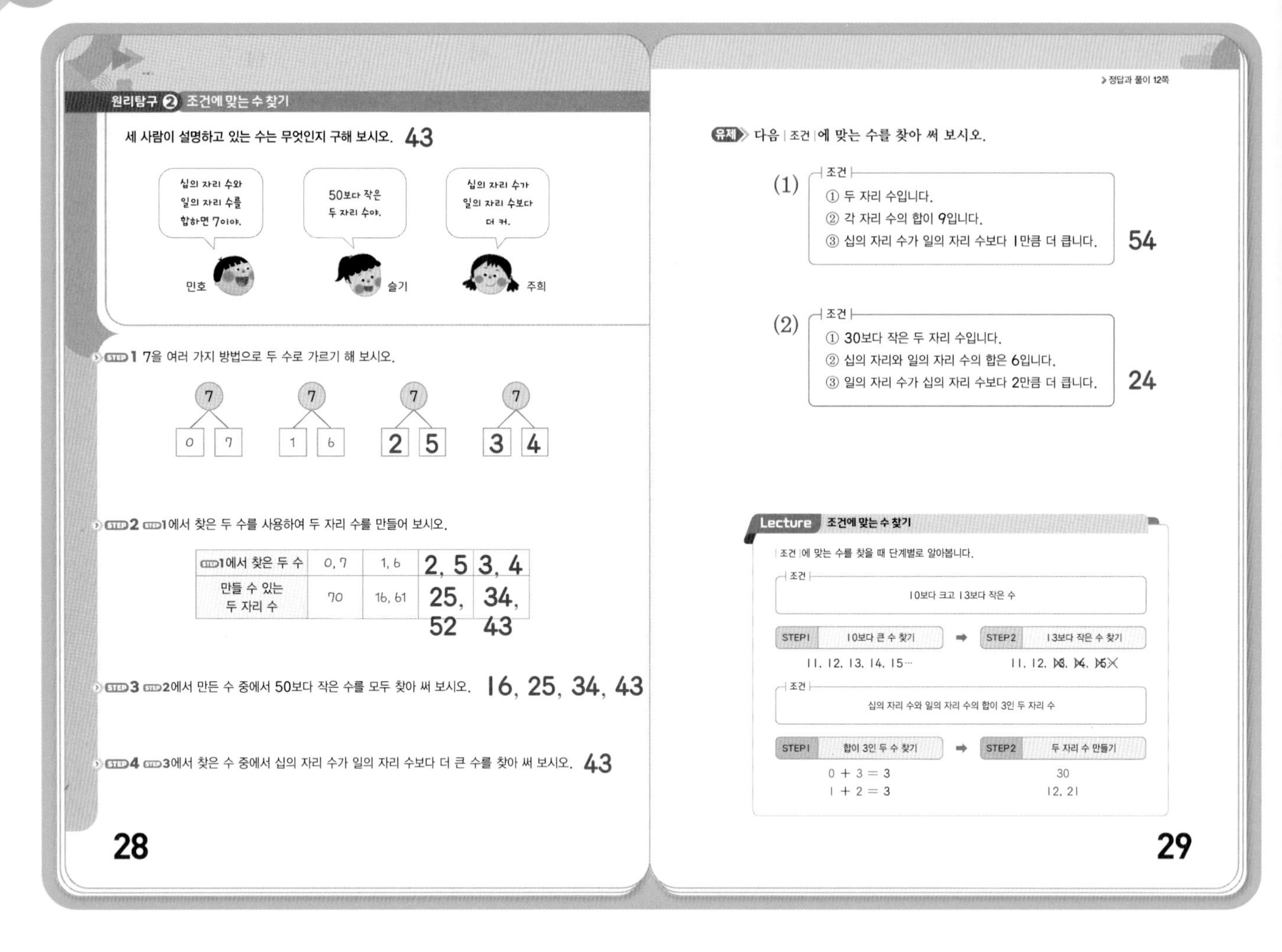

원리탐구 ❷

STEP 3 STEP 2에서 만든 두 자리 수 중 50보다 작은 수는 16, 25, 34, 43입니다.

STEP 4 16, 25, 34, 43 중에서 십의 자리 수가 일의 자리 수보다 큰 수는 43입니다.

유제 (1) 조건 ②: 각 자리 수의 합이 9입니다.
→ $0+9=9$, $1+8=9$, $2+7=9$, $3+6=9$, $4+5=9$
조건 ①: 두 자리 수입니다.
→ 90, 18, 81, 27, 72, 36, 63, 45, 54
조건 ③: 십의 자리 수가 일의 자리 수보다 1만큼 더 큽니다. → 54

(2) 조건 ②: 십의 자리와 일의 자리 수의 합은 6입니다.
→ $0+6=6$, $1+5=6$, $2+4=6$, $3+3=6$
조건 ①: 30보다 작은 두 자리 수입니다. → 15, 24
조건 ③: 일의 자리 수가 십의 자리 수보다 2만큼 더 큽니다. → 24

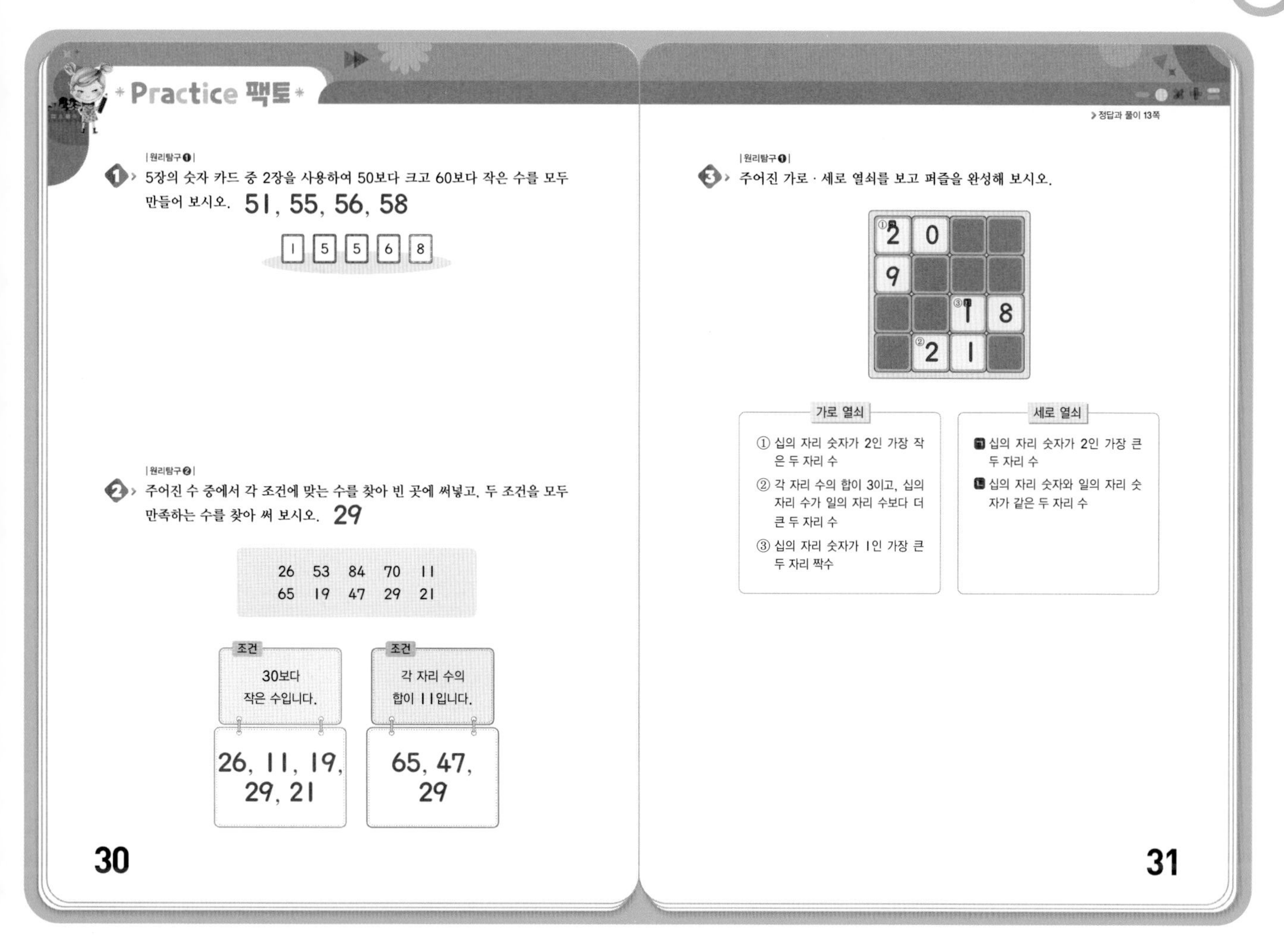

Practice 팩토

> 정답과 풀이 13쪽

|원리탐구❶|

1 5장의 숫자 카드 중 2장을 사용하여 50보다 크고 60보다 작은 수를 모두 만들어 보시오. 51, 55, 56, 58

1 5 5 6 8

|원리탐구❷|

2 주어진 수 중에서 각 조건에 맞는 수를 찾아 빈 곳에 써넣고, 두 조건을 모두 만족하는 수를 찾아 써 보시오. 29

26	53	84	70	11
65	19	47	29	21

조건: 30보다 작은 수입니다.	조건: 각 자리 수의 합이 11입니다.
26, 11, 19, 29, 21	65, 47, 29

30

|원리탐구❶|

3 주어진 가로 · 세로 열쇠를 보고 퍼즐을 완성해 보시오.

①㉠2	0	■	■
9	■	■	■
■	■	③1	8
■	②2	㉡1	■

가로 열쇠

① 십의 자리 숫자가 2인 가장 작은 두 자리 수

② 각 자리 수의 합이 3이고, 십의 자리 수가 일의 자리 수보다 더 큰 두 자리 수

③ 십의 자리 숫자가 1인 가장 큰 두 자리 짝수

세로 열쇠

㉠ 십의 자리 숫자가 2인 가장 큰 두 자리 수

㉡ 십의 자리 숫자와 일의 자리 숫자가 같은 두 자리 수

31

1 50보다 크고 60보다 작은 수는 십의 자리 숫자가 5인 수입니다.
따라서 51, 55, 56, 58입니다.

2 30보다 작은 수는 26, 11, 19, 29, 21입니다.
각 자리 수의 합이 11인 수는 65, 47, 29입니다.
따라서 두 조건을 모두 만족하는 수는 29입니다.

3 [가로 열쇠]

① 십의 자리 숫자가 2인 가장 작은 두 자리 수 → 20

② 각 자리 수의 합이 3이고, 십의 자리 수가 일의 자리 수보다 더 큰 두 자리 수 → 21, 30

③ 십의 자리 숫자가 1인 가장 큰 두 자리 짝수 → 18

[세로 열쇠]

㉠ 십의 자리 숫자가 2인 가장 큰 두 자리 수 → 29

㉡ 십의 자리 숫자와 일의 자리 숫자가 같은 두 자리 수 → 11, 22, 33···, 99

가로 열쇠 ②로 만들 수 있는 수는 21, 30이고, 연결된 세로 열쇠 ㉡을 만족하는 경우는 11입니다.
따라서 가로 열쇠 ②를 만족하는 수는 21이고, 세로 열쇠 ㉡을 만족하는 수는 11입니다.

Creative 팩토

정답과 풀이 14쪽

01 희서는 칠판에 1부터 15까지의 수를 한 번씩 썼습니다. 희서가 쓴 수와 숫자의 개수는 각각 몇 개인지 구해 보시오.

수의 개수: 15개
숫자의 개수: 21개

02 어느 고대 이집트 마을의 인구를 고대 이집트 수로 나타낸 것입니다. 표의 빈칸에 알맞은 고대 이집트 수를 써넣으시오.

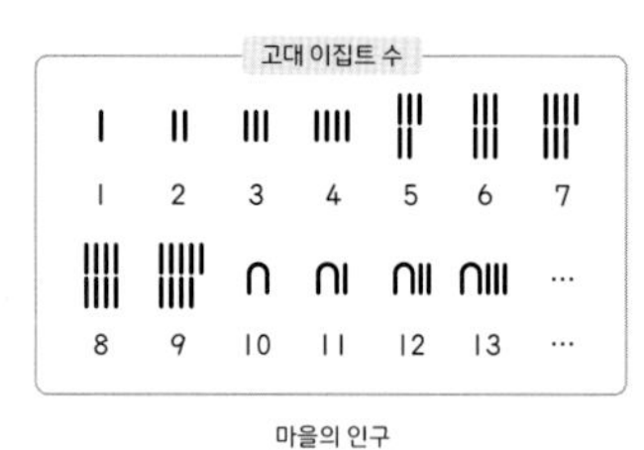

고대 이집트 수

I	II	III	IIII	5	6	7	8	9	∩	∩I	∩II	∩III	…
1	2	3	4	5	6	7	8	9	10	11	12	13	…

마을의 인구

성별	남성	여성	합계
인구(명)	∩∩	∩II	∩∩∩II

32

03 3장의 숫자 카드 중 2장을 사용하여 서로 다른 6개의 두 자리 수를 만들었습니다. 만든 두 자리 수를 모두 더한 값은 짝수입니까? 홀수입니까?

짝수

1 2 7

04 다음 조건에 맞는 문의 비밀번호는 무엇인지 구해 보시오. 26

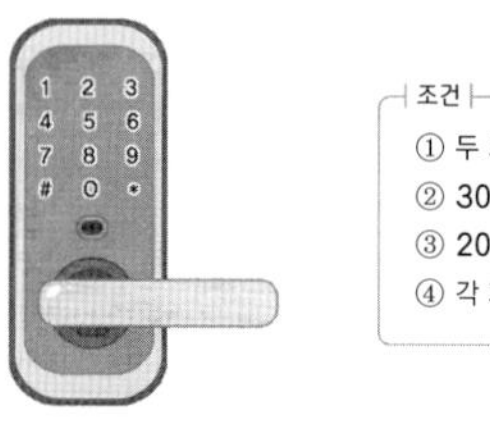

조건
① 두 자리 수입니다.
② 30보다 작은 수입니다.
③ 20보다 큰 수입니다.
④ 각 자리 수의 합이 8입니다.

33

01 수의 개수: 1, 2, 3, 4, 5, 6, 7, 8, 9, 10, 11, 12, 13, 14, 15 → 15개

숫자의 개수: 1, 2, 3, 4, 5, 6, 7, 8, 9, 1, 0, 1, 1, 1, 2, 1, 3, 1, 4, 1, 5 → 21개

02 ∩∩ = 10 + 10 = 20

∩II = 10 + 2 = 12

합계는 20 + 12 = 32이므로 32를 고대 이집트 수로 나타내면 ∩∩∩II입니다.

03 먼저 십의 자리 숫자를 1, 2, 7로 했을 때 만들어지는 두 자리 수를 구합니다.

1 → 12, 17　　2 → 21, 27　　7 → 71, 72

만든 두 자리 수의 합은 12 + 17 + 21 + 27 + 71 + 72입니다.

- 12 + 72 → 짝수
- 17 + 21 + 27 + 71 → 짝수
- 12 + 17 + 21 + 27 + 71 + 72 → (짝수) + (짝수) = (짝수)

04 20보다 크고 30보다 작은 두 자리 수
→ 21, 22, 23, 24, 25, 26, 27, 28, 29
위의 수 중에서 각 자리 수의 합이 8인 수는 26입니다.

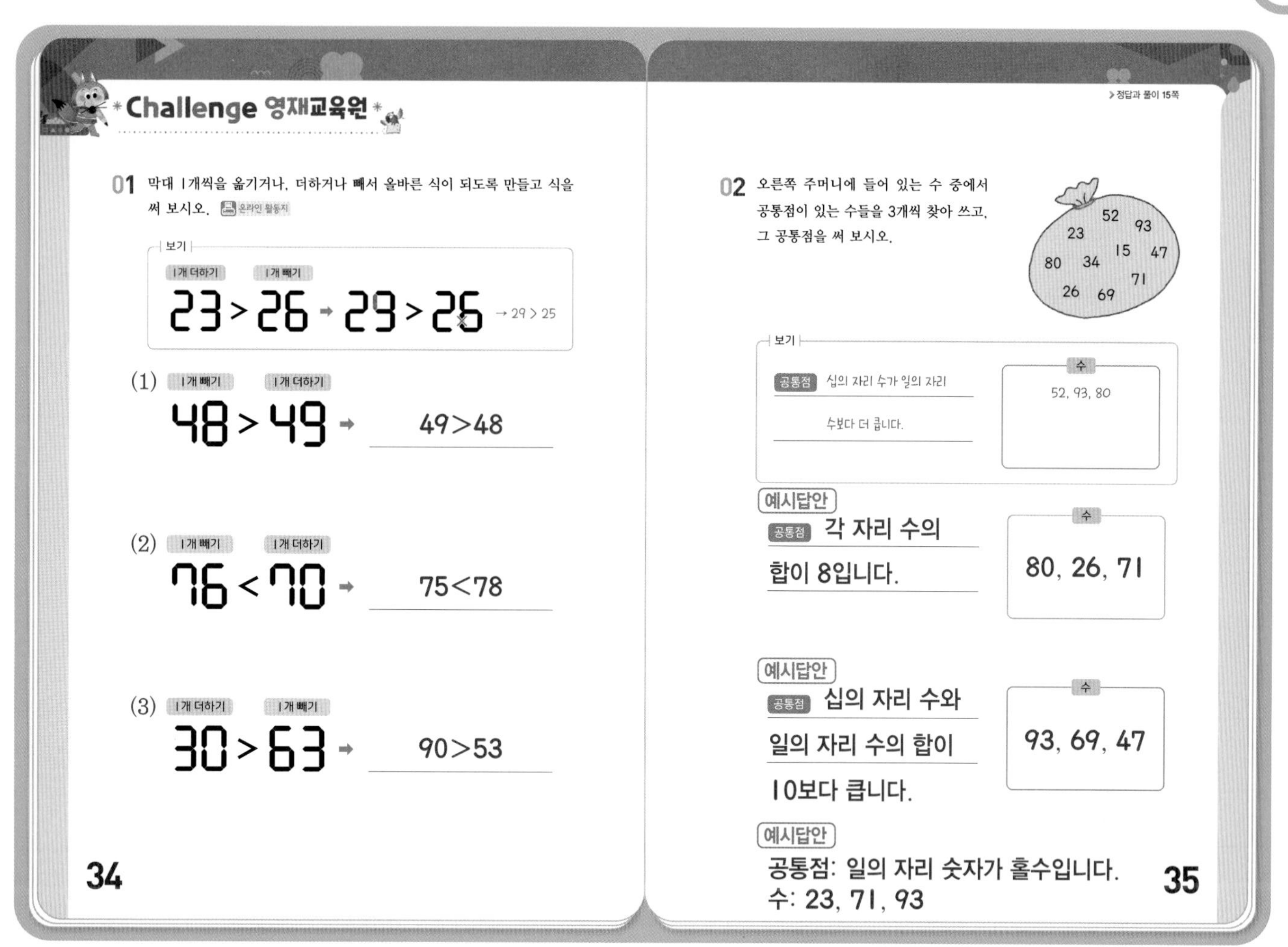

Challenge 영재교육원

> 정답과 풀이 15쪽

01 막대 1개씩을 옮기거나, 더하거나 빼서 올바른 식이 되도록 만들고 식을 써 보시오. 온라인 활동지

보기

1개 더하기 1개 빼기

23 > 26 → 29 > 26 → 29 > 25

(1) 1개 빼기 1개 더하기

48 > 49 → 49>48

(2) 1개 빼기 1개 더하기

76 < 70 → 75<78

(3) 1개 더하기 1개 빼기

30 > 63 → 90>53

34

02 오른쪽 주머니에 들어 있는 수 중에서 공통점이 있는 수들을 3개씩 찾아 쓰고, 그 공통점을 써 보시오.

52, 93, 23, 15, 47, 80, 34, 71, 26, 69

보기

공통점 십의 자리 수가 일의 자리 수보다 더 큽니다.

수 52, 93, 80

예시답안

공통점 각 자리 수의 합이 8입니다.

수 80, 26, 71

예시답안

공통점 십의 자리 수와 일의 자리 수의 합이 10보다 큽니다.

수 93, 69, 47

예시답안

공통점: 일의 자리 숫자가 홀수입니다.

수: 23, 71, 93

35

01 (1) 1개 빼기 1개 더하기

48 > 49 → 48 > 48 → 49 > 48

(2) 1개 빼기 1개 더하기

76 < 70 → 75 < 78 → 75 < 78

(3) 1개 더하기 1개 빼기

30 > 63 → 90 > 53 → 90 > 53

02 이 외에도 여러 가지 경우가 있습니다.

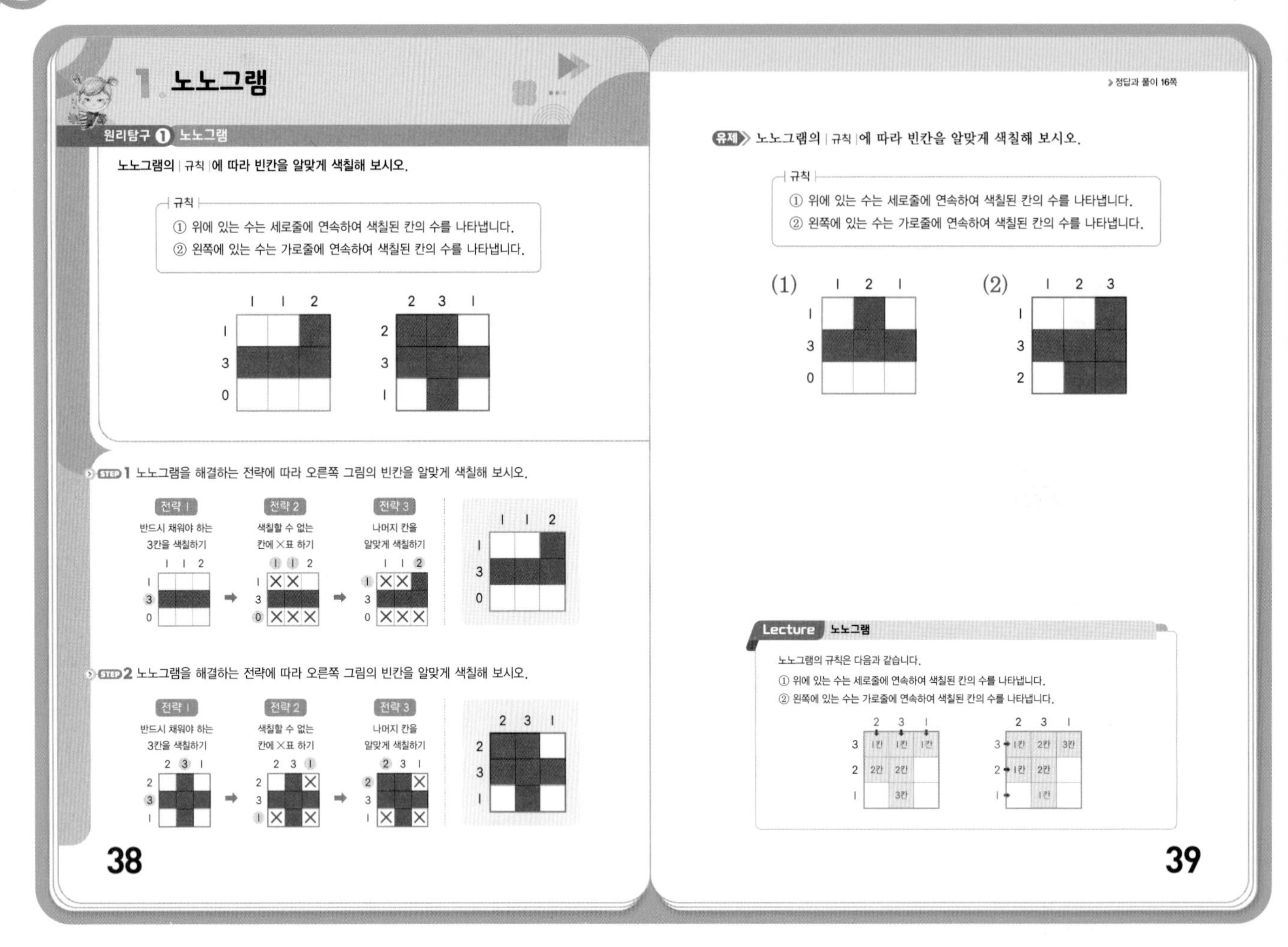

원리탐구 ①

전략 순서에 따라 반드시 채워야 하는 칸부터 색칠하고, 색칠하지 않아야 하는 칸에는 ×표 해가며 퍼즐을 해결합니다.

유제

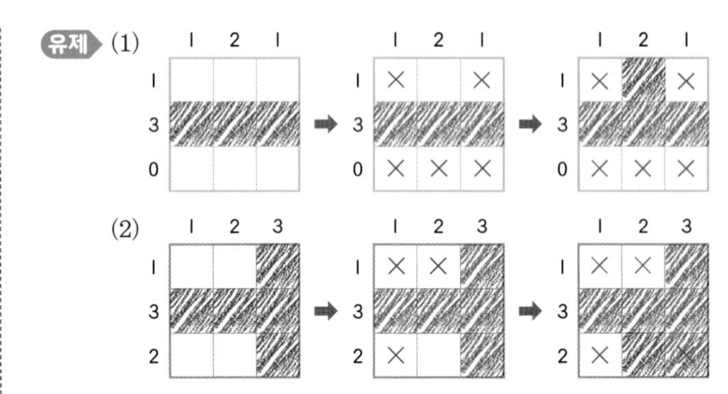

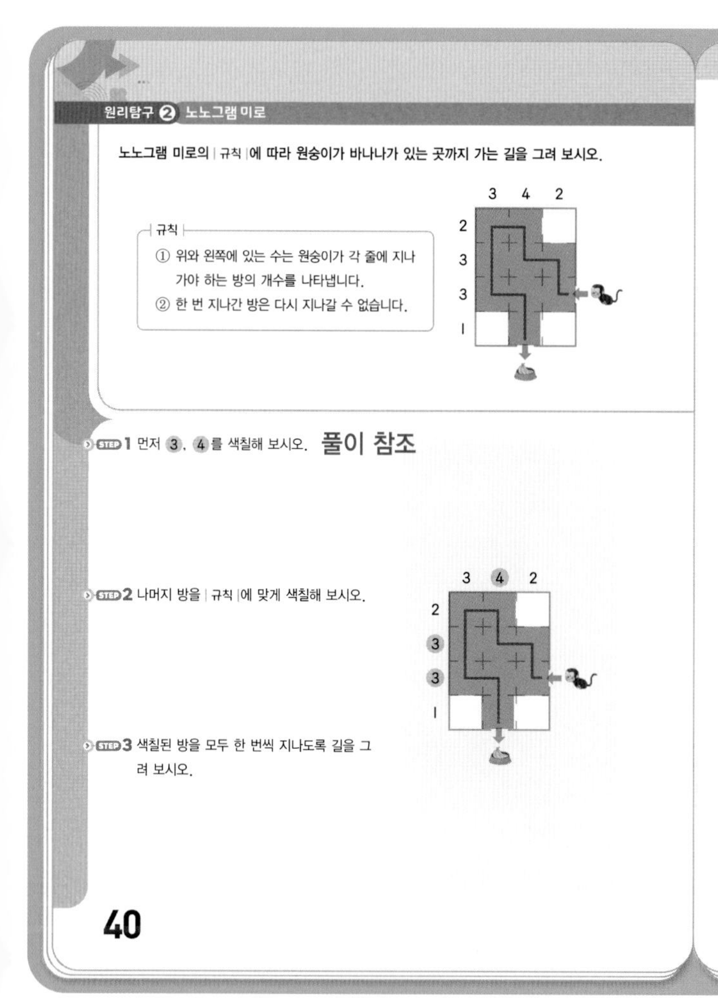
원리탐구 ❷ 노노그램 미로
노노그램 미로의 규칙에 따라 원숭이가 바나나가 있는 곳까지 가는 길을 그려 보시오.
규칙
① 위와 왼쪽에 있는 수는 원숭이가 각 줄에 지나가야 하는 방의 개수를 나타냅니다.
② 한 번 지나간 방은 다시 지나갈 수 없습니다.
STEP 1 먼저 3, 4를 색칠해 보시오. 풀이 참조
STEP 2 나머지 방을 규칙에 맞게 색칠해 보시오.
STEP 3 색칠된 방을 모두 한 번씩 지나도록 길을 그려 보시오.
40

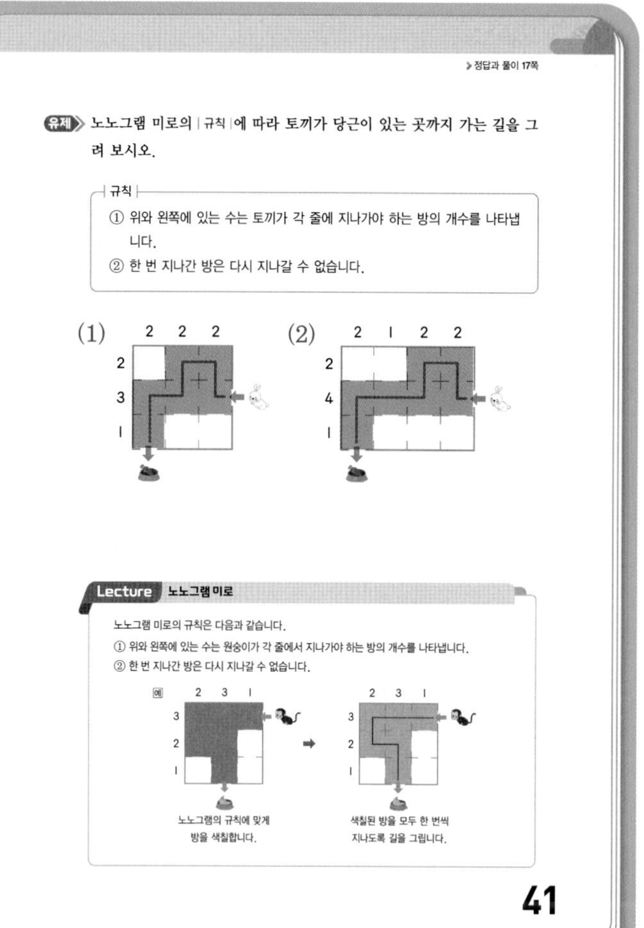
정답과 풀이 17쪽
유제 노노그램 미로의 규칙에 따라 토끼가 당근이 있는 곳까지 가는 길을 그려 보시오.
규칙
① 위와 왼쪽에 있는 수는 토끼가 각 줄에 지나가야 하는 방의 개수를 나타냅니다.
② 한 번 지나간 방은 다시 지나갈 수 없습니다.
Lecture 노노그램 미로
노노그램 미로의 규칙은 다음과 같습니다.
① 위와 왼쪽에 있는 수는 원숭이가 각 줄에서 지나가야 하는 방의 개수를 나타냅니다.
② 한 번 지나간 방은 다시 지나갈 수 없습니다.
노노그램의 규칙에 맞게 방을 색칠합니다.
색칠된 방을 모두 한 번씩 지나도록 길을 그립니다.
41

원리탐구 ❷

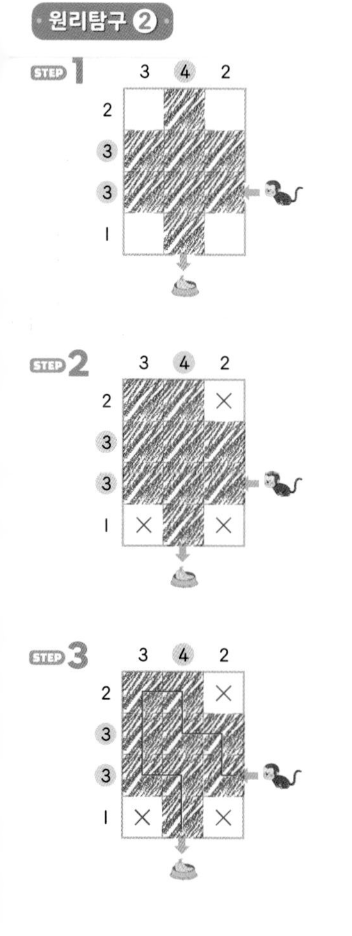
STEP 1
STEP 2
STEP 3

유제

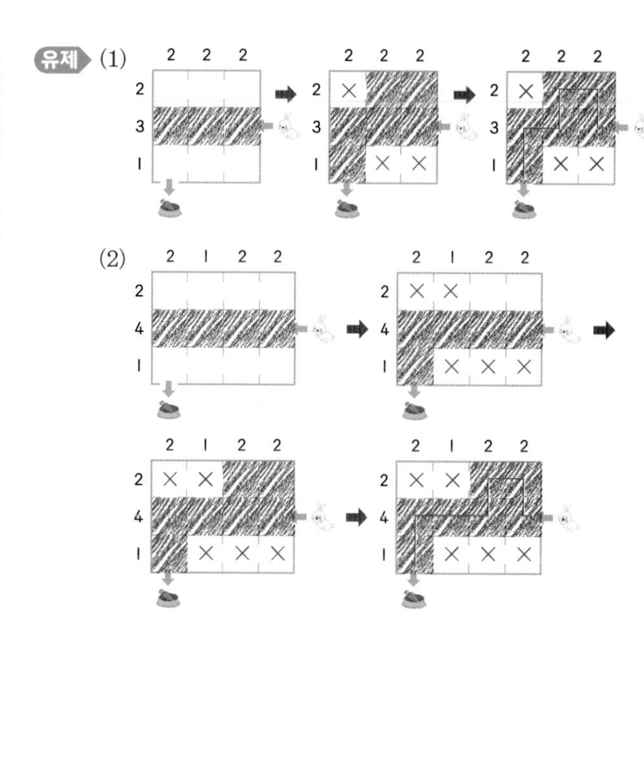

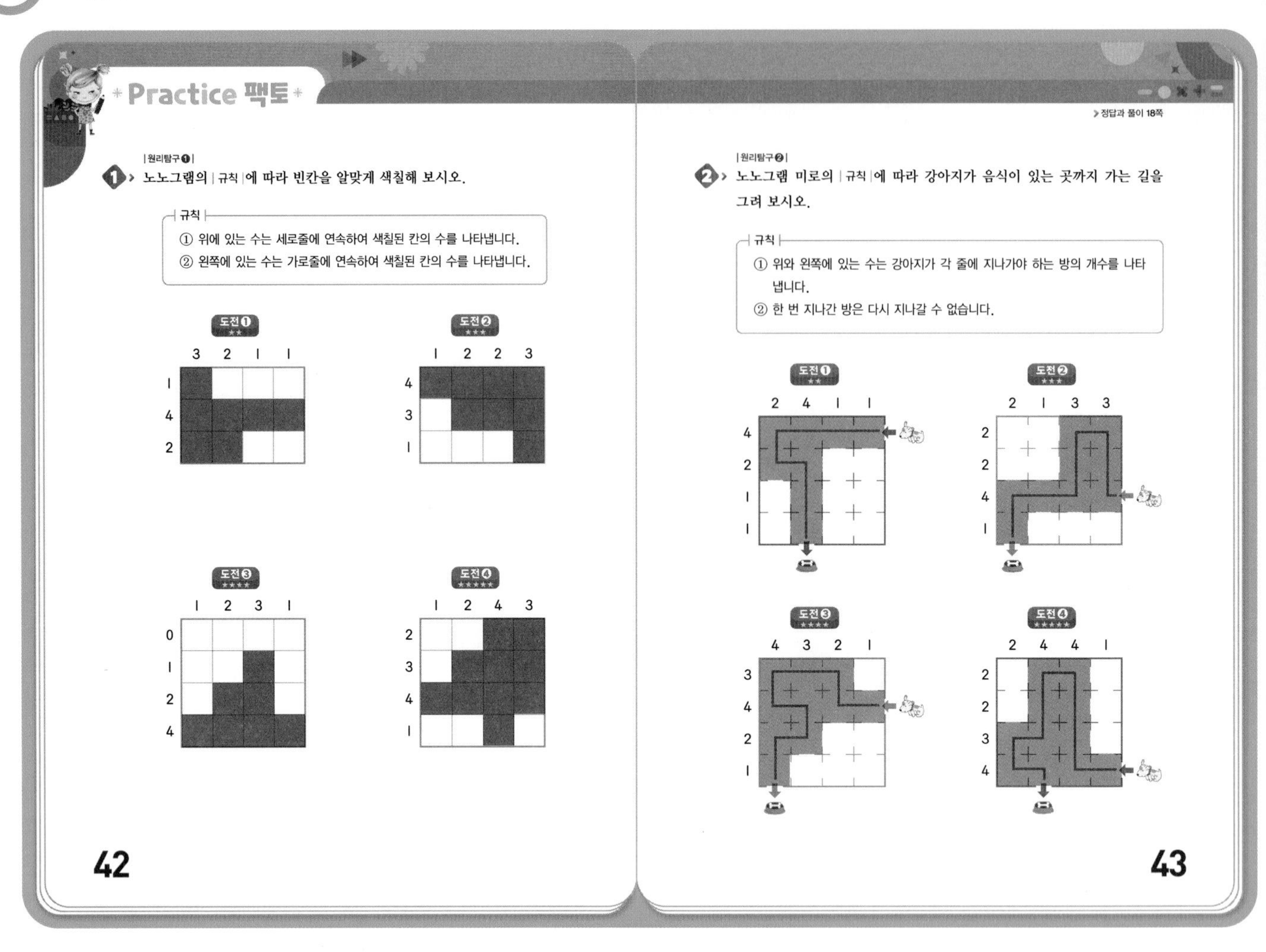
Practice 팩토
정답과 풀이 18쪽
원리탐구❶
1 노노그램의 규칙에 따라 빈칸을 알맞게 색칠해 보시오.
규칙
① 위에 있는 수는 세로줄에 연속하여 색칠된 칸의 수를 나타냅니다.
② 왼쪽에 있는 수는 가로줄에 연속하여 색칠된 칸의 수를 나타냅니다.
도전❶
도전❷
도전❸
도전❹
원리탐구❷
2 노노그램 미로의 규칙에 따라 강아지가 음식이 있는 곳까지 가는 길을 그려 보시오.
규칙
① 위와 왼쪽에 있는 수는 강아지가 각 줄에 지나가야 하는 방의 개수를 나타냅니다.
② 한 번 지나간 방은 다시 지나갈 수 없습니다.
42
43

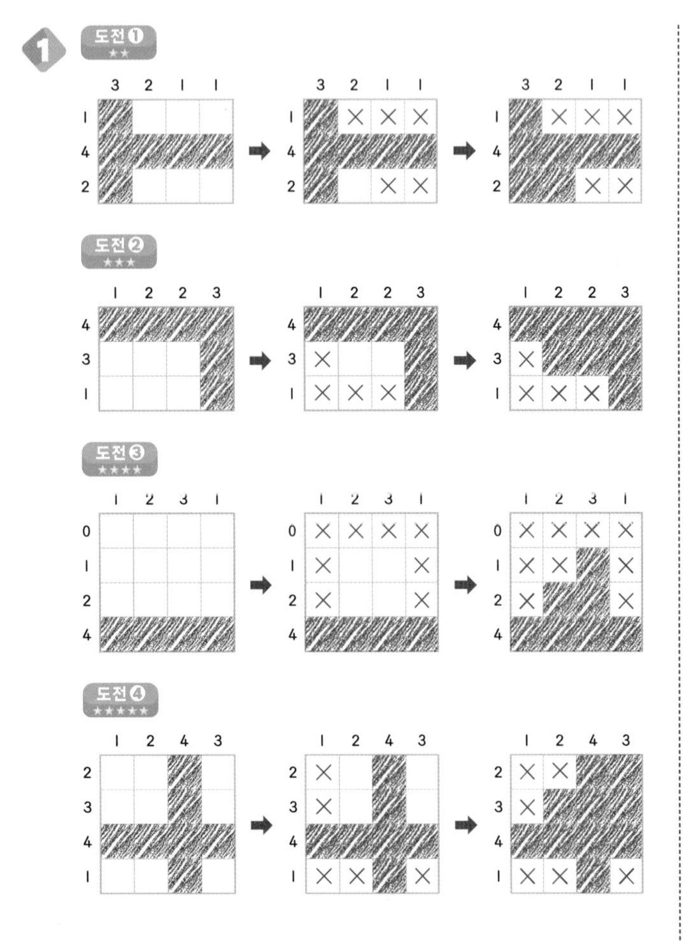
1
도전❶
도전❷
도전❸
도전❹

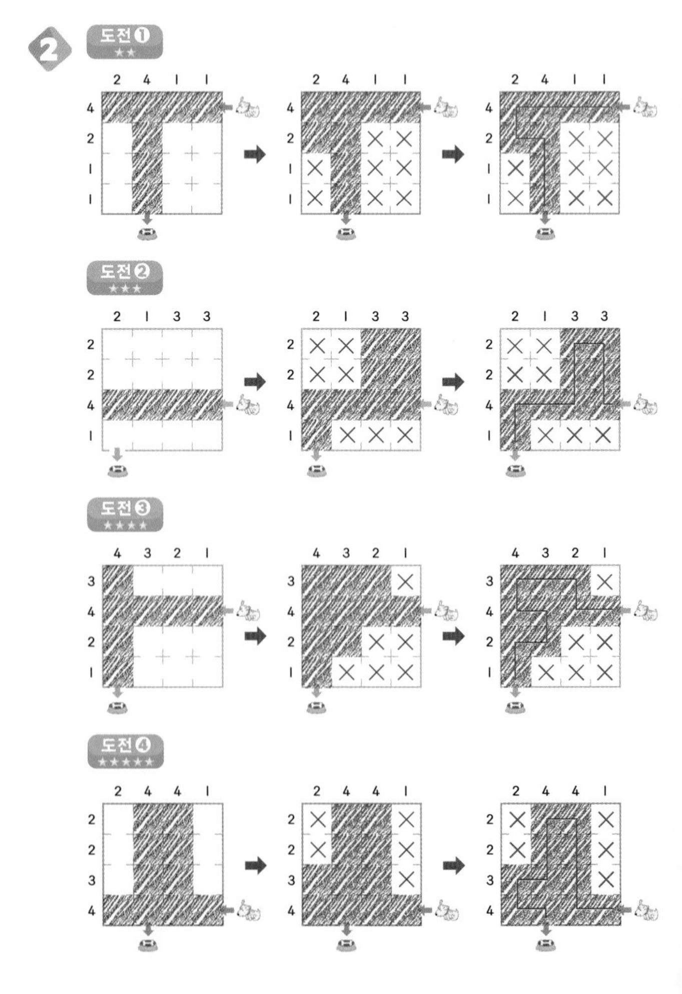
2
도전❶
도전❷
도전❸
도전❹

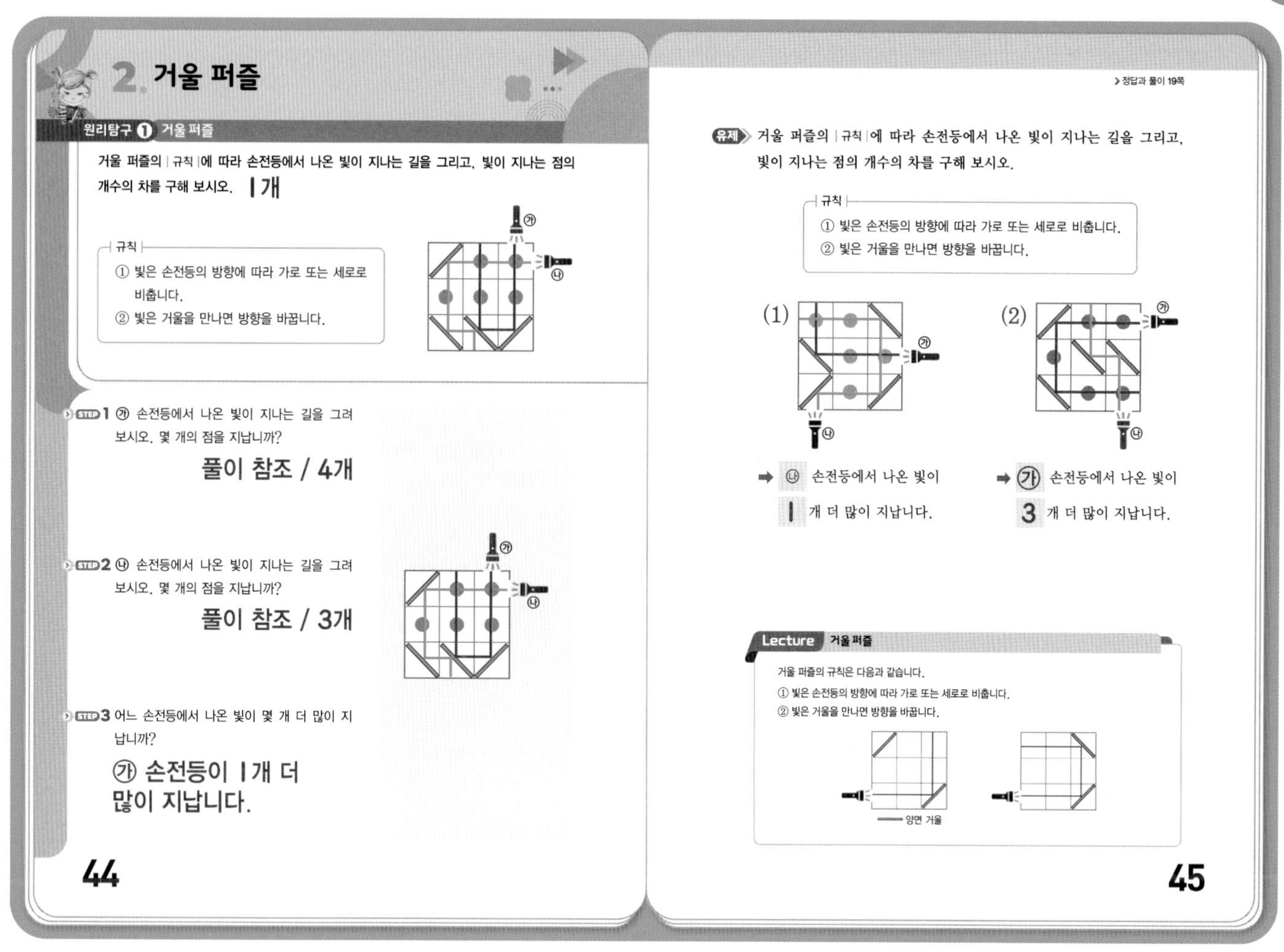

2. 거울 퍼즐

원리탐구 ① 거울 퍼즐

거울 퍼즐의 | 규칙 |에 따라 손전등에서 나온 빛이 지나는 길을 그리고, 빛이 지나는 점의 개수의 차를 구해 보시오. I개

| 규칙 |
① 빛은 손전등의 방향에 따라 가로 또는 세로로 비춥니다.
② 빛은 거울을 만나면 방향을 바꿉니다.

STEP 1 ㉮ 손전등에서 나온 빛이 지나는 길을 그려 보시오. 몇 개의 점을 지납니까?
풀이 참조 / 4개

STEP 2 ㉯ 손전등에서 나온 빛이 지나는 길을 그려 보시오. 몇 개의 점을 지납니까?
풀이 참조 / 3개

STEP 3 어느 손전등에서 나온 빛이 몇 개 더 많이 지납니까?
㉮ 손전등이 I개 더 많이 지납니다.

44

> 정답과 풀이 19쪽

유제 거울 퍼즐의 | 규칙 |에 따라 손전등에서 나온 빛이 지나는 길을 그리고, 빛이 지나는 점의 개수의 차를 구해 보시오.

| 규칙 |
① 빛은 손전등의 방향에 따라 가로 또는 세로로 비춥니다.
② 빛은 거울을 만나면 방향을 바꿉니다.

(1) ➡ ㉯ 손전등에서 나온 빛이 I 개 더 많이 지납니다.

(2) ➡ ㉮ 손전등에서 나온 빛이 3 개 더 많이 지납니다.

Lecture 거울 퍼즐
거울 퍼즐의 규칙은 다음과 같습니다.
① 빛은 손전등의 방향에 따라 가로 또는 세로로 비춥니다.
② 빛은 거울을 만나면 방향을 바꿉니다.
양면 거울

45

원리탐구 ①

STEP 1

4개의 점을 지납니다.

STEP 2

3개의 점을 지납니다.

STEP 3 ㉮는 4개, ㉯는 3개의 점을 지나므로 ㉮ 손전등에서 나온 빛이 $4-3=1$(개) 더 많이 지납니다.

유제

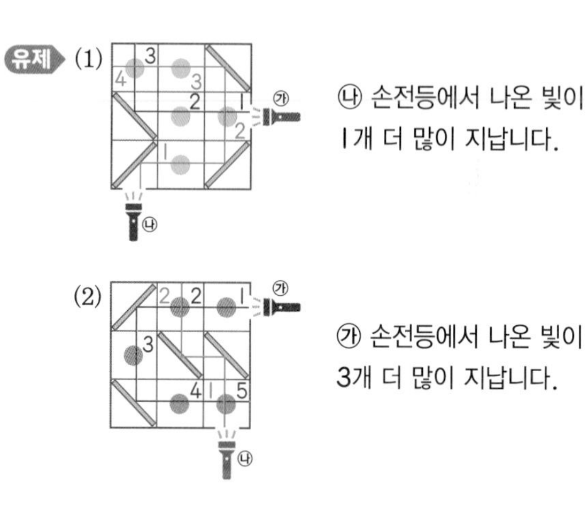

(1) ㉯ 손전등에서 나온 빛이 I개 더 많이 지납니다.

(2) ㉮ 손전등에서 나온 빛이 3개 더 많이 지납니다.

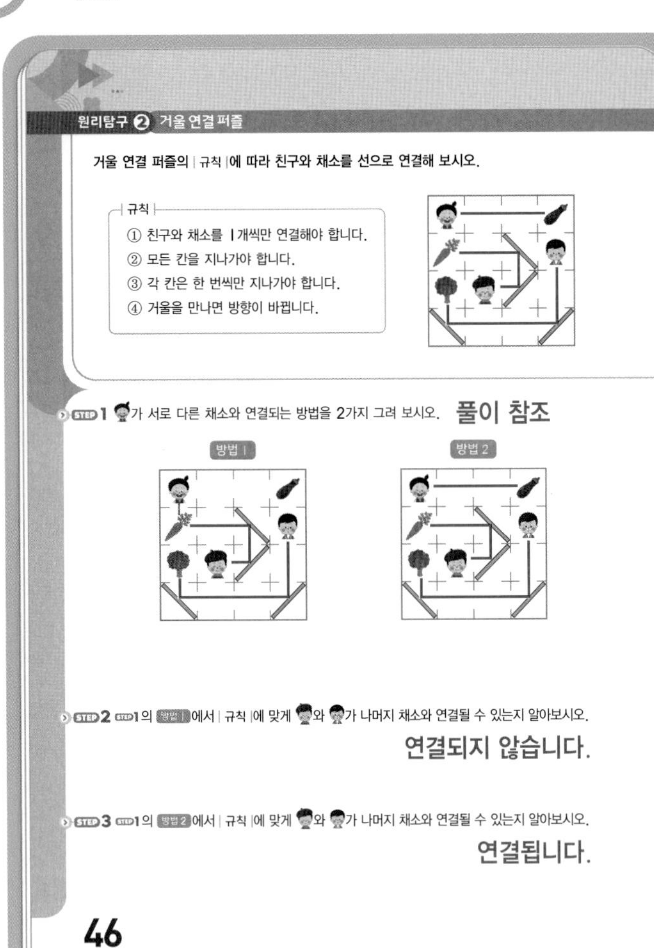
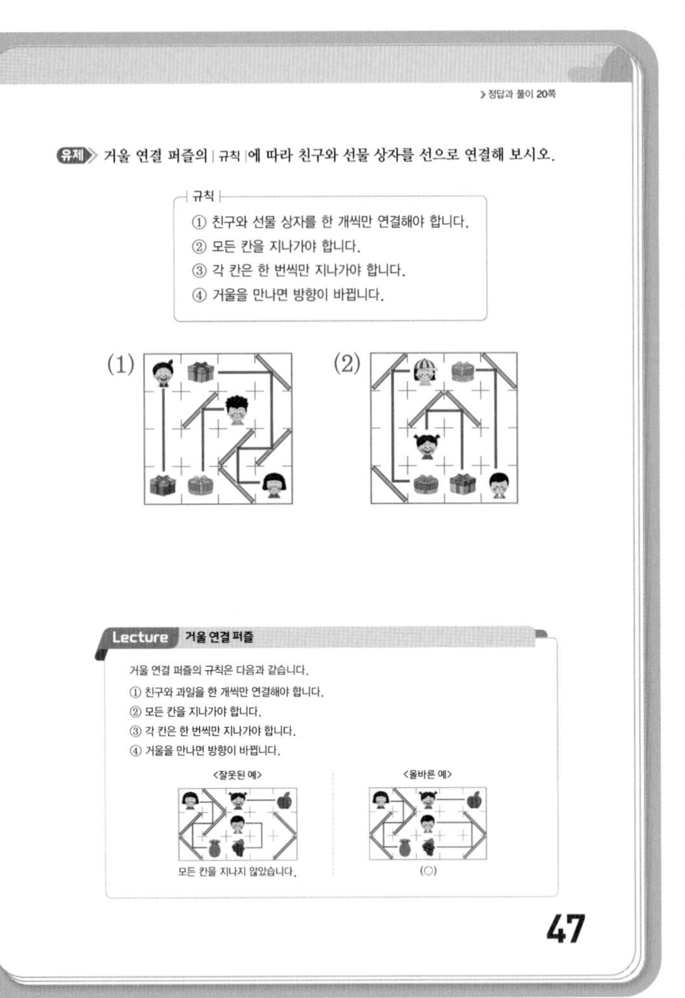

원리탐구 ❷

STEP 1

방법 1

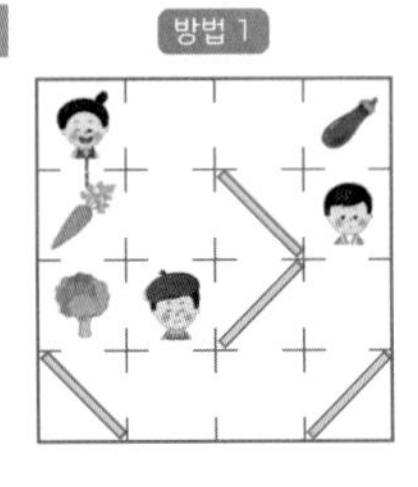

방법 2

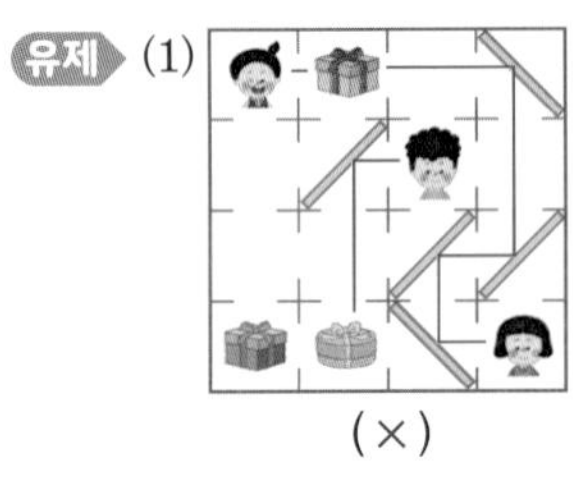

STEP 2

방법 1

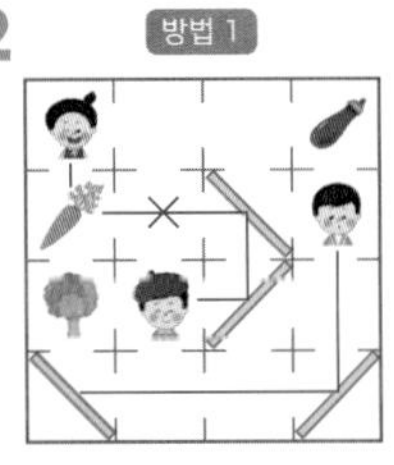

두 명의 친구가 당근과 연결되고, 모든 칸을 지나지 않으므로 규칙에 맞게 연결될 수 없습니다.

STEP 3

방법 2

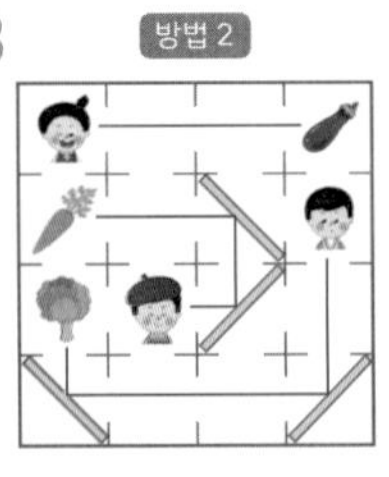

규칙에 맞게 연결될 수 있습니다.

유제 (1)

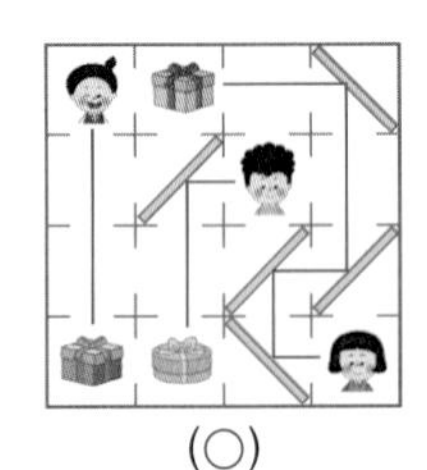

(×) (○)

(2)

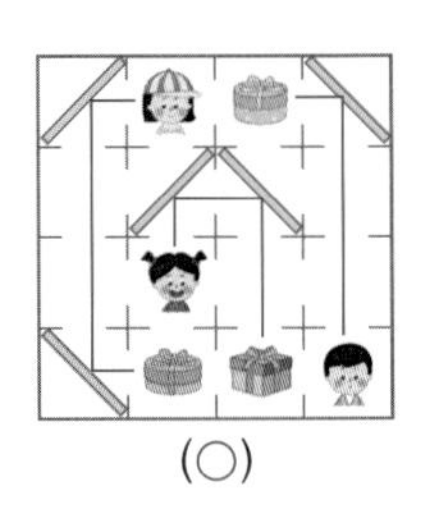

(×) (○)

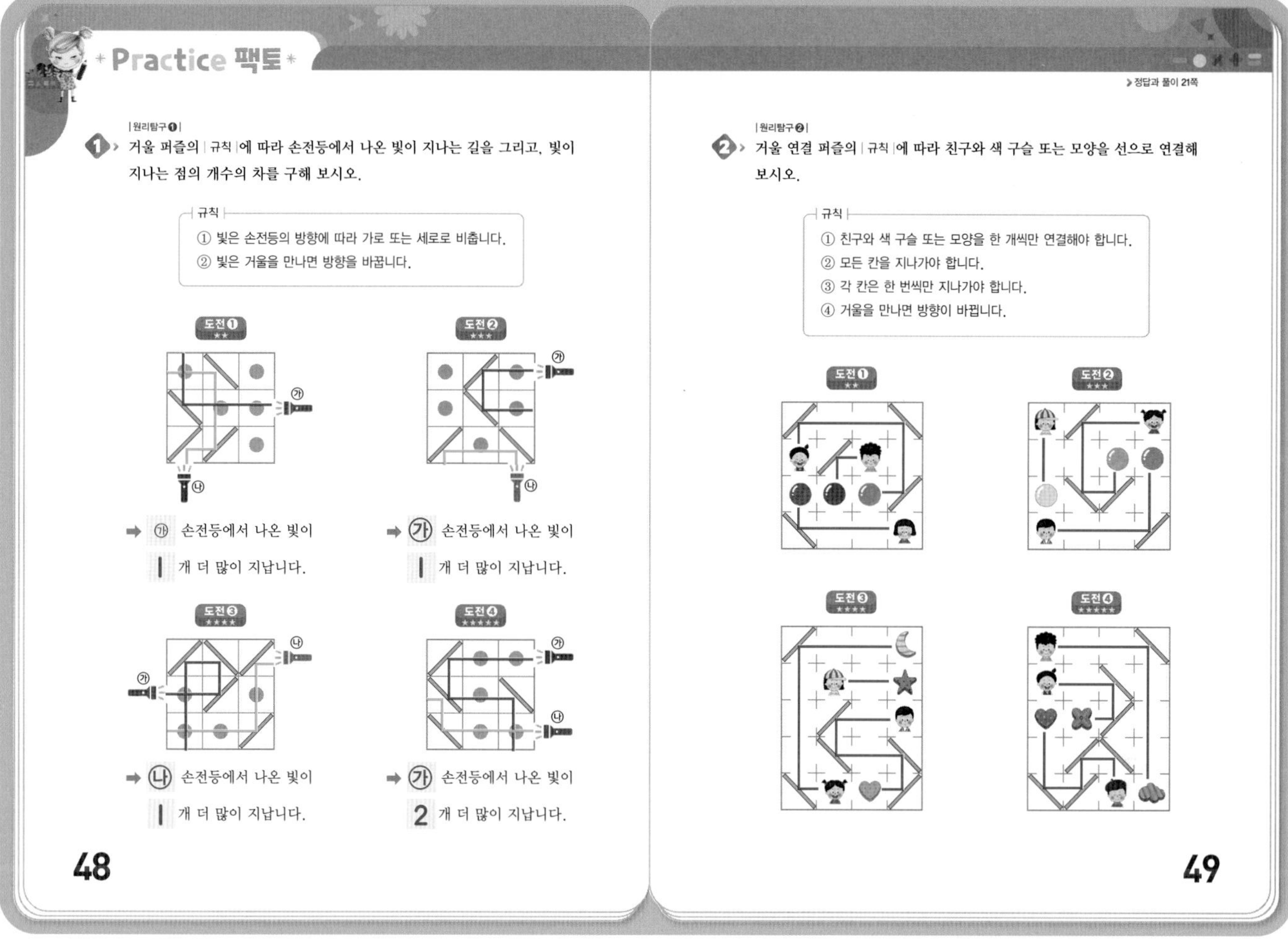

Practice 팩토
정답과 풀이 21쪽
원리탐구 ❶
1 거울 퍼즐의 규칙에 따라 손전등에서 나온 빛이 지나는 길을 그리고, 빛이 지나는 점의 개수의 차를 구해 보시오.
규칙
① 빛은 손전등의 방향에 따라 가로 또는 세로로 비춥니다.
② 빛은 거울을 만나면 방향을 바꿉니다.
도전❶
➡ ㉮ 손전등에서 나온 빛이 1 개 더 많이 지납니다.
도전❷
➡ ㉮ 손전등에서 나온 빛이 1 개 더 많이 지납니다.
도전❸
➡ ㉯ 손전등에서 나온 빛이 1 개 더 많이 지납니다.
도전❹
➡ ㉮ 손전등에서 나온 빛이 2 개 더 많이 지납니다.
48
원리탐구 ❷
2 거울 연결 퍼즐의 규칙에 따라 친구와 색 구슬 또는 모양을 선으로 연결해 보시오.
규칙
① 친구와 색 구슬 또는 모양을 한 개씩만 연결해야 합니다.
② 모든 칸을 지나가야 합니다.
③ 각 칸은 한 번씩만 지나가야 합니다.
④ 거울을 만나면 방향이 바뀝니다.
도전❶
도전❷
도전❸
도전❹
49

1

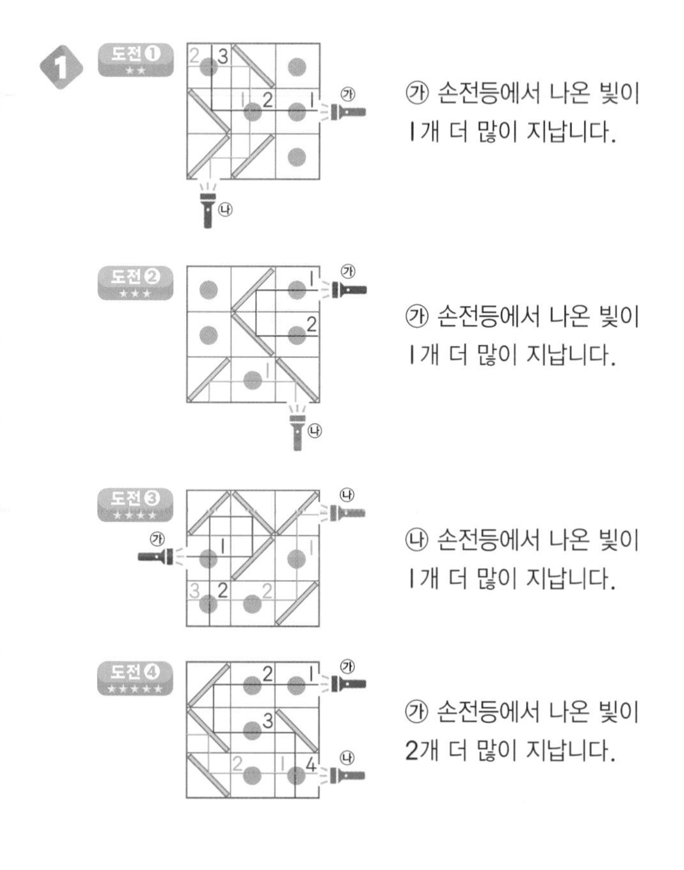

도전❶ ㉮ 손전등에서 나온 빛이 1개 더 많이 지납니다.

도전❷ ㉮ 손전등에서 나온 빛이 1개 더 많이 지납니다.

도전❸ ㉯ 손전등에서 나온 빛이 1개 더 많이 지납니다.

도전❹ ㉮ 손전등에서 나온 빛이 2개 더 많이 지납니다.

2

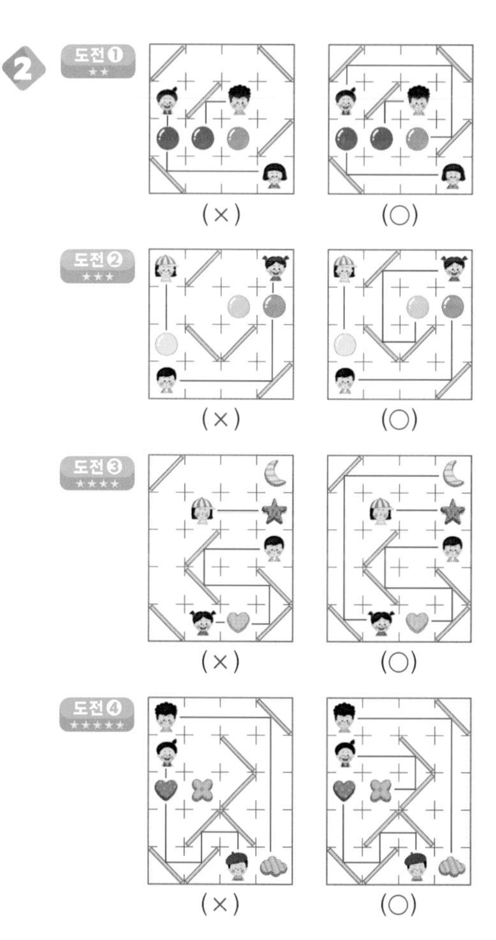

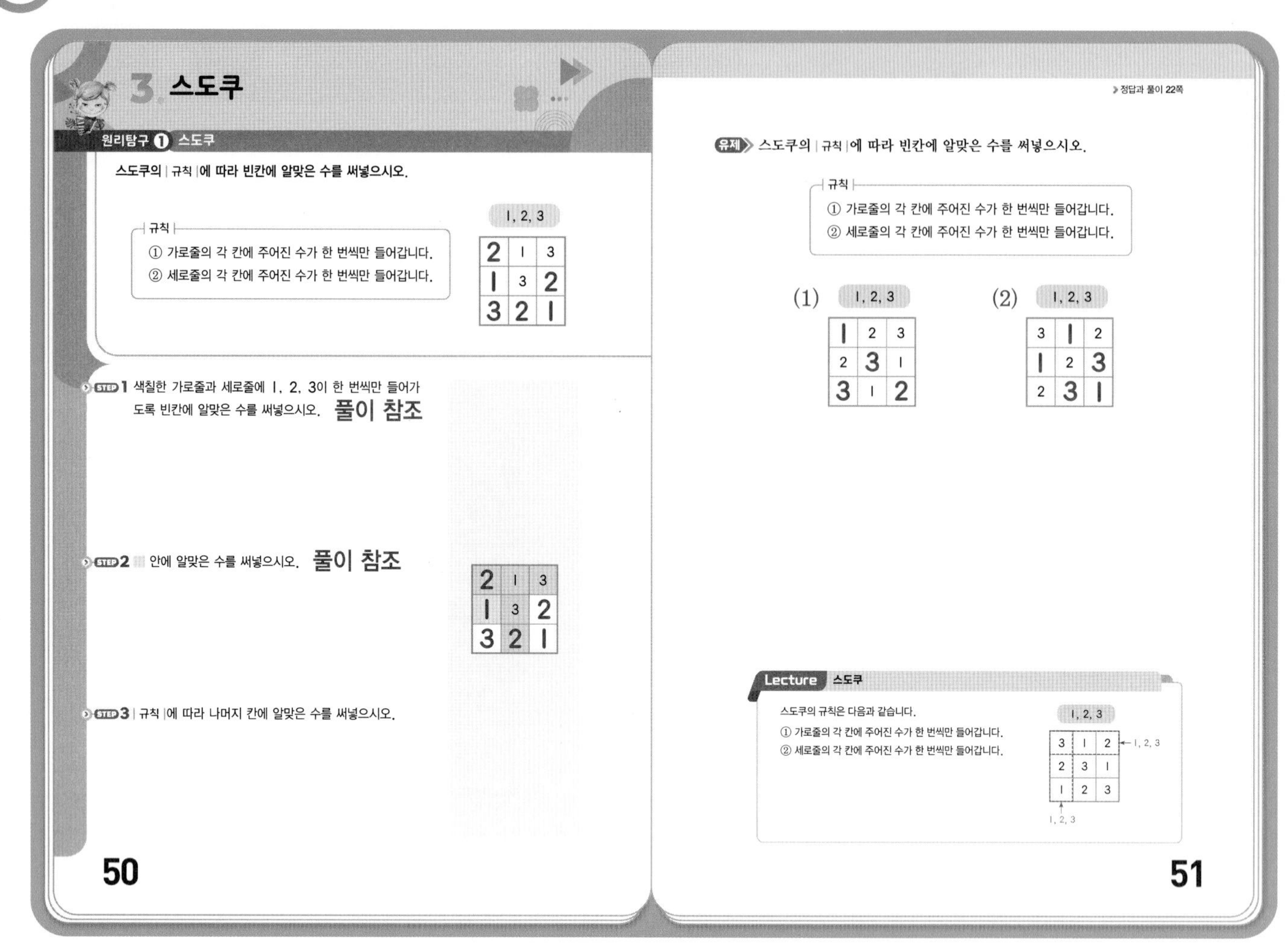

3. 스도쿠

원리탐구 ❶ 스도쿠

스도쿠의 | 규칙 |에 따라 빈칸에 알맞은 수를 써넣으시오.

| 규칙 |

① 가로줄의 각 칸에 주어진 수가 한 번씩만 들어갑니다.
② 세로줄의 각 칸에 주어진 수가 한 번씩만 들어갑니다.

1, 2, 3

2	1	3
1	3	2
3	2	1

STEP 1 색칠한 가로줄과 세로줄에 1, 2, 3이 한 번씩만 들어가도록 빈칸에 알맞은 수를 써넣으시오. 풀이 참조

STEP 2 안에 알맞은 수를 써넣으시오. 풀이 참조

2	1	3
1	3	2
3	2	1

STEP 3 | 규칙 |에 따라 나머지 칸에 알맞은 수를 써넣으시오.

50

≫ 정답과 풀이 22쪽

유제 스도쿠의 | 규칙 |에 따라 빈칸에 알맞은 수를 써넣으시오.

| 규칙 |

① 가로줄의 각 칸에 주어진 수가 한 번씩만 들어갑니다.
② 세로줄의 각 칸에 주어진 수가 한 번씩만 들어갑니다.

(1) 1, 2, 3

1	2	3
2	3	1
3	1	2

(2) 1, 2, 3

3	1	2
1	2	3
2	3	1

Lecture 스도쿠

스도쿠의 규칙은 다음과 같습니다.
① 가로줄의 각 칸에 주어진 수가 한 번씩만 들어갑니다.
② 세로줄의 각 칸에 주어진 수가 한 번씩만 들어갑니다.

1, 2, 3

3	1	2
2	3	1
1	2	3

← 1, 2, 3
↑ 1, 2, 3

51

원리탐구 ❶

STEP 1

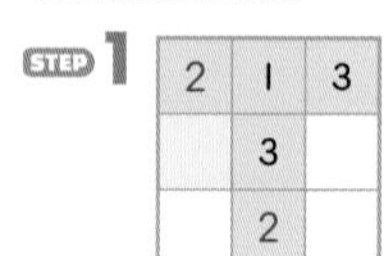

2	1	3
	3	
	2	

STEP 2

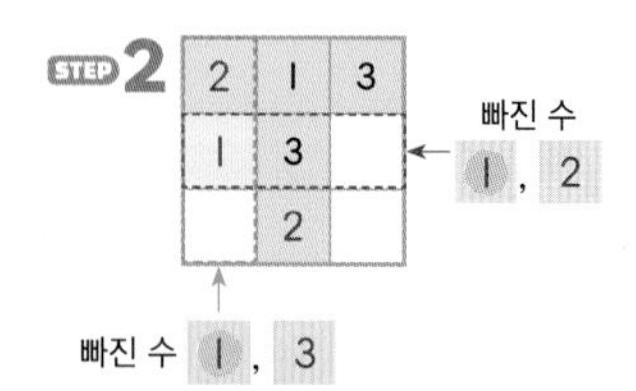

2	1	3
1	3	
	2	

STEP 3

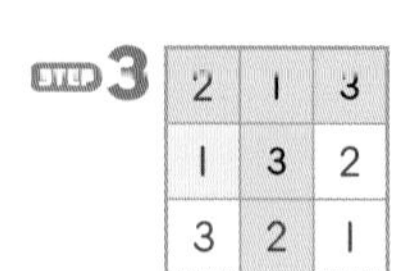

2	1	3
1	3	2
3	2	1

유제

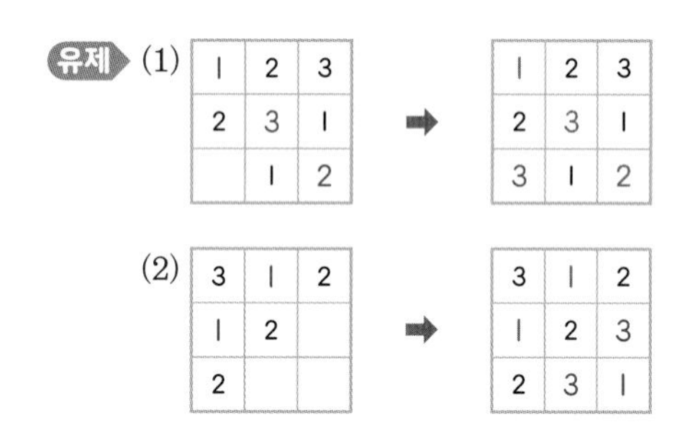

(1)

1	2	3
2	3	1
	1	2

➡

1	2	3
2	3	1
3	1	2

(2)

3	1	2
1	2	
2		

➡

3	1	2
1	2	3
2	3	1

원리탐구 ❷ 캔캔 퍼즐

캔캔 퍼즐의 규칙에 따라 빈칸에 알맞은 수를 써넣으시오.

규칙
① 작은 수는 굵은 선으로 둘러싸인 블록 안에 들어갈 수들의 합을 나타냅니다.
② 가로줄과 세로줄의 각 칸에 1부터 3까지의 수가 한 번씩만 들어갑니다.

(4) 1	(2) 2	(5) 3
3	(6) 1	2
2	3	(1) 1

STEP 1 한 칸짜리 블록인 ▒ 안에 알맞은 수를 써넣으시오.

풀이 참조

STEP 2 블록의 합을 이용하여 ▒ 안에 알맞은 수를 써넣으시오.

풀이 참조

(4) 1	(2) 2	(5) 3
3	(6) 1	2
2	3	(1) 1

STEP 3 나머지 칸에 알맞은 수를 써넣으시오.

정답과 풀이 23쪽

유제 캔캔 퍼즐의 규칙에 따라 빈칸에 알맞은 수를 써넣으시오.

규칙
① 작은 수는 굵은 선으로 둘러싸인 블록 안에 들어갈 수들의 합을 나타냅니다.
② 가로줄과 세로줄의 각 칸에 1부터 3까지의 수가 한 번씩만 들어갑니다.

(1)

(2) 2	(4) 1	(3) 3
(4) 3	2	1
1	(5) 3	2

(2)

(5) 3	2	(4) 1
(3) 2	(1) 1	3
1	(5) 3	2

Lecture 캔캔 퍼즐

캔캔 퍼즐의 규칙은 다음과 같습니다.
① 작은 수는 굵은 선으로 둘러싸인 블록 안에 들어갈 수들의 합을 나타냅니다.
② 가로줄과 세로줄의 각 칸에 1부터 3까지의 수가 한 번씩만 들어갑니다.

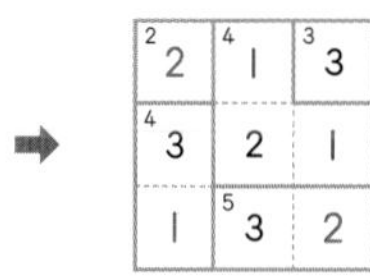

원리탐구 ❷

STEP 1

(4)	(2) 2	(5)
3	(6)	2
		(1) 1

STEP 2

(4) 1	(2) 2	(5) 3
3	(6)	2
		(1) 1

← 5= 3 +2

4= 1 +3

STEP 3

(4) 1	(2) 2	(5) 3
3	(6) 1	2
2	3	(1) 1

유제 (1)

(2) 2	(4)	(3) 3
(4) 3	2	
1	(5) 3	2

➡

(2) 2	(4) 1	(3) 3
(4) 3	2	1
1	(5) 3	2

(2)

(5) 3	2	(4) 1
(3)	(1) 1	3
	(5) 3	2

➡

(5) 3	2	(4) 1
(3) 2	(1) 1	3
1	(5) 3	2

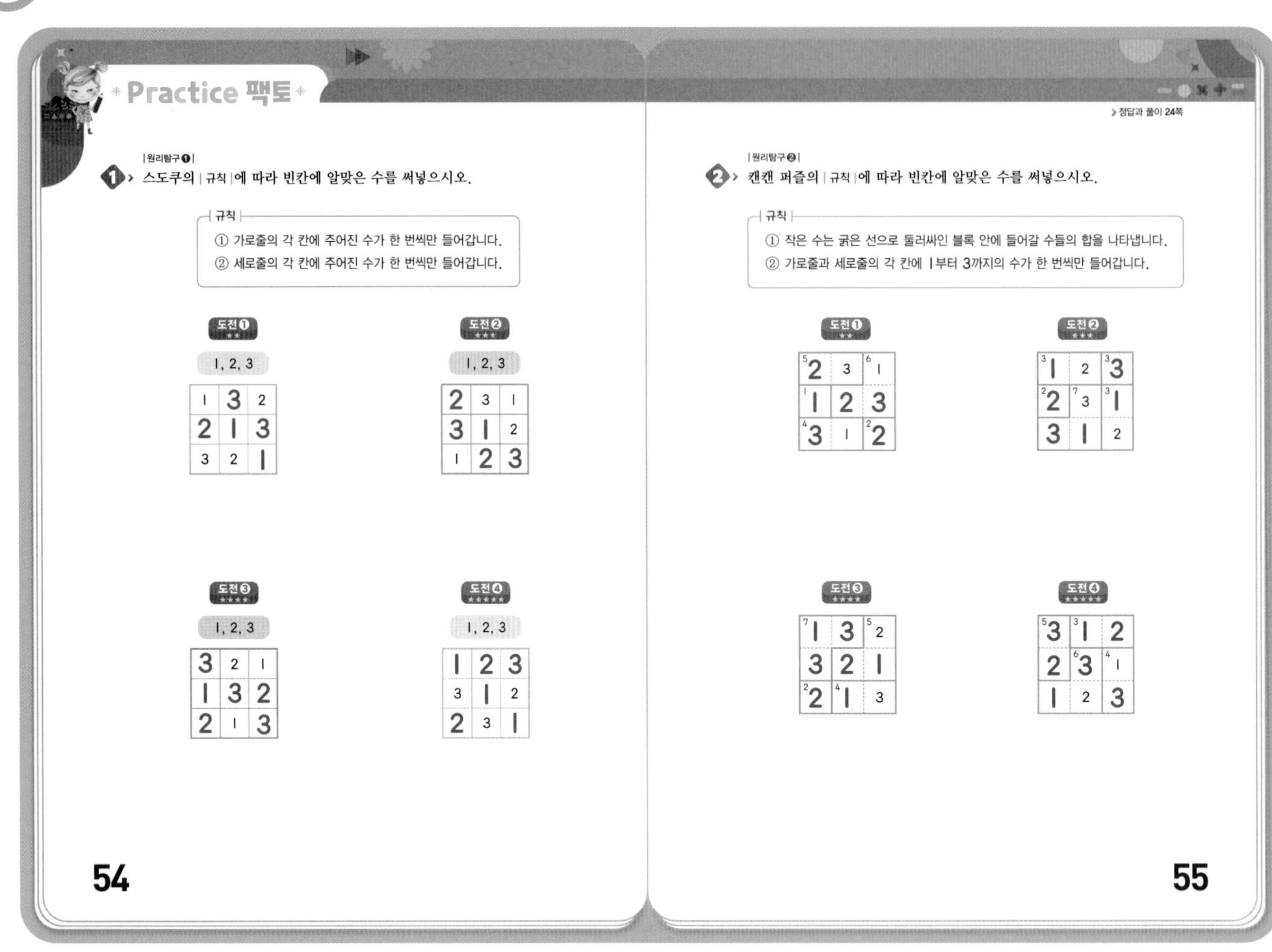
Practice 팩토
정답과 풀이 24쪽
원리탐구❶
스도쿠의 규칙에 따라 빈칸에 알맞은 수를 써넣으시오.
규칙
① 가로줄의 각 칸에 주어진 수가 한 번씩만 들어갑니다.
② 세로줄의 각 칸에 주어진 수가 한 번씩만 들어갑니다.
원리탐구❷
캔캔 퍼즐의 규칙에 따라 빈칸에 알맞은 수를 써넣으시오.
규칙
① 작은 수는 굵은 선으로 둘러싸인 블록 안에 들어갈 수들의 합을 나타냅니다.
② 가로줄과 세로줄의 각 칸에 1부터 3까지의 수가 한 번씩만 들어갑니다.
54
55

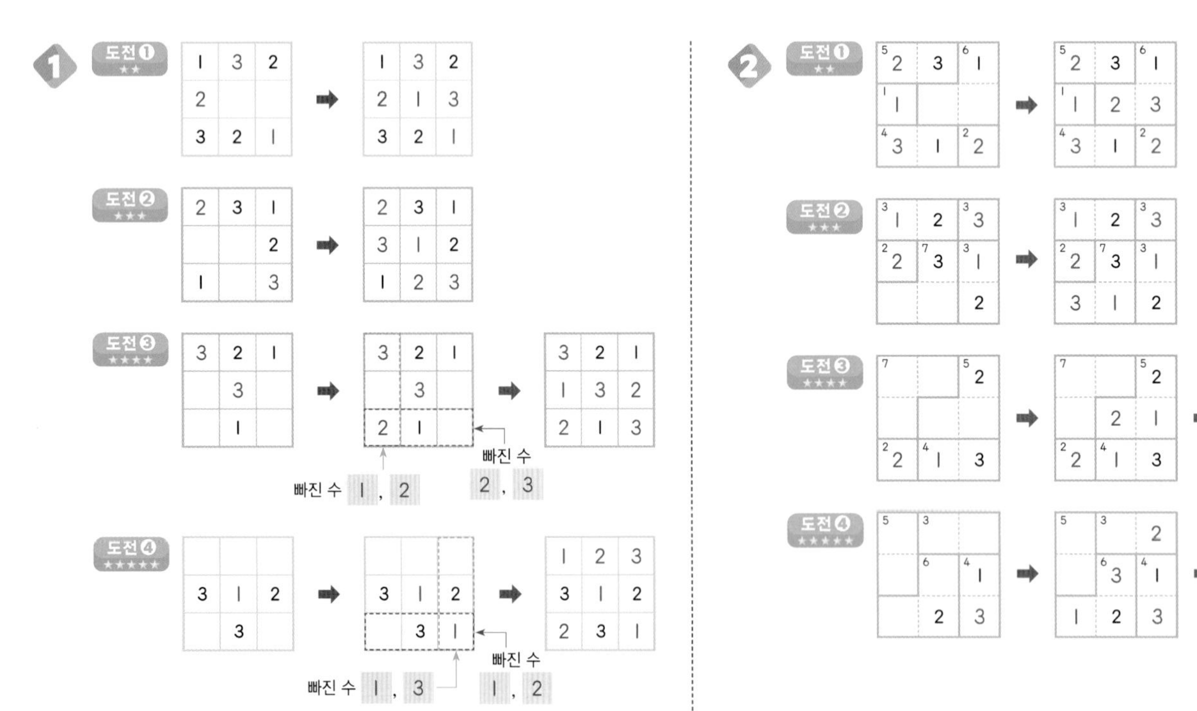
빠진 수 1, 2
빠진 수 2, 3
빠진 수 1, 3
빠진 수 1, 2

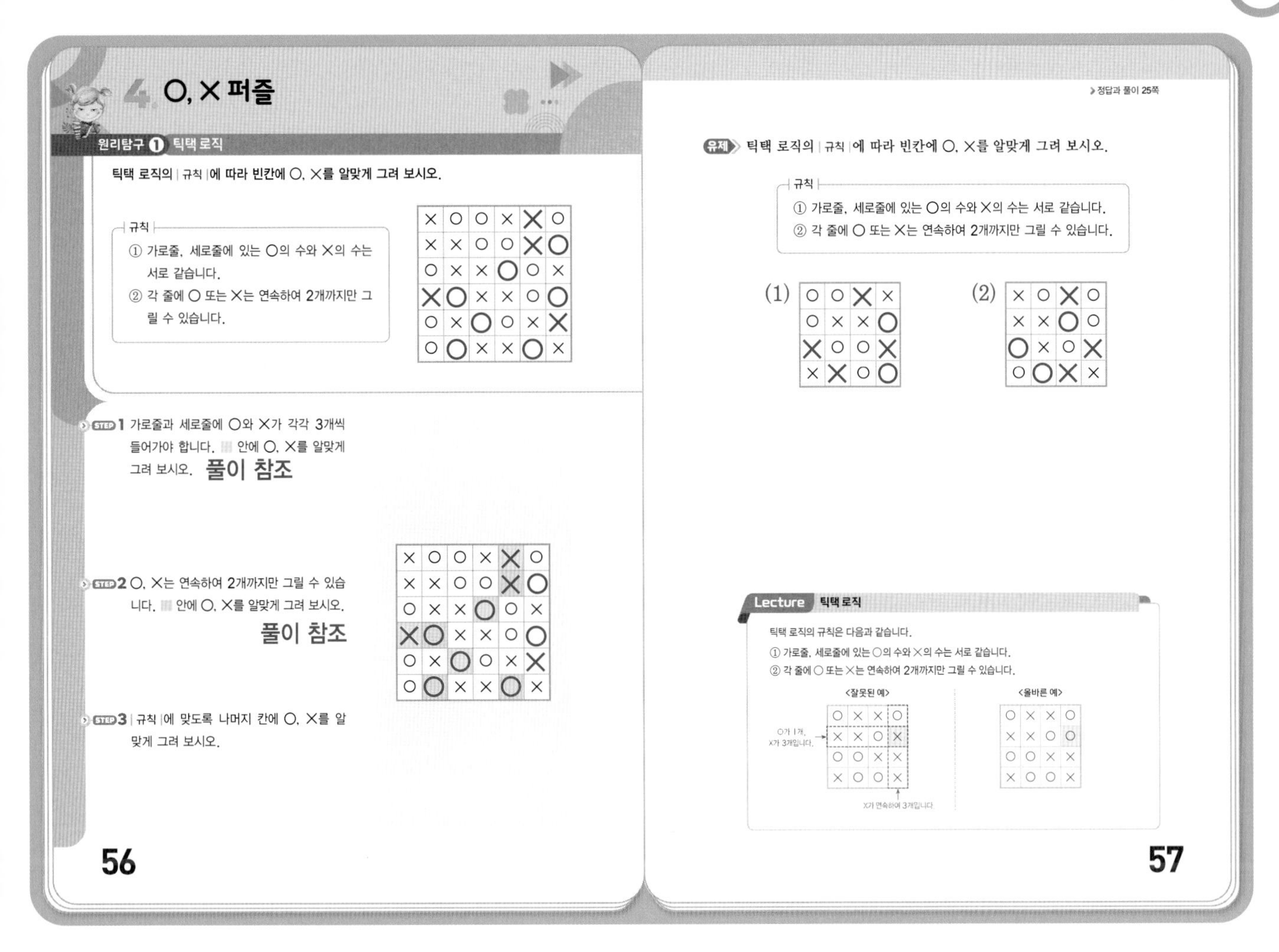
퍼즐 Ⅱ

4. ○, × 퍼즐

▶ 정답과 풀이 25쪽

원리탐구 ① 틱택 로직

틱택 로직의 규칙 에 따라 빈칸에 ○, ×를 알맞게 그려 보시오.

규칙
① 가로줄, 세로줄에 있는 ○의 수와 ×의 수는 서로 같습니다.
② 각 줄에 ○ 또는 ×는 연속하여 2개까지만 그릴 수 있습니다.

STEP 1 가로줄과 세로줄에 ○와 ×가 각각 3개씩 들어가야 합니다. 안에 ○, ×를 알맞게 그려 보시오. 풀이 참조

STEP 2 ○, ×는 연속하여 2개까지만 그릴 수 있습니다. 안에 ○, ×를 알맞게 그려 보시오. 풀이 참조

STEP 3 규칙 에 맞도록 나머지 칸에 ○, ×를 알맞게 그려 보시오.

56

유제 틱택 로직의 규칙 에 따라 빈칸에 ○, ×를 알맞게 그려 보시오.

규칙
① 가로줄, 세로줄에 있는 ○의 수와 ×의 수는 서로 같습니다.
② 각 줄에 ○ 또는 ×는 연속하여 2개까지만 그릴 수 있습니다.

(1) (2)

Lecture 틱택 로직

틱택 로직의 규칙은 다음과 같습니다.
① 가로줄, 세로줄에 있는 ○의 수와 ×의 수는 서로 같습니다.
② 각 줄에 ○ 또는 ×는 연속하여 2개까지만 그릴 수 있습니다.

<잘못된 예> <올바른 예>

○가 1개, ×가 3개입니다.

×가 연속하여 3개입니다.

57

원리탐구 ①

STEP 1

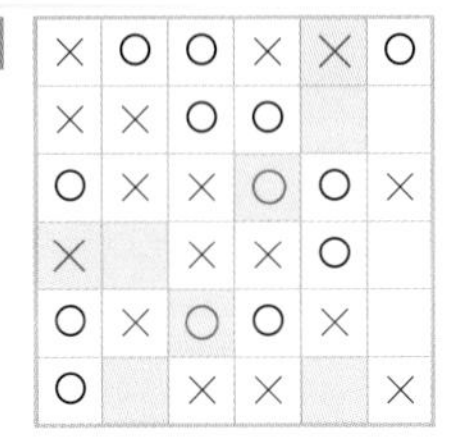

STEP 2

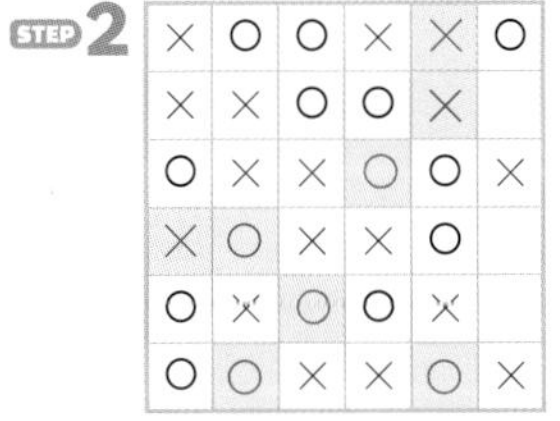

STEP 3

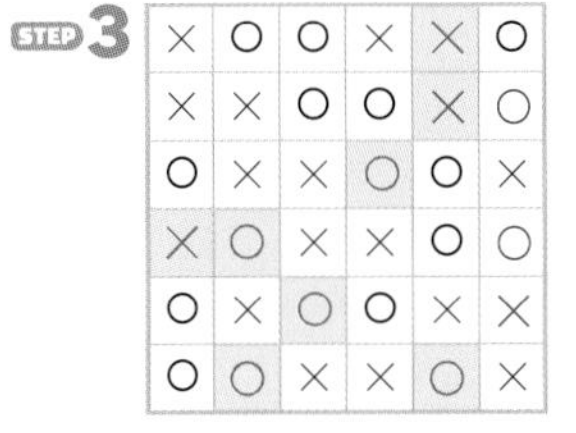

유제

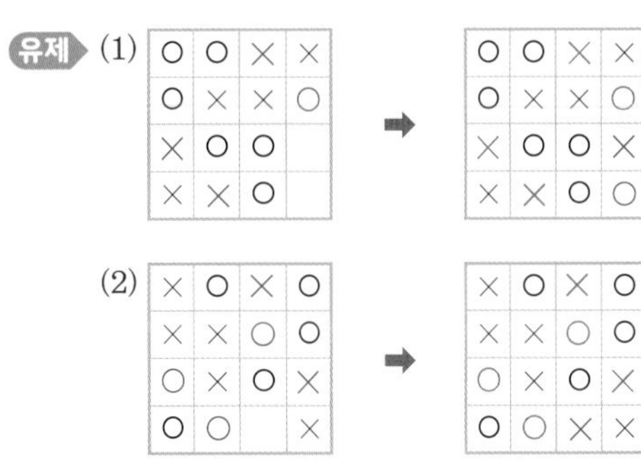

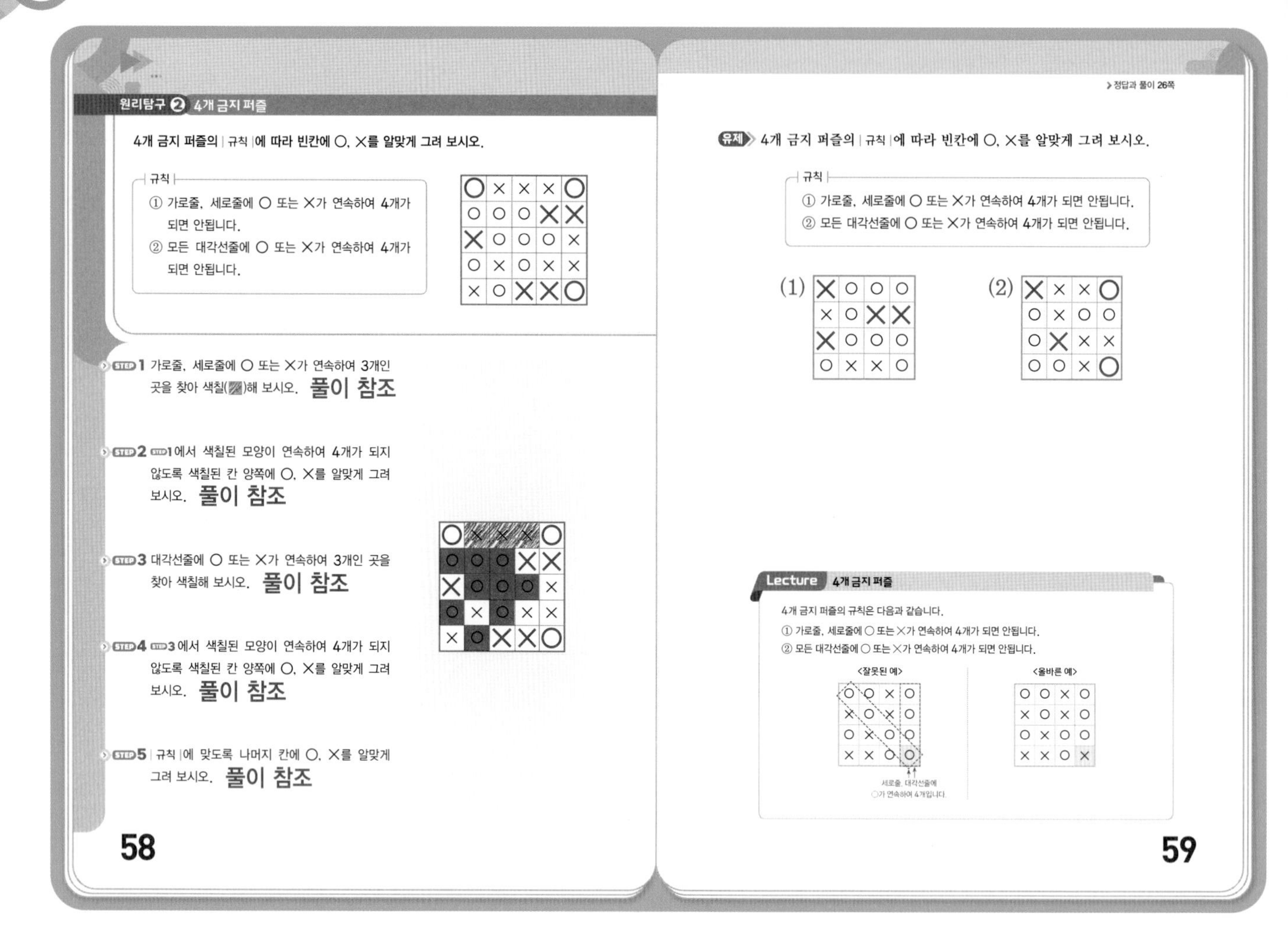

원리탐구 ❷ 4개 금지 퍼즐

4개 금지 퍼즐의 | 규칙 |에 따라 빈칸에 ○, ×를 알맞게 그려 보시오.

| 규칙 |
① 가로줄, 세로줄에 ○ 또는 ×가 연속하여 4개가 되면 안됩니다.
② 모든 대각선줄에 ○ 또는 ×가 연속하여 4개가 되면 안됩니다.

STEP 1 가로줄, 세로줄에 ○ 또는 ×가 연속하여 3개인 곳을 찾아 색칠(▨)해 보시오. 풀이 참조

STEP 2 STEP 1에서 색칠된 모양이 연속하여 4개가 되지 않도록 색칠된 칸 양쪽에 ○, ×를 알맞게 그려 보시오. 풀이 참조

STEP 3 대각선줄에 ○ 또는 ×가 연속하여 3개인 곳을 찾아 색칠해 보시오. 풀이 참조

STEP 4 STEP 3에서 색칠된 모양이 연속하여 4개가 되지 않도록 색칠된 칸 양쪽에 ○, ×를 알맞게 그려 보시오. 풀이 참조

STEP 5 | 규칙 |에 맞도록 나머지 칸에 ○, ×를 알맞게 그려 보시오. 풀이 참조

58

> 정답과 풀이 26쪽

유제 4개 금지 퍼즐의 | 규칙 |에 따라 빈칸에 ○, ×를 알맞게 그려 보시오.

| 규칙 |
① 가로줄, 세로줄에 ○ 또는 ×가 연속하여 4개가 되면 안됩니다.
② 모든 대각선줄에 ○ 또는 ×가 연속하여 4개가 되면 안됩니다.

(1) (2)

Lecture 4개 금지 퍼즐

4개 금지 퍼즐의 규칙은 다음과 같습니다.
① 가로줄, 세로줄에 ○ 또는 ×가 연속하여 4개가 되면 안됩니다.
② 모든 대각선줄에 ○ 또는 ×가 연속하여 4개가 되면 안됩니다.

<잘못된 예> <올바른 예>

세로줄, 대각선줄에 ○가 연속하여 4개입니다.

59

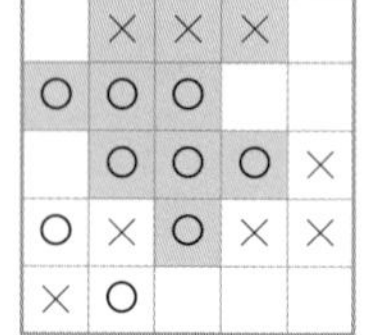

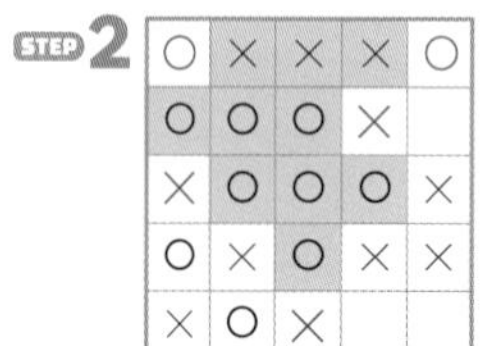

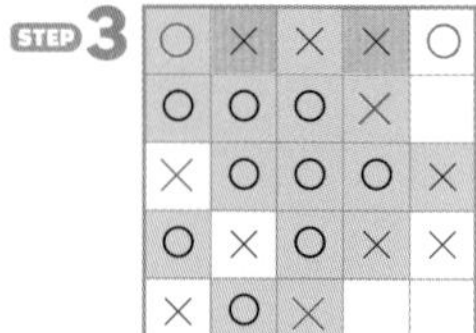

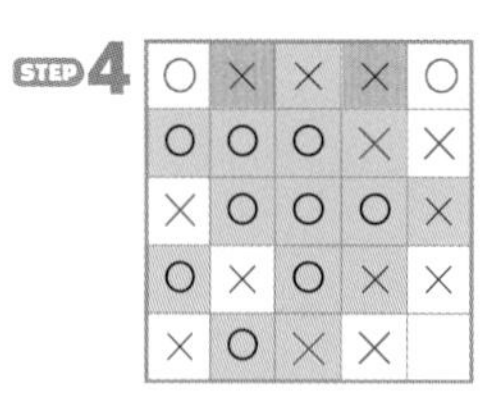

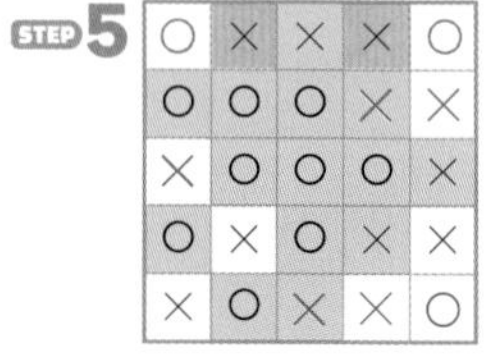

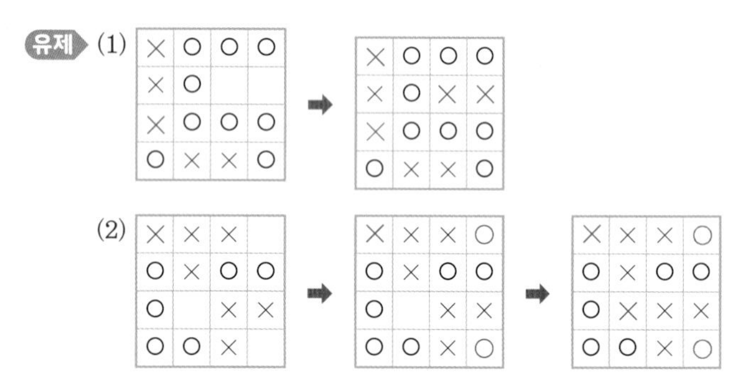

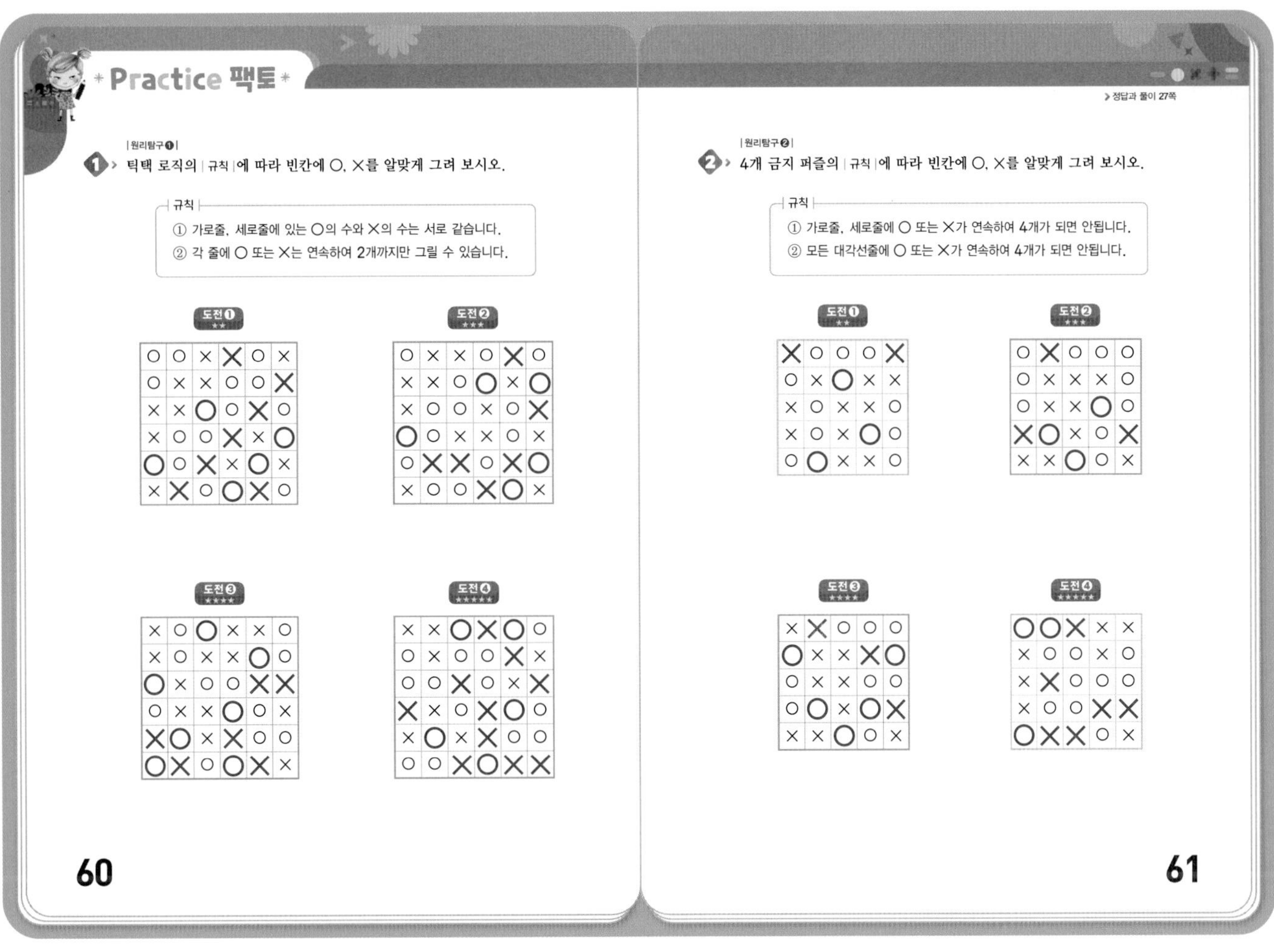

Practice 팩토

정답과 풀이 27쪽

|원리탐구❶|

1. 틱택 로직의 |규칙|에 따라 빈칸에 ○, ×를 알맞게 그려 보시오.

규칙
① 가로줄, 세로줄에 있는 ○의 수와 ×의 수는 서로 같습니다.
② 각 줄에 ○ 또는 ×는 연속하여 2개까지만 그릴 수 있습니다.

도전❶ ★★ / 도전❷ ★★★ / 도전❸ ★★★★ / 도전❹ ★★★★★

60

|원리탐구❷|

2. 4개 금지 퍼즐의 |규칙|에 따라 빈칸에 ○, ×를 알맞게 그려 보시오.

규칙
① 가로줄, 세로줄에 ○ 또는 ×가 연속하여 4개가 되면 안됩니다.
② 모든 대각선줄에 ○ 또는 ×가 연속하여 4개가 되면 안됩니다.

도전❶ ★★ / 도전❷ ★★★ / 도전❸ ★★★★ / 도전❹ ★★★★★

61

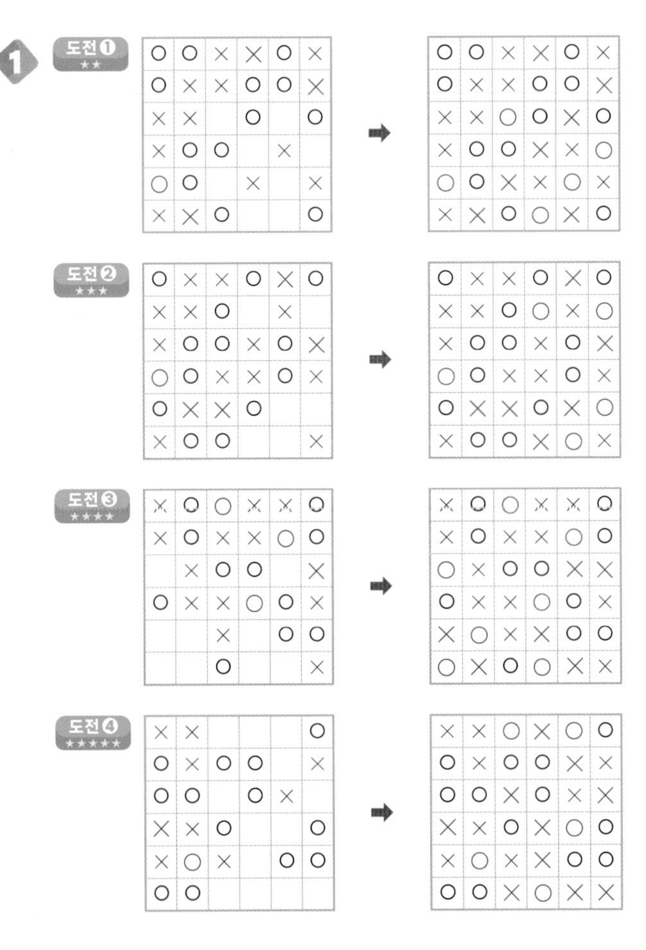

1 도전❶ ★★

○	○	×	×	○	×
○	×	×	○	○	×
×	×	○	○	×	○
×	○	○	×	×	○
○	○	×	×	○	×
×	×	○	○	×	○

도전❷ ★★★

○	×	×	○	×	○
×	×	○	○	×	○
×	○	○	×	○	×
○	○	×	×	○	×
○	×	×	○	×	○
×	○	○	×	○	×

도전❸ ★★★★

×	○	○	×	×	○
×	○	×	×	○	○
○	×	○	○	×	×
○	×	×	○	○	×
×	○	×	×	○	○
○	×	○	○	×	×

도전❹ ★★★★★

×	×	○	×	○	○
○	×	○	○	×	×
○	○	×	○	×	×
×	×	○	×	○	○
×	○	×	×	○	○
○	○	×	○	×	×

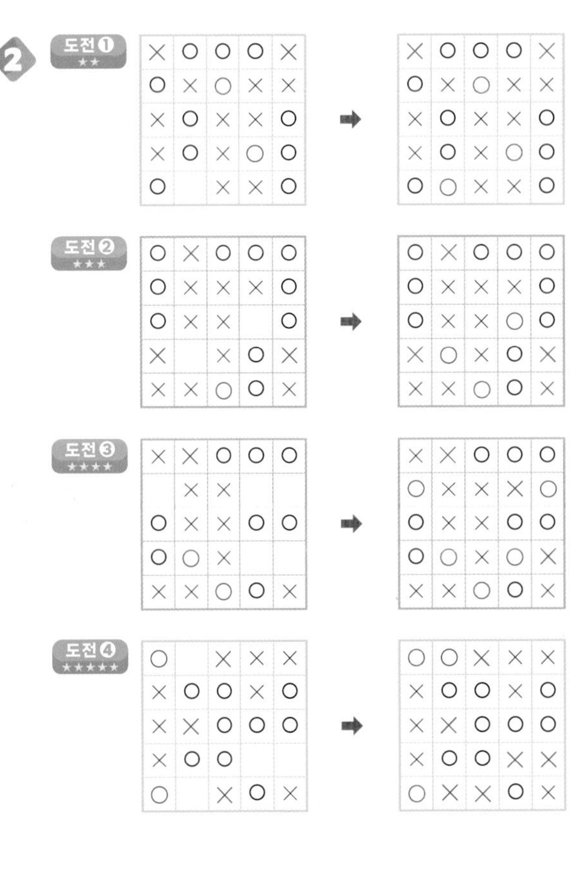

2 도전❶ ★★

×	○	○	○	×
○	×	○	×	×
×	○	×	×	○
×	○	×	○	○
○	○	×	×	○

도전❷ ★★★

○	×	○	○	○
○	×	×	×	○
○	×	×	○	○
×	○	×	○	×
×	×	○	○	×

도전❸ ★★★★

×	×	○	○	○
○	×	×	×	○
○	×	×	○	○
○	○	×	○	×
×	×	○	○	×

도전❹ ★★★★★

○	○	×	×	×
×	○	○	×	○
×	×	○	○	○
×	○	○	×	×
○	×	×	○	×

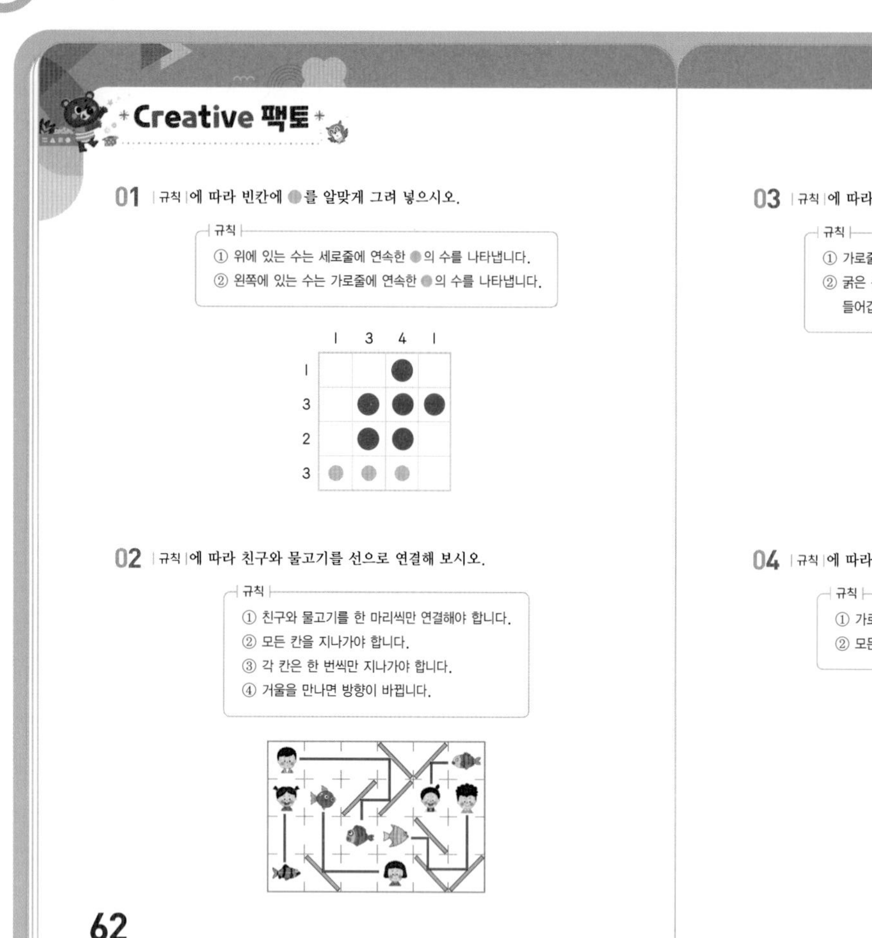

Creative 팩토

> 정답과 풀이 28쪽

01 |규칙|에 따라 빈칸에 ●를 알맞게 그려 넣으시오.

|규칙|
① 위에 있는 수는 세로줄에 연속한 ●의 수를 나타냅니다.
② 왼쪽에 있는 수는 가로줄에 연속한 ●의 수를 나타냅니다.

02 |규칙|에 따라 친구와 물고기를 선으로 연결해 보시오.

|규칙|
① 친구와 물고기를 한 마리씩만 연결해야 합니다.
② 모든 칸을 지나가야 합니다.
③ 각 칸은 한 번씩만 지나가야 합니다.
④ 거울을 만나면 방향이 바뀝니다.

03 |규칙|에 따라 빈칸에 알맞은 수를 써넣으시오.

|규칙|
① 가로줄과 세로줄의 각 칸에 주어진 수가 한 번씩만 들어갑니다.
② 굵은 선으로 나누어진 작은 사각형의 각 칸에 주어진 수가 한 번씩만 들어갑니다.

1, 2, 3, 4

04 |규칙|에 따라 빈칸에 ○, ×를 알맞게 그려 보시오.

|규칙|
① 가로줄, 세로줄에 ○ 또는 ×가 연속하여 4개가 되면 안됩니다.
② 모든 대각선줄에 ○ 또는 ×가 연속하여 4개가 되면 안됩니다.

62 63

01 반드시 ●를 그려야 하는 칸부터 ●를 그리고, 그리지 않아야 하는 칸에는 ×표 해가며 퍼즐을 해결합니다.

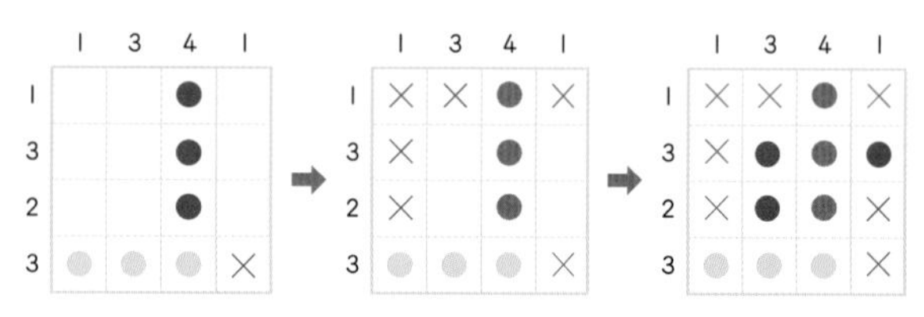

02 친구 또는 물고기를 시작점으로 규칙에 따라 가로 또는 세로 방향으로 선을 그어 친구와 물고기를 연결합니다.

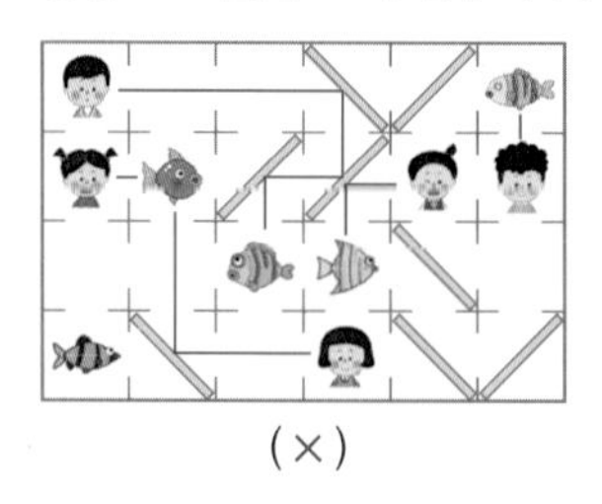

(×)

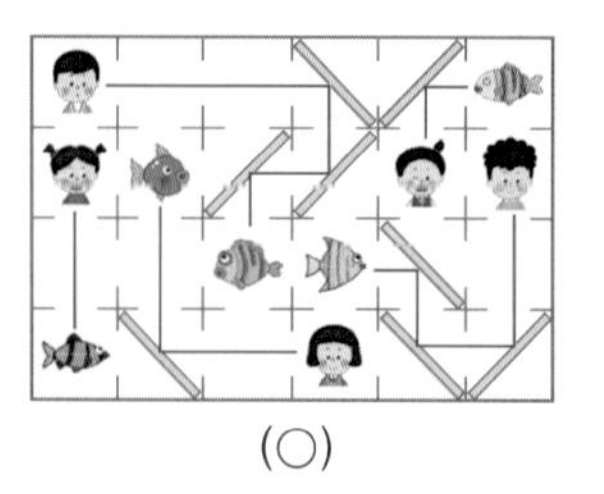

(○)

03 가로줄, 세로줄, 굵은 선으로 나누어진 작은 사각형에 1부터 4까지의 수가 한 번씩만 들어간다는 것을 이용하여 빈칸을 채웁니다.

2	1	3	4
3	4		
			1
	2		

➡

2	1	3	4
3	4	1	2
	3		1
	2		

➡

2	1	3	4
3	4	1	2
4	3	2	1
1	2	4	3

04 가로줄, 세로줄, 대각선줄에 ○, ×가 연속하여 3개인 곳을 찾아 4개가 되지 않도록 빈칸에 ○ 또는 ×를 그립니다.

		×	○	○	○		
	×	×	○	×	×	×	
×	○	×	×	×	○	○	×
×	○	○	○	×	×	×	○
×	○		○	○			×
	×	○	○		×	×	

➡

		×	○	○	○		
	×	×	○	×	×	×	
×	○	×	×	×	○	○	×
×	○	○	○	×	×	×	○
×	○	×	○	○	○	×	×
	×	○	○	×	×	×	

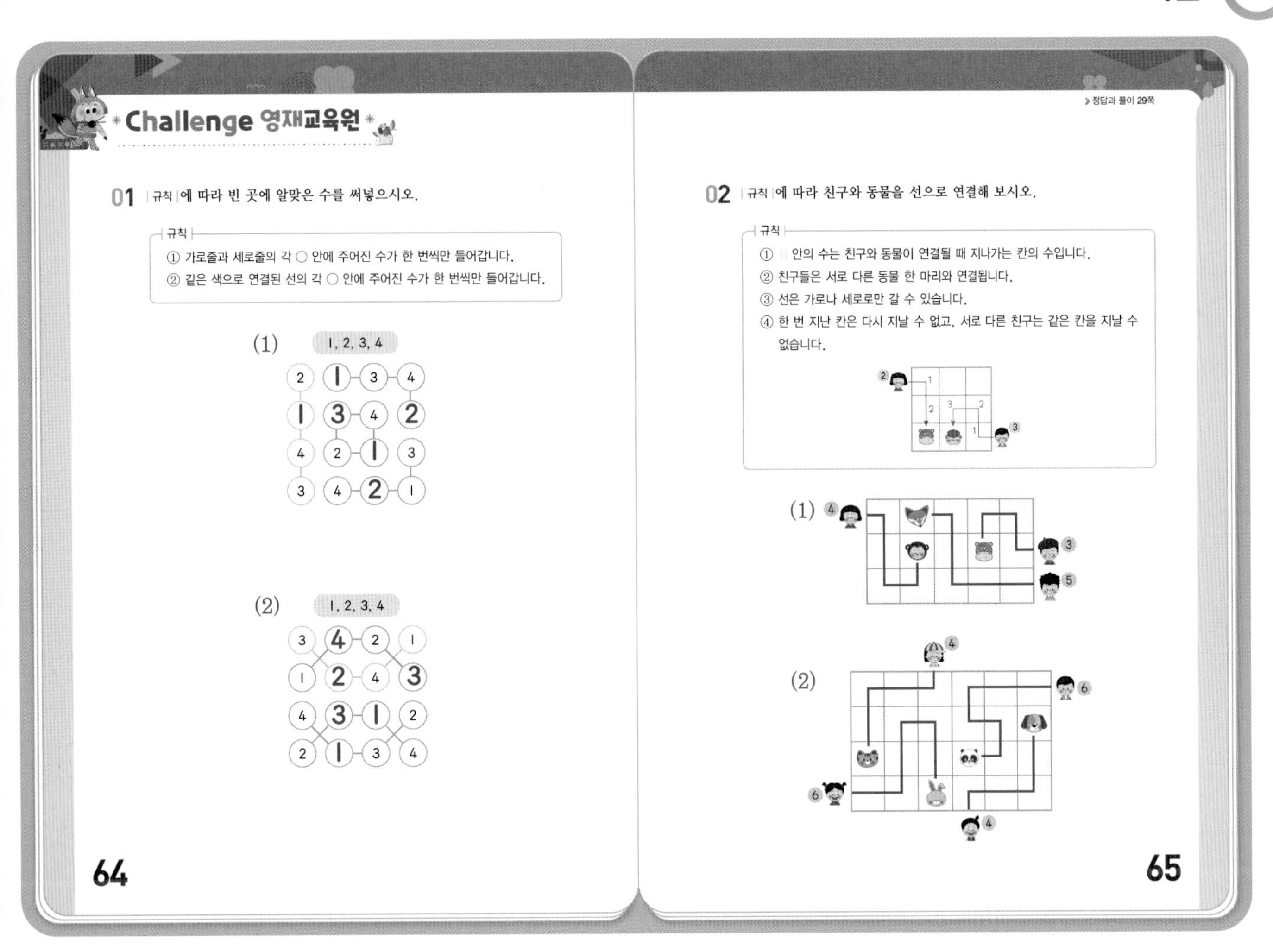
Challenge 영재교육원

▶ 정답과 풀이 29쪽

01 |규칙|에 따라 빈 곳에 알맞은 수를 써넣으시오.

|규칙|
① 가로줄과 세로줄의 각 ○ 안에 주어진 수가 한 번씩만 들어갑니다.
② 같은 색으로 연결된 선의 각 ○ 안에 주어진 수가 한 번씩만 들어갑니다.

(1) 1, 2, 3, 4

(2) 1, 2, 3, 4

02 |규칙|에 따라 친구와 동물을 선으로 연결해 보시오.

|규칙|
① ○ 안의 수는 친구와 동물이 연결될 때 지나가는 칸의 수입니다.
② 친구들은 서로 다른 동물 한 마리와 연결됩니다.
③ 선은 가로나 세로로만 갈 수 있습니다.
④ 한 번 지난 칸은 다시 지날 수 없고, 서로 다른 친구는 같은 칸을 지날 수 없습니다.

(1)

(2)

64

65

01 먼저 가로줄, 세로줄, 같은 색으로 연결된 선에서 1부터 4까지 수 중 빠진 수를 찾습니다.

(1) 1, 2, 3, 4

2	1	3	4
1		4	2
4	2	1	3
3	4	2	1

➡

2	1	3	4
1	3	4	2
4	2	1	3
3	4	2	1

(2) 1, 2, 3, 4

3	4	2	1
1		4	3
4		1	2
2	1	3	4

➡

3	4	2	1
1	2	4	3
4	3	1	2
2	1	3	4

02 몇 칸을 지나갔는지 세어 가며 친구와 동물을 연결합니다.

(1)

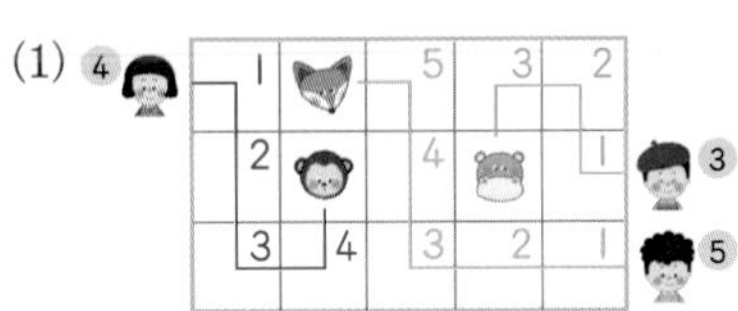

가장 왼쪽에 있는 친구가 4칸을 지나 연결할 수 있는 동물은 원숭이 밖에 없으므로 왼쪽에 있는 친구를 먼저 연결합니다.

(2)

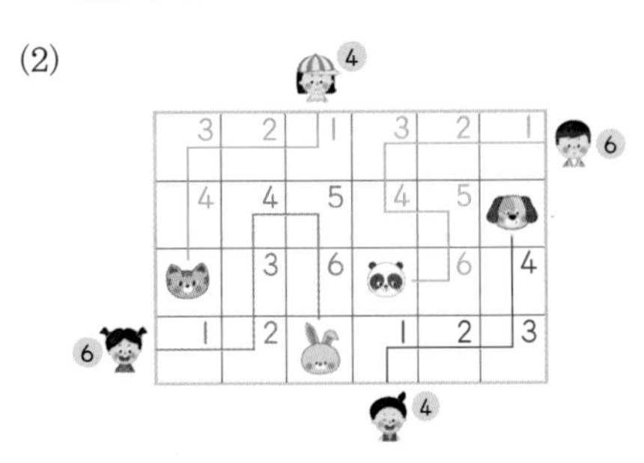

가장 아래쪽에 있는 친구가 4칸을 지나 연결할 수 있는 동물은 강아지 밖에 없으므로 아래쪽에 있는 친구를 먼저 연결합니다.

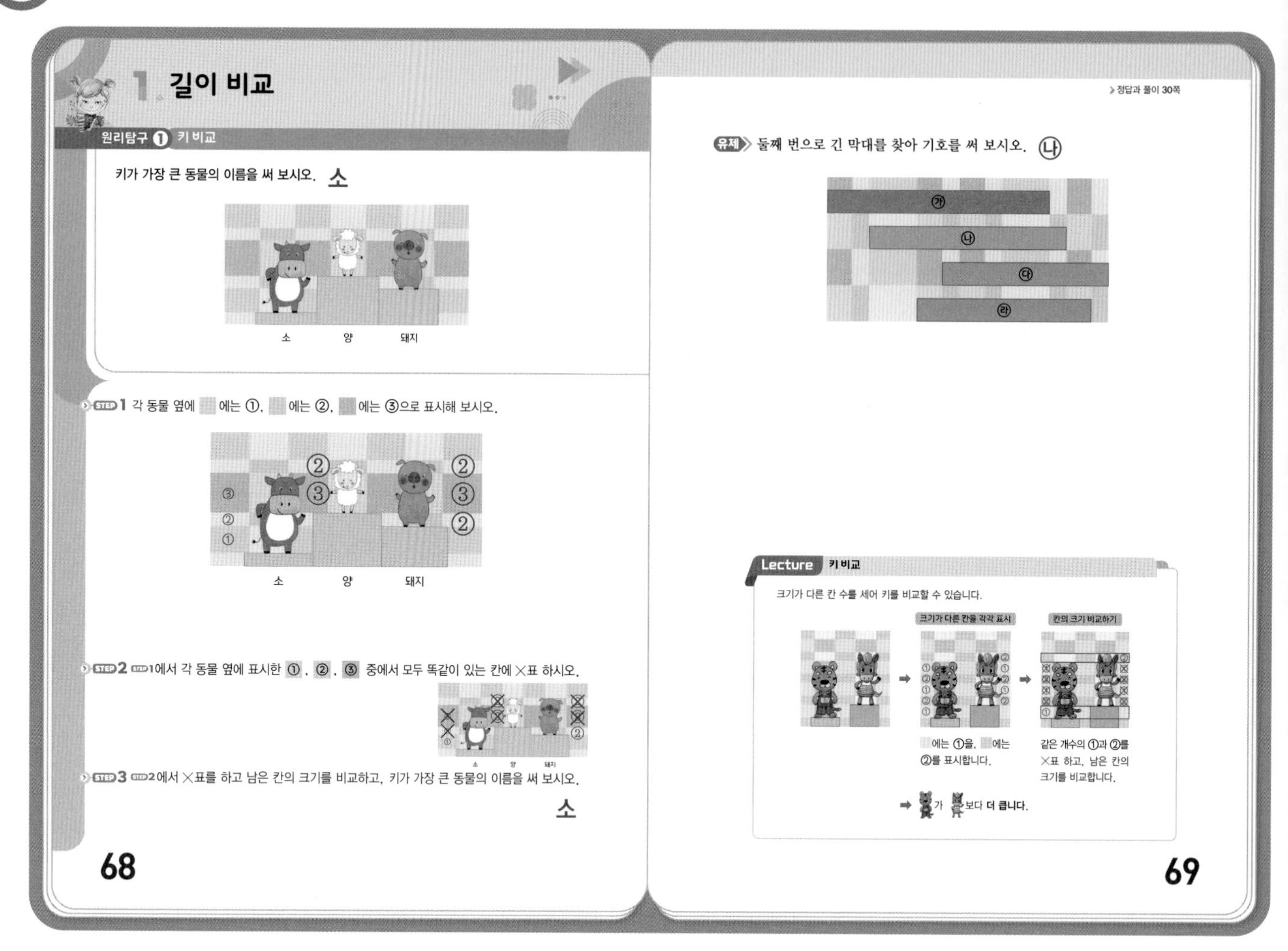

1. 길이 비교
원리탐구 ① 키 비교
키가 가장 큰 동물의 이름을 써 보시오. 소
소 양 돼지
STEP 1 각 동물 옆에 에는 ①, 에는 ②, 에는 ③으로 표시해 보시오.
STEP 2 STEP1에서 각 동물 옆에 표시한 ①, ②, ③ 중에서 모두 똑같이 있는 칸에 ×표 하시오.
STEP 3 STEP2에서 ×표를 하고 남은 칸의 크기를 비교하고, 키가 가장 큰 동물의 이름을 써 보시오.
소
68
정답과 풀이 30쪽
유제 둘째 번으로 긴 막대를 찾아 기호를 써 보시오. ㉯
Lecture 키 비교
크기가 다른 칸 수를 세어 키를 비교할 수 있습니다.
크기가 다른 칸을 각각 표시
칸의 크기 비교하기
같은 개수의 ①과 ②를 ×표 하고, 남은 칸의 크기를 비교합니다.
69

원리탐구 ①

STEP 1 3가지 색깔의 네모는 크기가 모두 다릅니다. 크기별로 네모에 ①, ②, ③을 표시합니다.

STEP 2 소, 양, 돼지에게 모두 똑같이 있는 칸을 찾아보면 ②, ③입니다.

STEP 3 남은 칸을 찾아보면 소는 중간 크기 네모인 ①, 돼지는 가장 작은 크기 네모인 ②입니다.
따라서 키가 가장 큰 동물은 소입니다.

유제 칸의 크기가 큰 순서부터 ①, ②, ③을 표시합니다. 같은 크기의 칸을 ×표 하고, 나머지 칸의 개수로 길이를 비교할 수 있습니다.

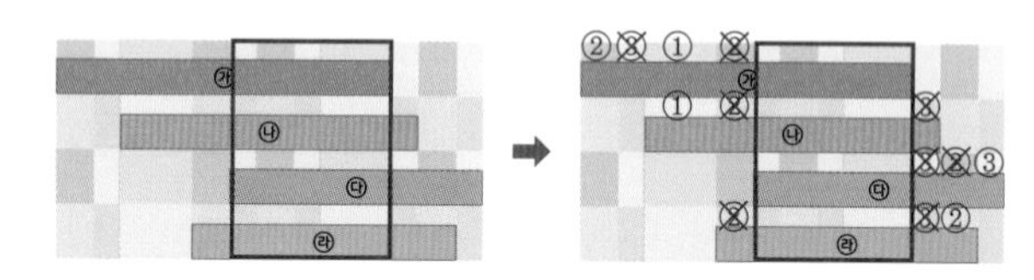

㉮ 막대는 ①, ②가 각각 1개, ㉯ 막대는 ①이 1개, ㉰ 막대는 ③이 1개, ㉱ 막대는 ②가 1개 남았습니다.
막대가 긴 순서는 ㉮, ㉯, ㉱, ㉰이므로 둘째 번으로 긴 막대는 ㉯입니다.

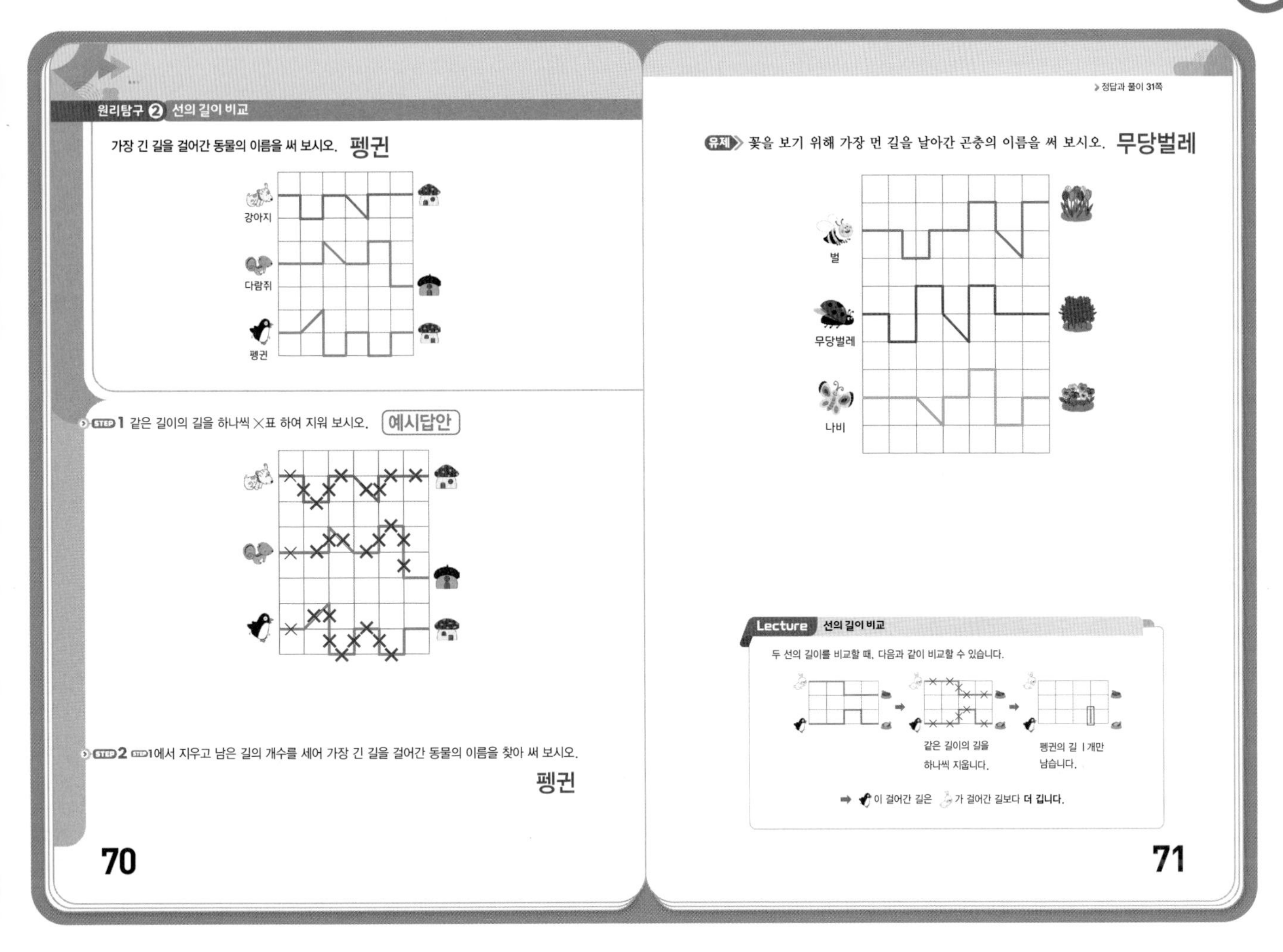

원리탐구 ❷ 선의 길이 비교
가장 긴 길을 걸어간 동물의 이름을 써 보시오. 펭귄
강아지
다람쥐
펭귄
STEP 1 같은 길이의 길을 하나씩 ×표 하여 지워 보시오. 예시답안
STEP 2 STEP 1에서 지우고 남은 길의 개수를 세어 가장 긴 길을 걸어간 동물의 이름을 찾아 써 보시오.
펭귄
70
정답과 풀이 31쪽
유제 꽃을 보기 위해 가장 먼 길을 날아간 곤충의 이름을 써 보시오. 무당벌레
벌
무당벌레
나비
Lecture 선의 길이 비교
두 선의 길이를 비교할 때, 다음과 같이 비교할 수 있습니다.
같은 길이의 길을 하나씩 지웁니다.
펭귄의 길 1개만 남습니다.
이 걸어간 길은 가 걸어간 길보다 더 깁니다.
71

원리탐구 ❷

STEP 1 같은 길이의 길을 찾아 ×표 합니다.

TIP 대각선은 가로, 세로보다 길기 때문에 대각선은 대각선끼리 비교하여 지웁니다.

STEP 2 ×표 하여 지우고 남은 길을 ○표 하면 다음과 같습니다.

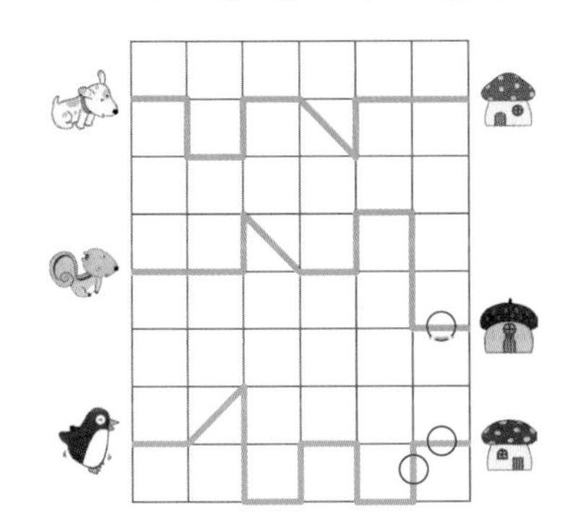

따라서 걸어간 길이 가장 긴 동물은 펭귄입니다.

유제 같은 길이의 길을 ×표 하여 지우고, 남은 길을 ○표 하여 개수를 비교합니다.

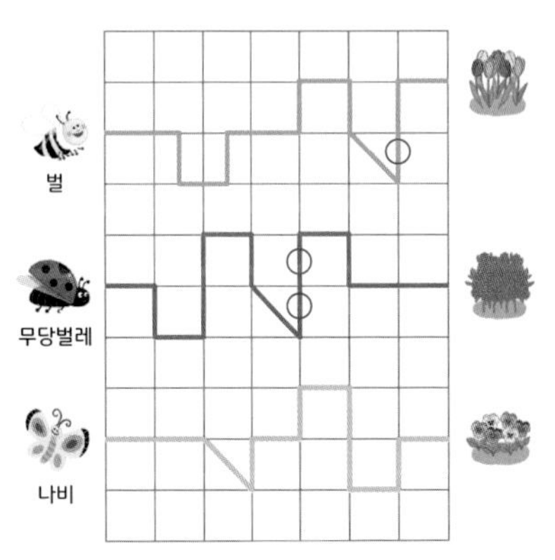

나비의 길은 모두 지워지고, 벌은 남은 길이 1개, 무당벌레는 남은 길이 2개입니다.
따라서 가장 먼 길을 날아간 곤충은 무당벌레입니다.

TIP 벌의 길 중 [그림]에서 같은 모양의 선의 길이를 합하면 선 1개의 길이와 같아집니다.

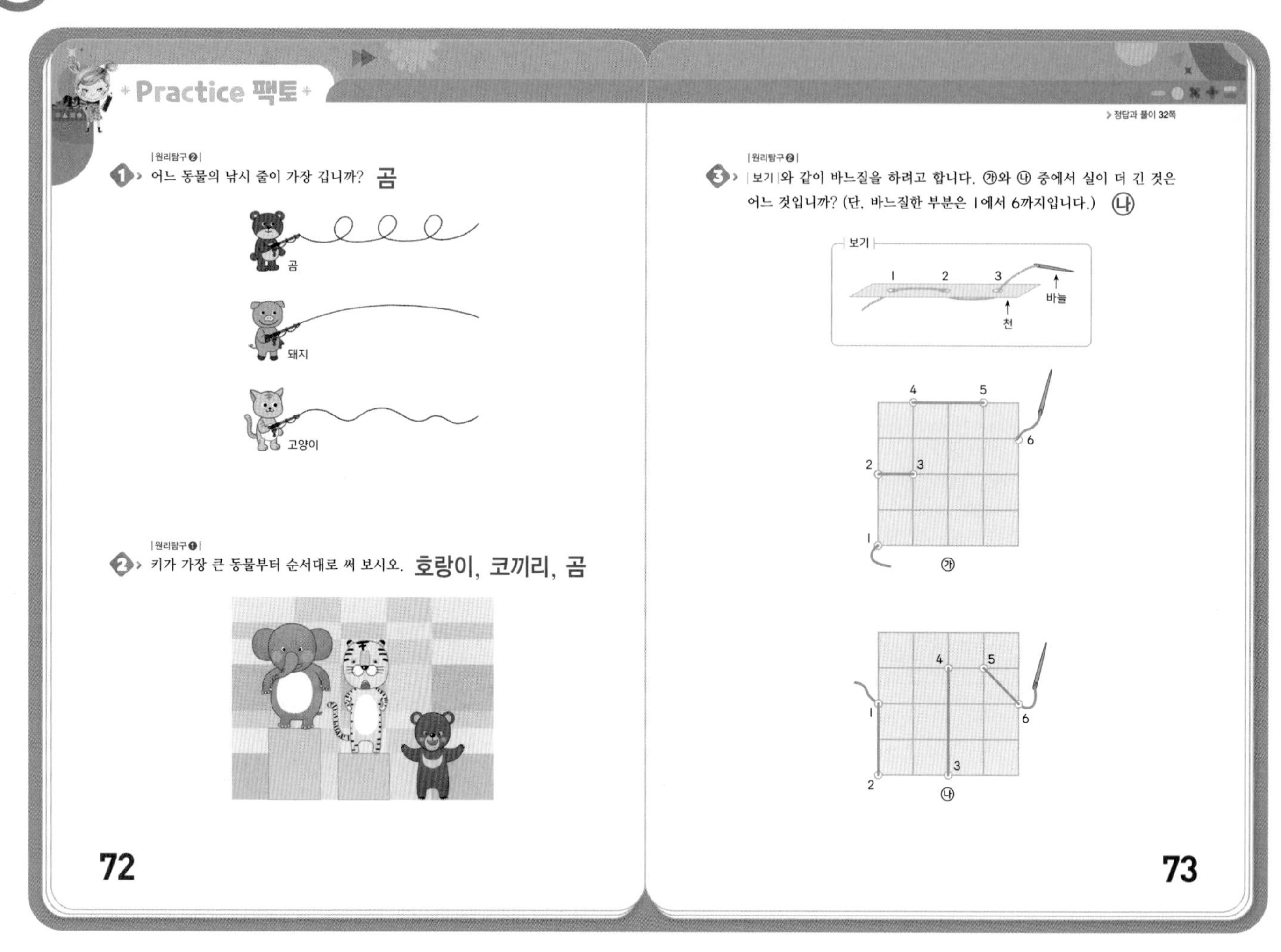

1 선이 더 많이 구부러져 있을수록 길이가 더 깁니다.

2 뒤쪽의 크기가 다른 칸에 수를 표시한 후 같은 크기의 칸을 ×표하고, 남은 칸의 개수로 키를 비교할 수 있습니다.

남은 칸을 찾아보면 코끼리는 가장 작은 칸인 ①이 1개, 호랑이는 중간 크기 칸인 ②가 1개입니다.
따라서 키가 큰 순서는 호랑이, 코끼리, 곰입니다.

3 천 아래에 있는 실의 모양을 그려 본 후, 같은 길이의 선을 하나씩 지웁니다.

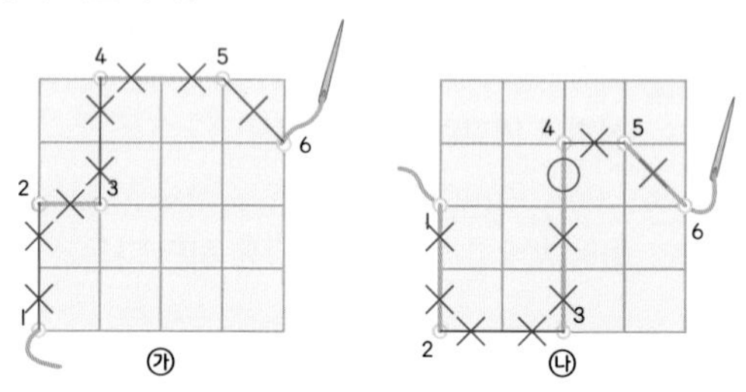

➡ ㉮의 선은 모두 지워지고, ㉯의 남은 선은 1개이므로 실이 더 긴 것은 ㉯입니다.

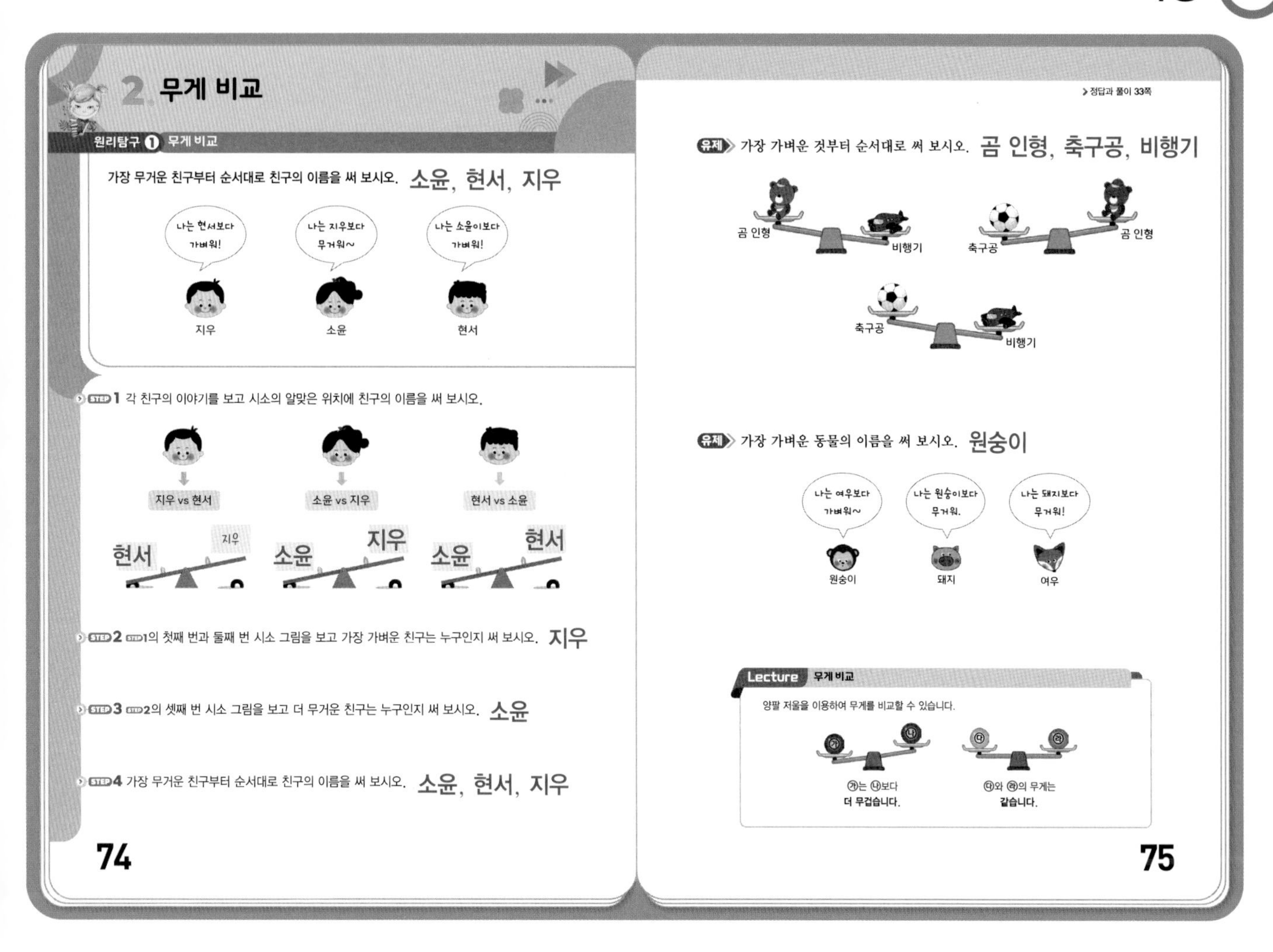

2. 무게 비교

원리탐구 ① 무게 비교

가장 무거운 친구부터 순서대로 친구의 이름을 써 보시오. 소윤, 현서, 지우

STEP 1 각 친구의 이야기를 보고 시소의 알맞은 위치에 친구의 이름을 써 보시오.

STEP 2 STEP 1의 첫째 번과 둘째 번 시소 그림을 보고 가장 가벼운 친구는 누구인지 써 보시오. 지우

STEP 3 STEP 2의 셋째 번 시소 그림을 보고 더 무거운 친구는 누구인지 써 보시오. 소윤

STEP 4 가장 무거운 친구부터 순서대로 친구의 이름을 써 보시오. 소윤, 현서, 지우

74

정답과 풀이 33쪽

유제 가장 가벼운 것부터 순서대로 써 보시오. 곰 인형, 축구공, 비행기

유제 가장 가벼운 동물의 이름을 써 보시오. 원숭이

Lecture 무게 비교

양팔 저울을 이용하여 무게를 비교할 수 있습니다.

㉮는 ㉯보다 더 무겁습니다.

㉰와 ㉱의 무게는 같습니다.

75

원리탐구 ②

STEP 1 시소에서 아래로 내려간 쪽에 있는 친구가 더 무겁고, 위로 올라간 쪽에 있는 친구는 더 가볍습니다.

STEP 2 지우는 현서와 소윤이보다 더 가벼우므로 지우가 가장 가볍습니다.

STEP 3 소윤이가 현서보다 더 무거우므로 가장 무거운 친구는 소윤입니다.

STEP 4 소윤이가 가장 무겁고, 지우가 가장 가벼우므로 무거운 순서는 소윤, 현서, 지우입니다.

유제 곰 인형은 축구공보다 더 가볍고, 축구공은 비행기보다 더 가볍습니다.

따라서 가벼운 순서는 곰 인형, 축구공, 비행기입니다.

별해 비행기, 축구공은 곰 인형보다 무거우므로 곰 인형이 가장 가볍습니다.

비행기는 축구공보다 더 무거우므로 비행기가 가장 무겁습니다.

유제 각 동물의 이야기를 시소로 표현하면 다음과 같습니다.

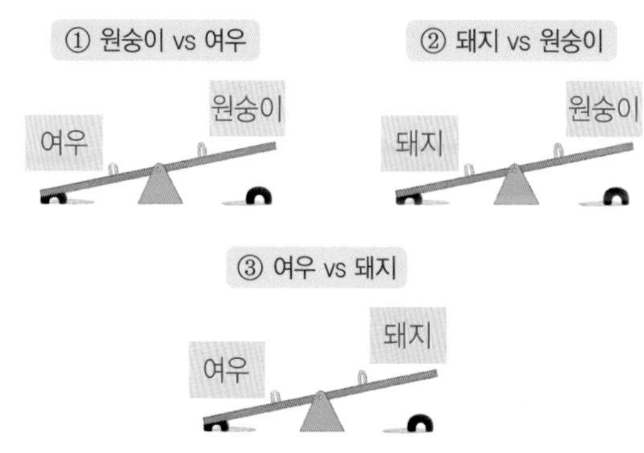

• ①과 ② 시소에서 원숭이는 여우와 돼지보다 더 가볍기 때문에 가장 가벼운 동물은 원숭이입니다.

• ③ 시소에서 돼지는 여우보다 더 가볍습니다.

따라서 가장 가벼운 동물은 원숭이입니다.

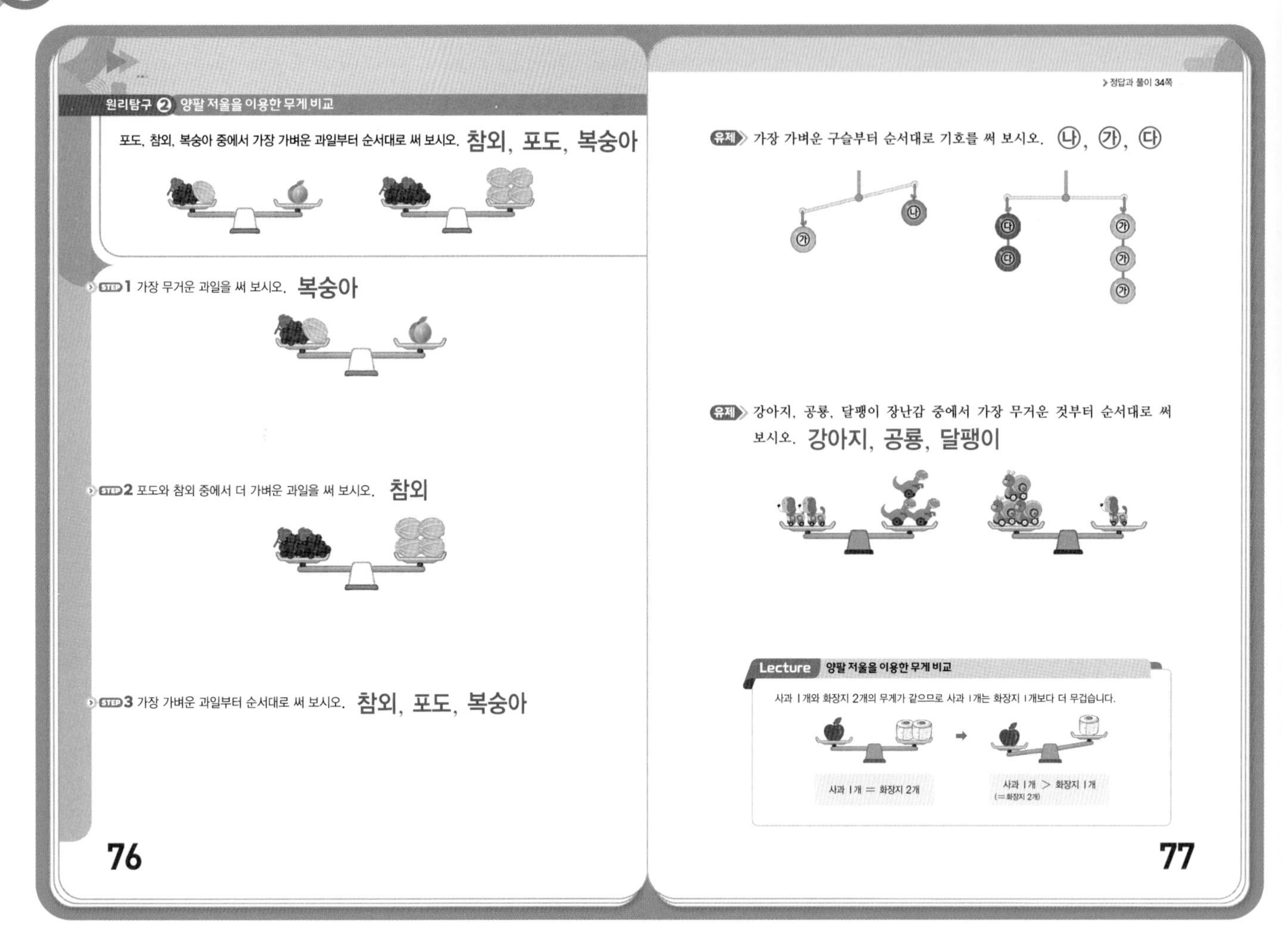

원리탐구 ①

STEP 1 복숭아의 무게는 포도와 참외의 무게를 더한 것과 같으므로 복숭아가 가장 무겁습니다.

STEP 2 포도 2개의 무게와 참외 4개의 무게가 같으므로 포도 1개의 무게와 참외 2개의 무게가 같습니다.
따라서 참외 1개의 무게가 포도 1개의 무게보다 더 가볍습니다.

STEP 3 참외가 가장 가볍고, 포도가 복숭아보다 더 가벼우므로 가벼운 순서는 참외, 포도, 복숭아입니다.

유제 ㉯ 구슬은 ㉮ 구슬보다 가볍습니다. ㉰ 구슬 2개의 무게와 ㉮ 구슬 3개의 무게가 같으므로 ㉰ 구슬 1개의 무게가 ㉮ 구슬 1개의 무게보다 무겁습니다.
따라서 가벼운 순서는 ㉯, ㉮, ㉰입니다.

유제
- 강아지 장난감 2개의 무게와 공룡 장난감 3개의 무게가 같으므로 강아지 장난감 1개의 무게가 공룡 장난감 1개의 무게보다 더 무겁습니다.
- 강아지 장난감 1개의 무게와 달팽이 장난감 3개의 무게가 같으므로 강아지 장난감 2개의 무게는 달팽이 장난감 6개의 무게와 같습니다.

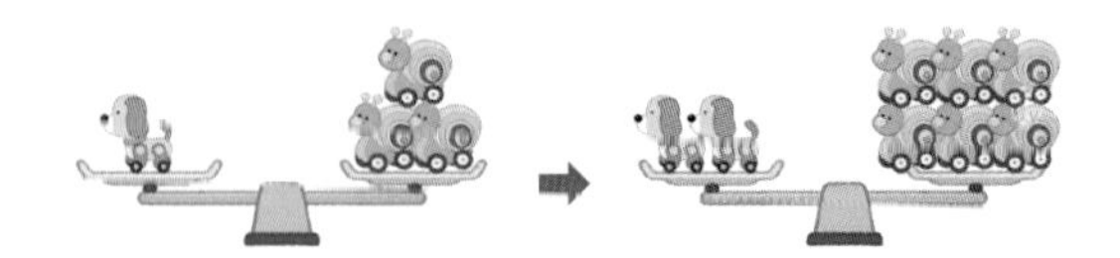

- 공룡 장난감 3개의 무게와 달팽이 장난감 6개의 무게가 같습니다.

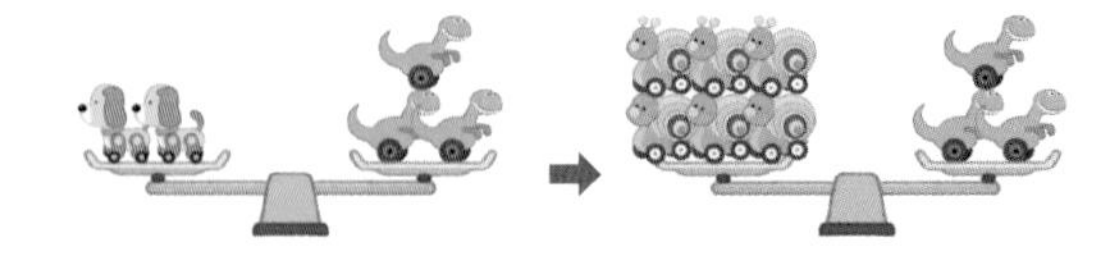

따라서 무거운 순서는 강아지, 공룡, 달팽이입니다.

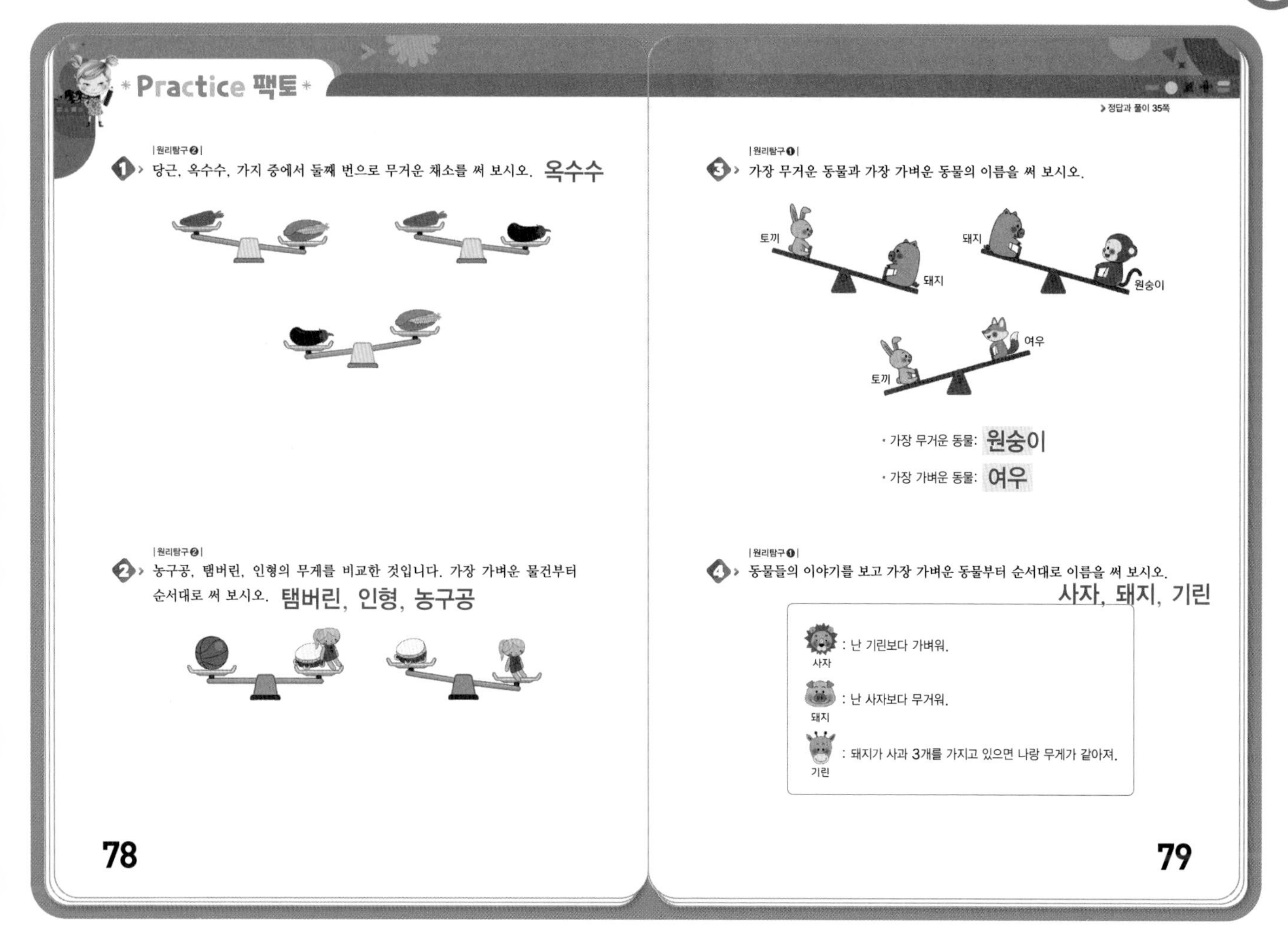

Practice 팩토
정답과 풀이 35쪽
원리탐구❷
1 당근, 옥수수, 가지 중에서 둘째 번으로 무거운 채소를 써 보시오. 옥수수
원리탐구❷
2 농구공, 탬버린, 인형의 무게를 비교한 것입니다. 가장 가벼운 물건부터 순서대로 써 보시오. 탬버린, 인형, 농구공
원리탐구❶
3 가장 무거운 동물과 가장 가벼운 동물의 이름을 써 보시오.
토끼
돼지
돼지
원숭이
토끼
여우
• 가장 무거운 동물: 원숭이
• 가장 가벼운 동물: 여우
원리탐구❶
4 동물들의 이야기를 보고 가장 가벼운 동물부터 순서대로 이름을 써 보시오. 사자, 돼지, 기린
사자 : 난 기린보다 가벼워.
돼지 : 난 사자보다 무거워.
기린 : 돼지가 사과 3개를 가지고 있으면 나랑 무게가 같아져.
78
79

1 옥수수는 당근보다 더 무겁고, 가지는 옥수수보다 더 무겁습니다.
따라서 가지, 옥수수, 당근 순서로 무거우므로 둘째 번으로 무거운 채소는 옥수수입니다.

2 농구공은 탬버린과 인형을 합한 무게와 같습니다. 따라서 농구공이 가장 무겁습니다. 탬버린과 인형 중에서 탬버린이 더 가벼우므로 가벼운 순서는 탬버린, 인형, 농구공입니다.

3
- 토끼는 돼지보다 더 가볍고, 돼지는 원숭이보다 더 가볍습니다. ➡ 원숭이 > 돼지 > 토끼
- 토끼는 여우보다 무겁습니다. ➡ 토끼 > 여우

따라서 무거운 순서는 원숭이, 돼지, 토끼, 여우이므로 가장 무거운 동물은 원숭이이고, 가장 가벼운 동물은 여우입니다.

4 각 동물의 이야기를 그림으로 나타내면 다음과 같습니다.

➡ ①과 ②시소에서 사자는 기린과 돼지보다 더 가벼우므로 가장 가벼운 동물은 사자입니다.

③ : 돼지가 사과 3개를 가지고 있으면 나랑 무게가 같아져.

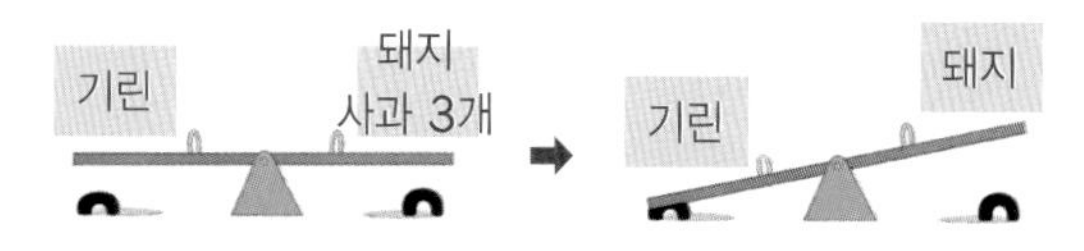

➡ ③시소에서 기린은 돼지보다 더 무겁습니다.

따라서 가장 가벼운 동물은 사자이고, 가장 무거운 동물은 기린입니다.

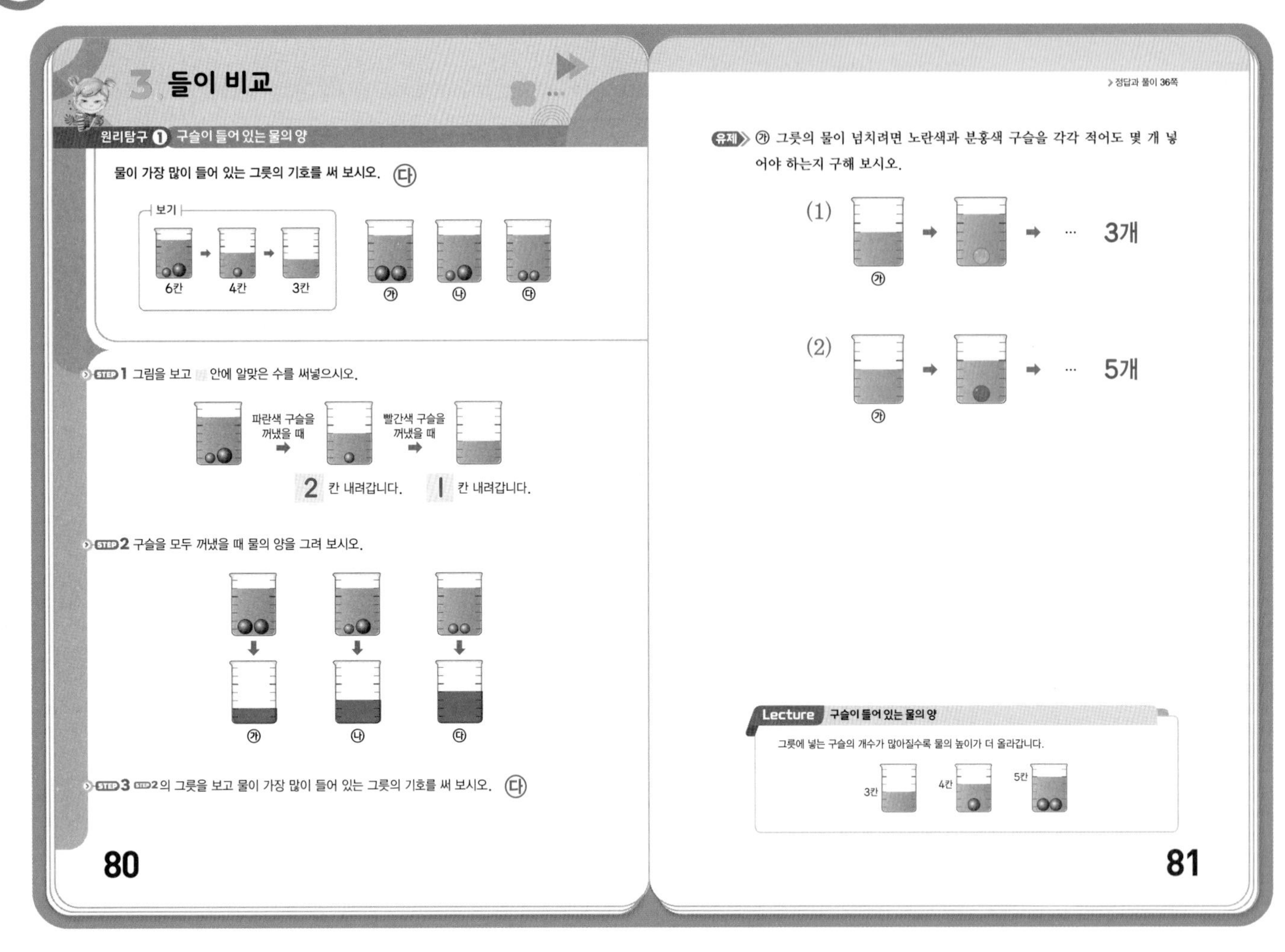

3 들이 비교
원리탐구 ① 구슬이 들어 있는 물의 양
물이 가장 많이 들어 있는 그릇의 기호를 써 보시오. ㈐
보기
6칸
4칸
3칸
㉮
㉯
㉰
STEP 1 그림을 보고 안에 알맞은 수를 써넣으시오.
파란색 구슬을 꺼냈을 때
빨간색 구슬을 꺼냈을 때
2 칸 내려갑니다.
1 칸 내려갑니다.
STEP 2 구슬을 모두 꺼냈을 때 물의 양을 그려 보시오.
㉮
㉯
㉰
STEP 3 STEP 2의 그릇을 보고 물이 가장 많이 들어 있는 그릇의 기호를 써 보시오. ㈐
80
정답과 풀이 36쪽
유제 ㉮ 그릇의 물이 넘치려면 노란색과 분홍색 구슬을 각각 적어도 몇 개 넣어야 하는지 구해 보시오.
(1)
3개
(2)
5개
Lecture 구슬이 들어 있는 물의 양
그릇에 넣는 구슬의 개수가 많아질수록 물의 높이가 더 올라갑니다.
3칸
4칸
5칸
81

원리탐구 ①

STEP 1 파란색 구슬을 꺼내면 물의 높이가 2칸 내려가고, 빨간색 구슬을 꺼내면 물의 높이가 1칸 내려갑니다.

STEP 2 ㉮: 파란색 구슬 2개를 꺼냈으므로 물의 높이는 4칸 내려갑니다.
㉯: 파란색 구슬 1개, 빨간색 구슬 1개를 꺼냈으므로 물의 높이는 3칸 내려갑니다.
㉰: 빨간색 구슬 2개를 꺼냈으므로 물의 높이는 2칸 내려갑니다.

STEP 3 물이 높이가 ㉮는 2칸, ㉯는 3칸, ㉰는 4칸이므로 물이 가장 많이 들어 있는 그릇은 ㉰입니다.

유제 (1) 노란색 구슬을 1개 넣으면 물의 높이가 2칸 올라가므로 물이 넘치려면 적어도 노란색 구슬을 3개 넣어야 합니다.

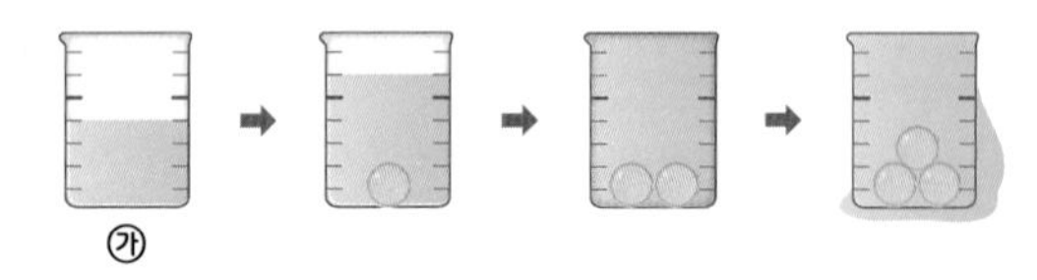

(2) 분홍색 구슬을 1개 넣으면 물의 높이가 1칸 올라가므로 물이 넘치려면 적어도 분홍색 구슬을 5개 넣어야 합니다.

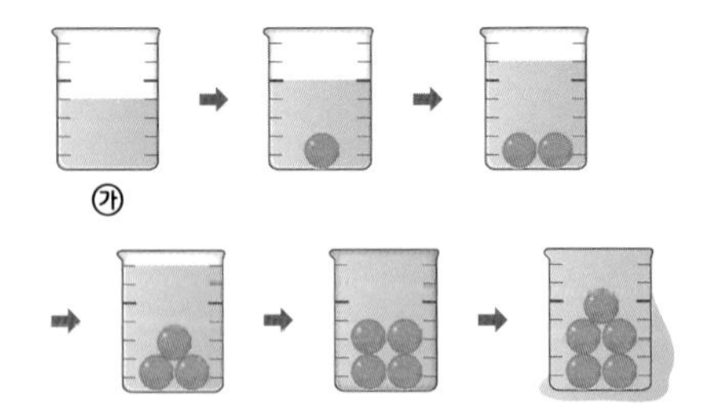

TIP 물의 높이와 그릇의 높이가 같으면 물이 넘치지 않습니다.

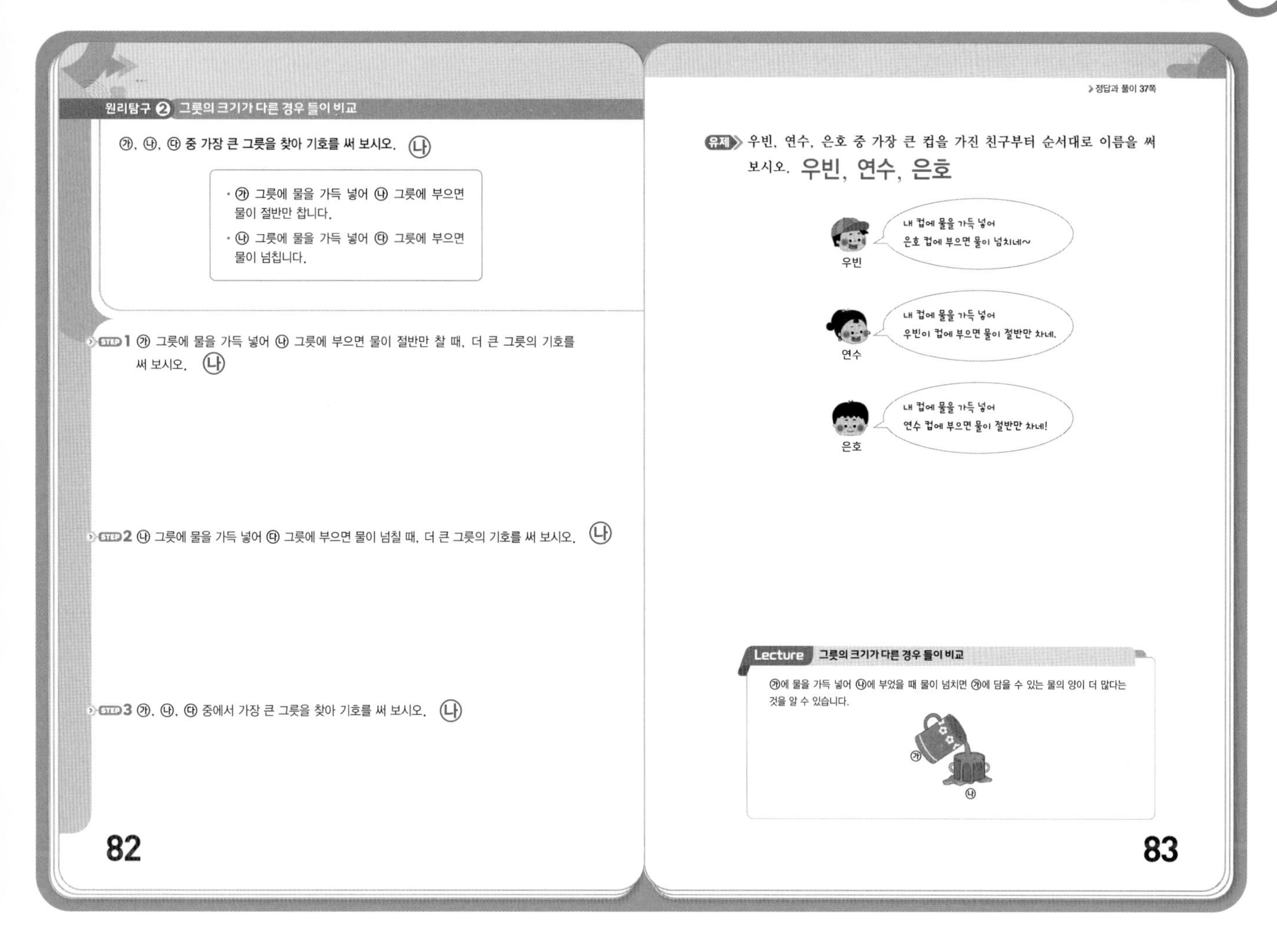

원리탐구 ❷ 그릇의 크기가 다른 경우 들이 비교
㉮, ㉯, ㉰ 중 가장 큰 그릇을 찾아 기호를 써 보시오. ㉯
• ㉮ 그릇에 물을 가득 넣어 ㉯ 그릇에 부으면 물이 절반만 찹니다.
• ㉯ 그릇에 물을 가득 넣어 ㉰ 그릇에 부으면 물이 넘칩니다.
STEP 1 ㉮ 그릇에 물을 가득 넣어 ㉯ 그릇에 부으면 물이 절반만 찰 때, 더 큰 그릇의 기호를 써 보시오. ㉯
STEP 2 ㉯ 그릇에 물을 가득 넣어 ㉰ 그릇에 부으면 물이 넘칠 때, 더 큰 그릇의 기호를 써 보시오. ㉯
STEP 3 ㉮, ㉯, ㉰ 중에서 가장 큰 그릇을 찾아 기호를 써 보시오. ㉯
82
정답과 풀이 37쪽
유제 우빈, 연수, 은호 중 가장 큰 컵을 가진 친구부터 순서대로 이름을 써 보시오. 우빈, 연수, 은호
내 컵에 물을 가득 넣어 은호 컵에 부으면 물이 넘치네~
우빈
내 컵에 물을 가득 넣어 우빈이 컵에 부으면 물이 절반만 차네.
연수
내 컵에 물을 가득 넣어 연수 컵에 부으면 물이 절반만 차네!
은호
Lecture 그릇의 크기가 다른 경우 들이 비교
㉮에 물을 가득 넣어 ㉯에 부었을 때 물이 넘치면 ㉮에 담을 수 있는 물의 양이 더 많다는 것을 알 수 있습니다.
83

원리탐구 ❷

STEP 1 ㉮ 그릇에 가득 채운 물이 ㉯ 그릇에 절반만 차므로 ㉯ 그릇이 더 큽니다.

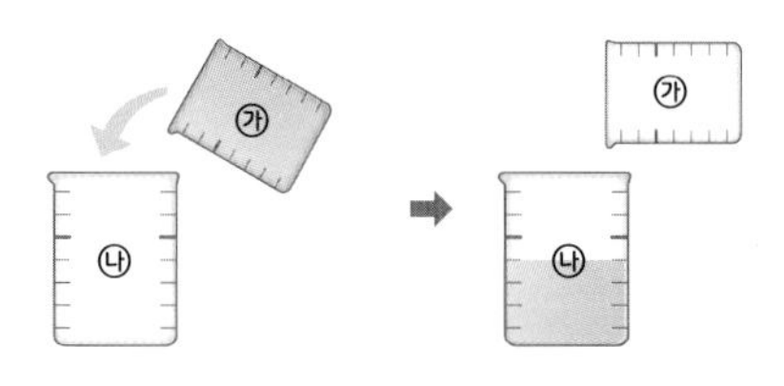

STEP 2 ㉯ 그릇에 가득 채운 물이 ㉰ 그릇에 넘치므로 ㉯ 그릇이 더 큽니다.

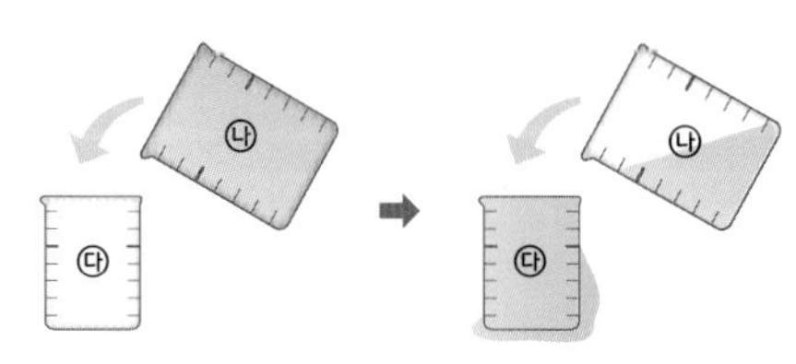

STEP 3 ㉯ 그릇은 ㉮ 그릇, ㉰ 그릇보다 크므로 가장 큰 그릇은 ㉯ 그릇입니다.

유제
- 우빈이 컵에 물을 가득 넣어 은호 컵에 부으면 물이 넘치므로 우빈이 컵이 은호 컵보다 더 큽니다.
- 연수 컵에 물을 가득 넣어 우빈이 컵에 부으면 물이 절반만 차므로 우빈이 컵이 연수 컵보다 더 큽니다.
- 은호 컵에 물을 가득 넣어 연수 컵에 부으면 물이 절반만 차므로 연수 컵이 은호 컵보다 더 큽니다.

따라서 큰 컵을 가지고 있는 순서는 우빈, 연수, 은호입니다.

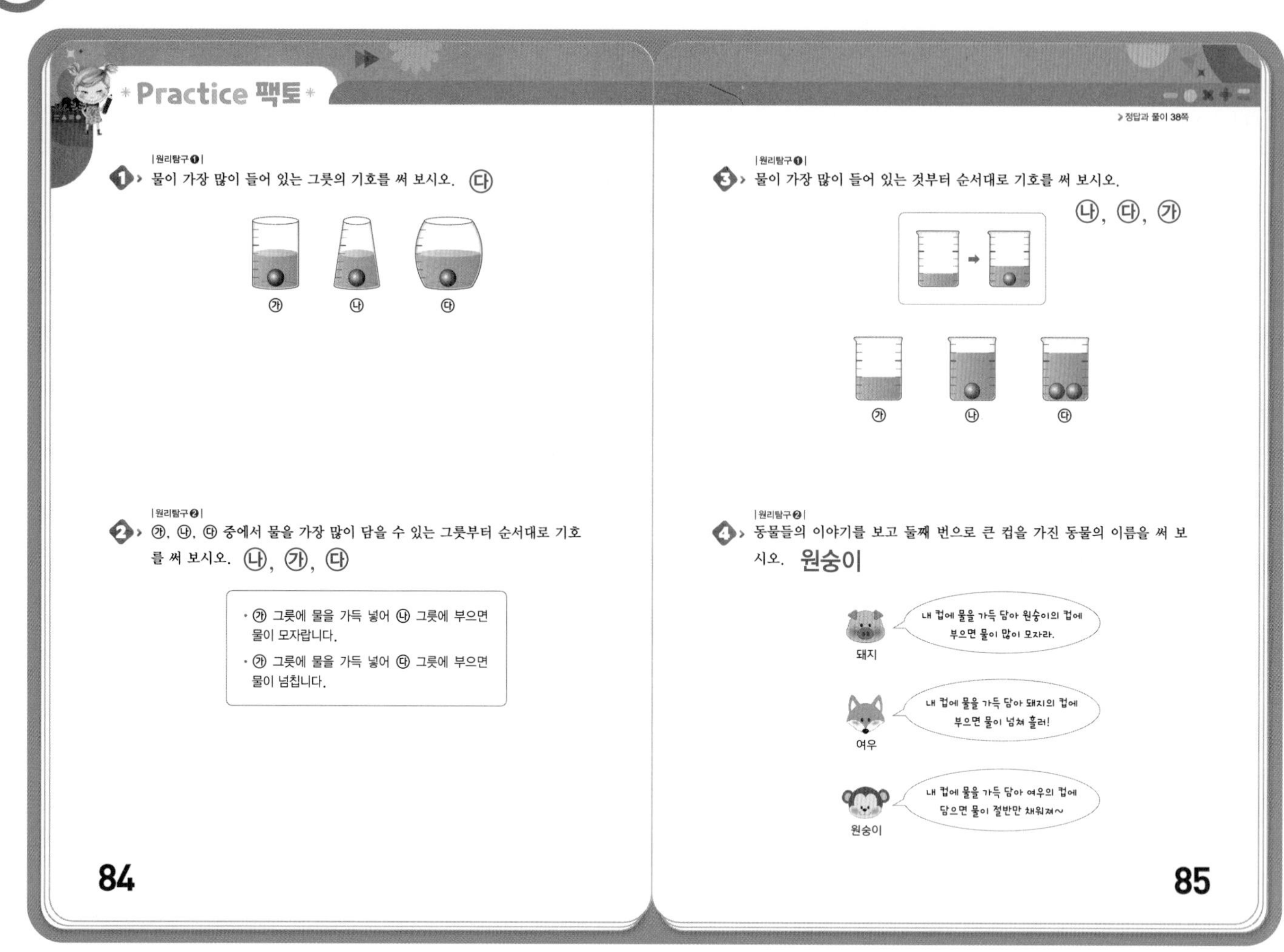

Practice 팩토
정답과 풀이 38쪽
|원리탐구❶|
1 물이 가장 많이 들어 있는 그릇의 기호를 써 보시오. ㉰
㉮ ㉯ ㉰
|원리탐구❷|
2 ㉮, ㉯, ㉰ 중에서 물을 가장 많이 담을 수 있는 그릇부터 순서대로 기호를 써 보시오. ㉯, ㉮, ㉰
• ㉮ 그릇에 물을 가득 넣어 ㉯ 그릇에 부으면 물이 모자랍니다.
• ㉮ 그릇에 물을 가득 넣어 ㉰ 그릇에 부으면 물이 넘칩니다.
84
|원리탐구❶|
3 물이 가장 많이 들어 있는 것부터 순서대로 기호를 써 보시오.
㉯, ㉰, ㉮
㉮ ㉯ ㉰
|원리탐구❷|
4 동물들의 이야기를 보고 둘째 번으로 큰 컵을 가진 동물의 이름을 써 보시오. 원숭이
내 컵에 물을 가득 담아 원숭이의 컵에 부으면 물이 많이 모자라.
돼지
내 컵에 물을 가득 담아 돼지의 컵에 부으면 물이 넘쳐 흘러!
여우
내 컵에 물을 가득 담아 여우의 컵에 담으면 물이 절반만 채워져~
원숭이
85

1 물의 높이와 물에 들어 있는 구슬의 개수가 같을 때, 그릇이 클수록 물이 더 많이 들어 있습니다.

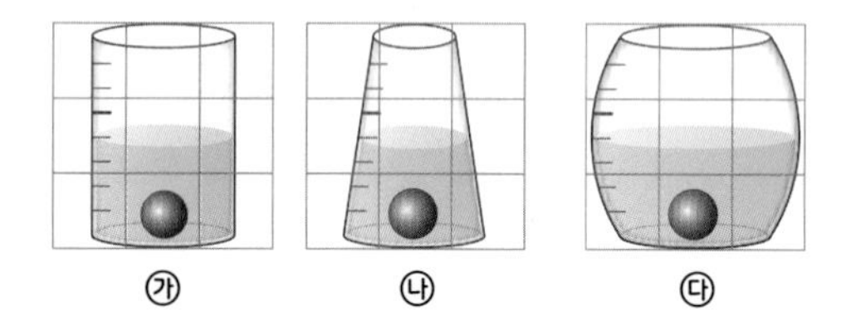

2 ㉮ 그릇에 가득 채운 물이 ㉯ 그릇에서는 모자라므로 ㉯ 그릇이 더 큽니다.

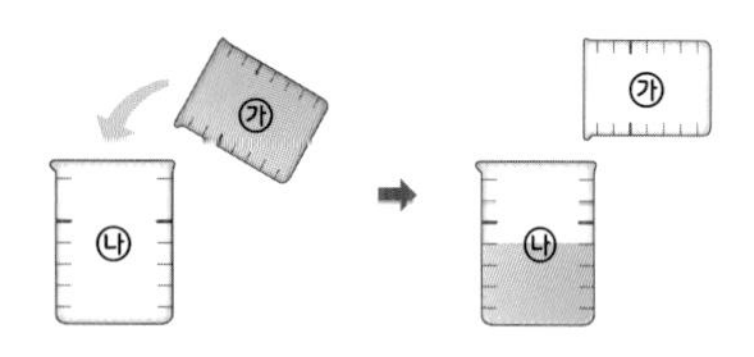

㉮ 그릇에 가득 채운 물이 ㉰ 그릇에 부으면 넘치므로 ㉮ 그릇이 더 큽니다.

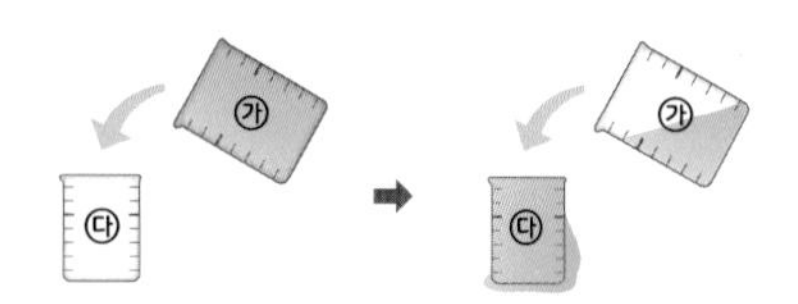

따라서 물을 많이 담을 수 있는 순서는 ㉯, ㉮, ㉰입니다.

3 구슬 1개를 넣으면 물의 높이는 1칸 높아집니다. 구슬을 꺼낸 후의 그림을 그립니다.

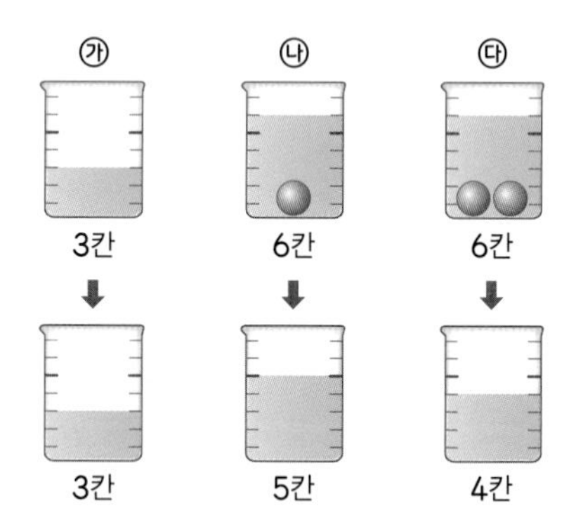

물이 많이 들어 있는 순서는 ㉯, ㉰, ㉮입니다.

4 • 돼지의 컵에 물을 가득 담아 원숭이의 컵에 담으면 물이 모자라므로 돼지의 컵은 원숭이의 컵보다 더 작습니다.
• 여우의 컵에 물을 가득 담아 돼지의 컵에 담으면 물이 넘치므로 여우의 컵은 돼지의 컵보다 더 큽니다.
• 원숭이의 컵에 물을 가득 담아 여우의 컵에 담으면 물이 절반만 채워지므로 원숭이의 컵이 여우의 컵보다 더 작습니다.

따라서 큰 컵을 가진 동물의 순서는 여우, 원숭이, 돼지이므로 둘째 번으로 큰 컵을 가진 동물은 원숭이입니다.

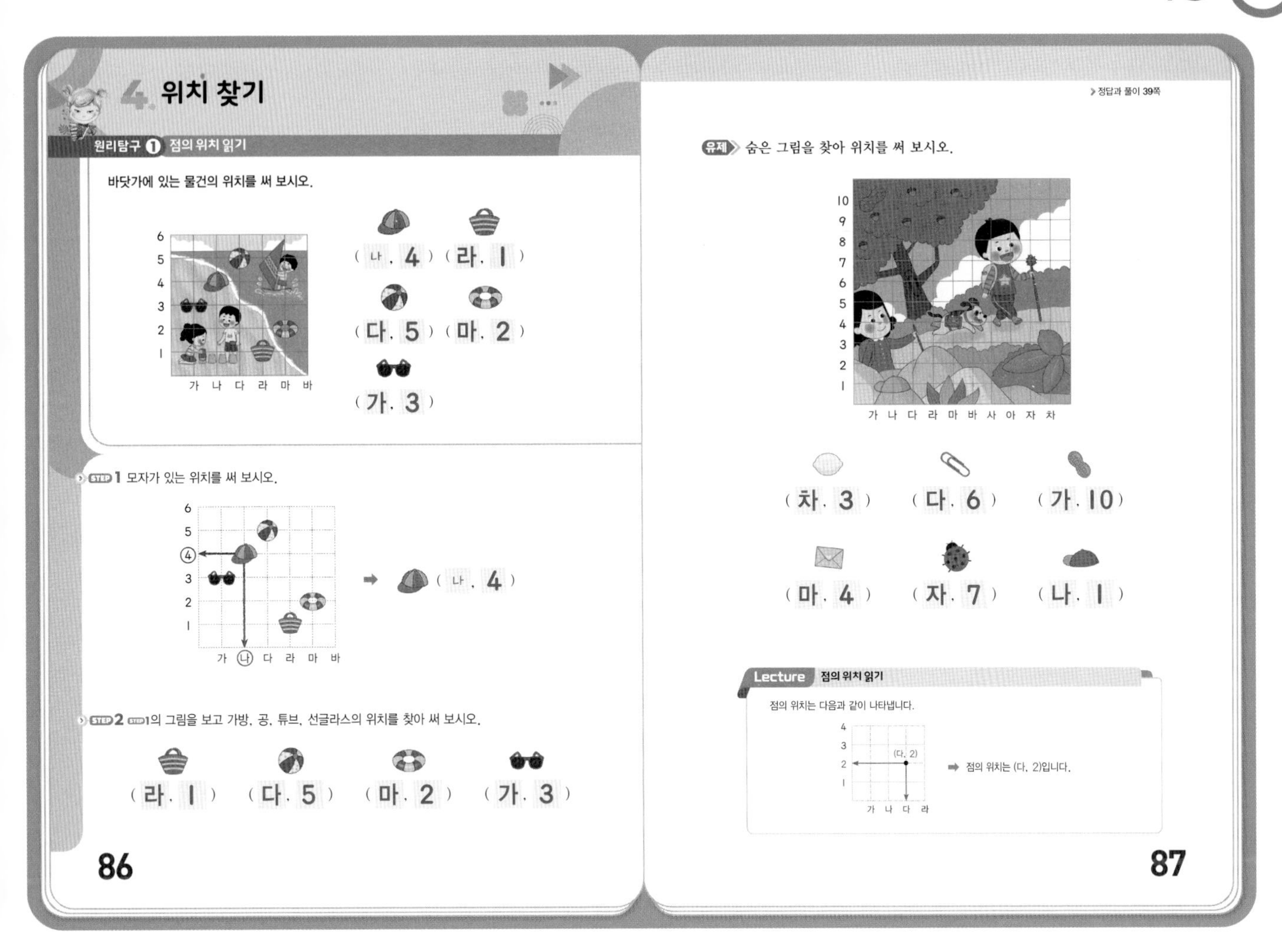

원리탐구 ①

STEP 1 모자가 있는 위치를 (글자, 숫자) 순서로 씁니다.

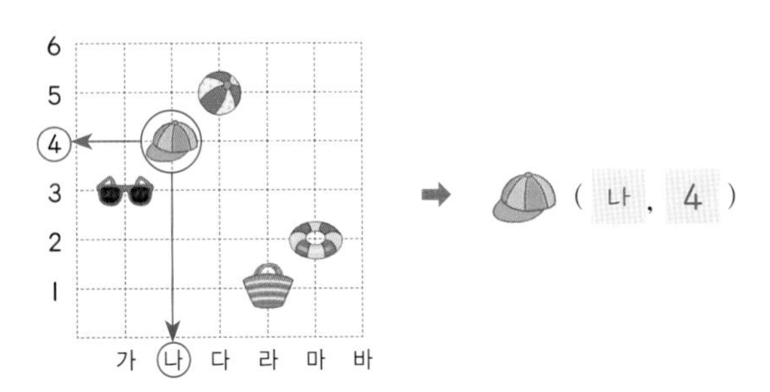

STEP 2 바닷가에 나머지 물건의 위치를 (글자, 숫자) 순서로 씁니다.

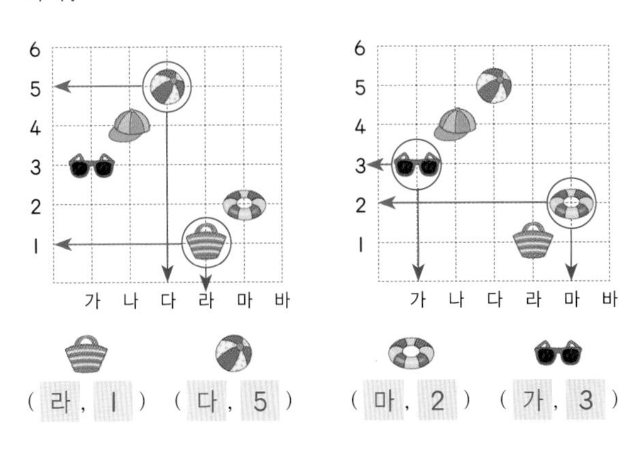

유제 숨은 그림에 ○표 하여 위치를 찾아봅니다.

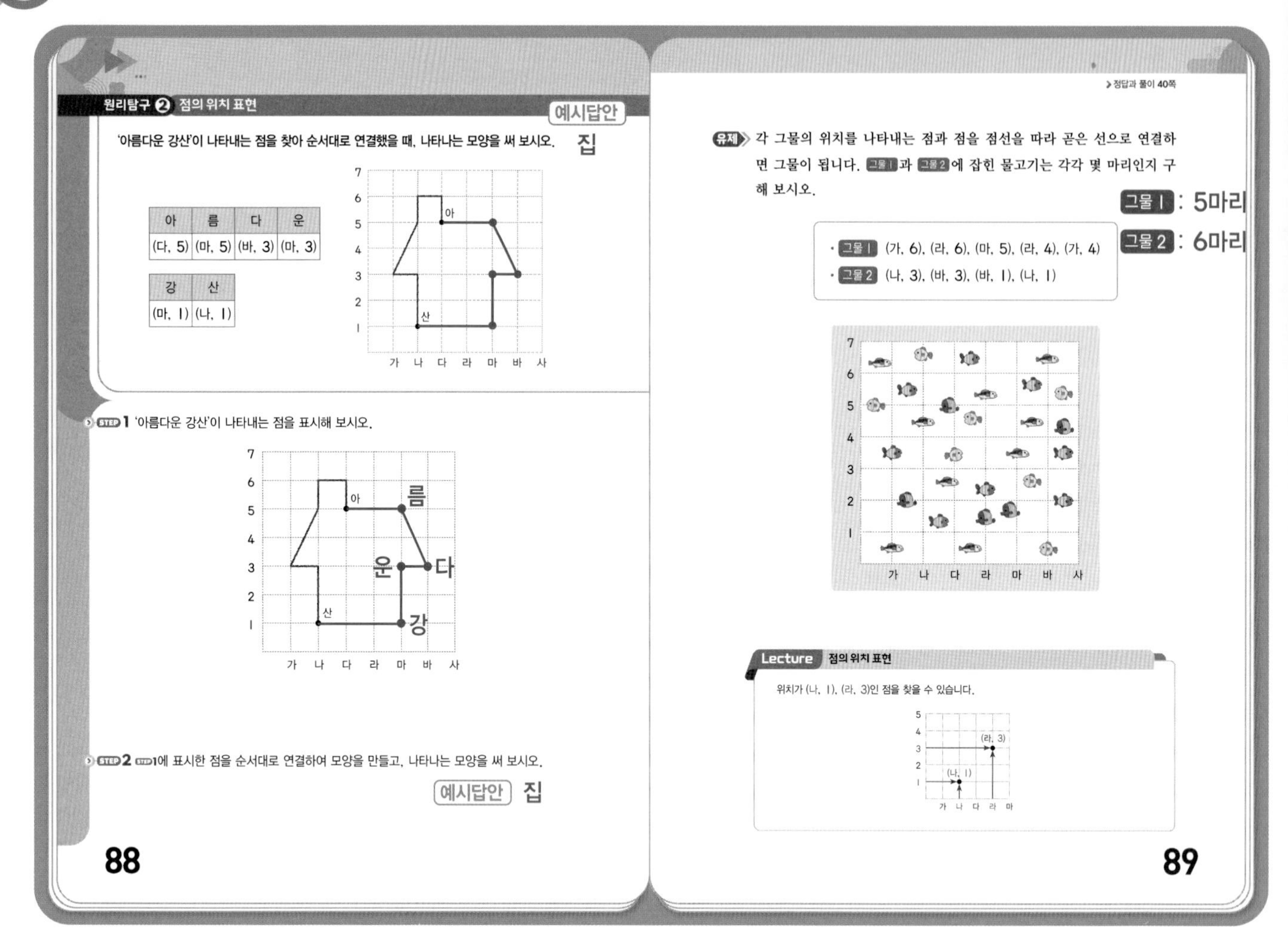

원리탐구 ❷

STEP 1 (글자, 숫자) 순서로 찾아봅니다.

STEP 2 '아름다운 강산'을 순서대로 연결해 보면 집 모양이 나타납니다.

유제 그물 1과 그물 2가 있는 위치를 (글자, 숫자) 순서로 찾고 선을 연결하면 다음과 같습니다.

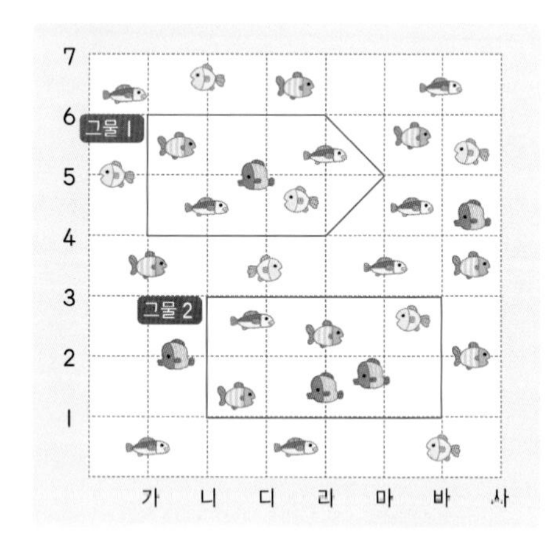

그물 1에 잡힌 물고기는 5마리이고, 그물 2에 잡힌 물고기는 6마리입니다.

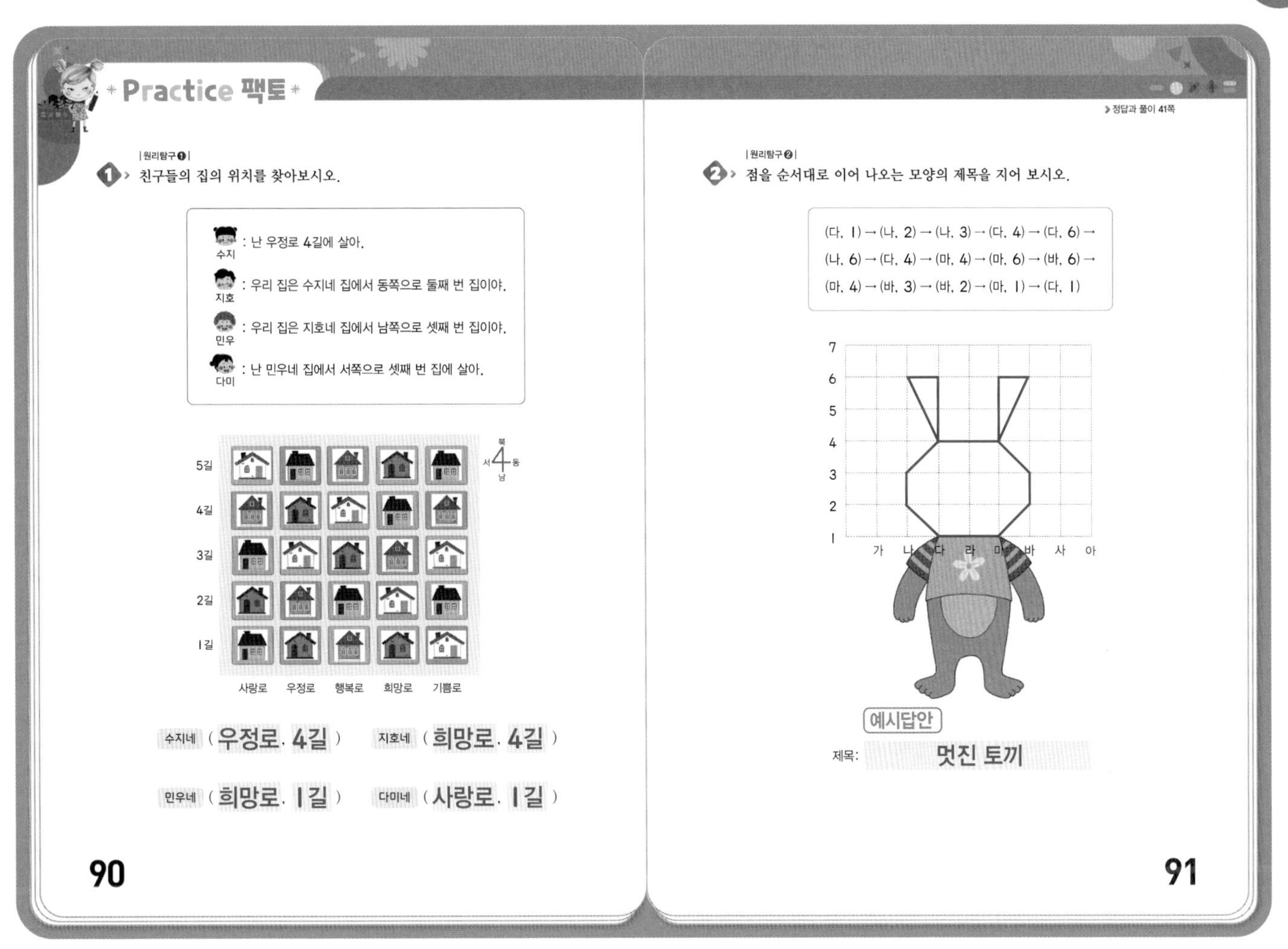

Practice 팩토

▸ 정답과 풀이 41쪽

|원리탐구 ❶|

❶ 친구들의 집의 위치를 찾아보시오.

수지: 난 우정로 4길에 살아.
지호: 우리 집은 수지네 집에서 동쪽으로 둘째 번 집이야.
민우: 우리 집은 지호네 집에서 남쪽으로 셋째 번 집이야.
다미: 난 민우네 집에서 서쪽으로 셋째 번 집에 살아.

5길 4길 3길 2길 1길
사랑로 우정로 행복로 희망로 기쁨로
북 서 동 남

수지네 (우정로, 4길)　지호네 (희망로, 4길)

민우네 (희망로, 1길)　다미네 (사랑로, 1길)

90

|원리탐구 ❷|

❷ 점을 순서대로 이어 나오는 모양의 제목을 지어 보시오.

(다, 1) → (나, 2) → (나, 3) → (다, 4) → (다, 6) →
(나, 6) → (다, 4) → (마, 4) → (마, 6) → (바, 6) →
(마, 4) → (바, 3) → (바, 2) → (마, 1) → (다, 1)

7 6 5 4 3 2 1
가 나 다 라 마 바 사 아

예시답안

제목: 멋진 토끼

91

❶ 수지, 지호, 민우, 다미네 집을 순서대로 찾아 지도에 표시합니다.

❷ 점을 이어 나온 그림을 보고 재미있는 제목을 지어 봅니다.

TIP 제목을 정하고, 관련된 이야기를 만들어 설명해 보는 활동을 진행해도 좋습니다.

Creative 팩토

정답과 풀이 42쪽

01 곰 인형, 모자, 축구공 중에서 가장 무거운 물건부터 순서대로 써 보시오. 축구공, 곰 인형, 모자

02 크기가 같은 상자를 2가지 방법으로 묶었습니다. 끈이 더 많이 사용된 상자의 기호를 써 보시오. (단, 묶은 리본의 길이는 같습니다.) ㉯

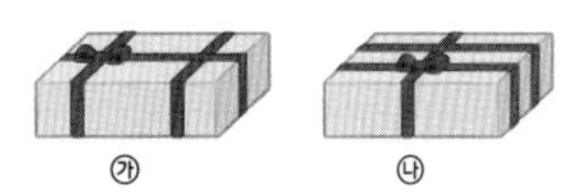

03 파란색, 노란색, 초록색, 보라색 새 중에서 가장 가벼운 새부터 순서대로 써 보시오. 노란색, 파란색, 초록색, 보라색

04 ①번부터 ⑥번까지 컵 6개에 물이 담겨 있습니다. 가장 큰 컵의 번호를 써 보시오. ④

- ①번, ②번, ③번 컵 중에서 ③번 컵에 물이 가장 많이 담겨 있습니다.
- ①번, ②번, ⑥번 컵 중에서 ②번 컵에 물이 가장 많이 담겨 있습니다.
- ③번, ④번, ⑤번 컵 중에서 ④번 컵에 물이 가장 많이 담겨 있습니다.

92 93

01 곰 인형과 축구공은 모자보다 더 무겁고, 축구공은 곰 인형보다 더 무겁습니다.
따라서 무거운 순서는 축구공, 곰 인형, 모자입니다.

02 색칠된 부분의 개수를 세어 보고, 같은 개수만큼 지워 비교합니다.

	㉮	㉯
상자	2	4
상자	4	2
상자	6	6

→

	㉮	㉯
상자	~~2~~0	~~4~~2
상자	~~4~~2	~~2~~0
상자	~~6~~0	~~6~~0

→

	㉮	㉯
상자	0	2
상자	2	0
상자	0	0

03 ㉮와 ㉯ 저울에서 (노란색 새)는 (파란색 새)와 (초록색 새)보다 더 가볍습니다.
㉱ 저울에서 (초록색 새)는 (파란색 새)보다 더 무겁고, ㉰ 저울에서는 (보라색 새)가 (초록색 새)보다 무겁습니다.
따라서 가벼운 순서는 (노란색 새), (파란색 새), (초록색 새), (보라색 새) 입니다.

04
- ①번, ②번, ③번 컵 중에서 ③번 컵에 물이 가장 많이 담겨 있습니다. ➡ ③번 컵이 가장 큽니다.
- ①번, ②번, ⑥번 컵 중에서 ②번 컵에 물이 가장 많이 담겨 있습니다. ➡ ②번 컵이 가장 큽니다.

따라서 ①, ②, ③, ⑥번 컵 중에서 ③번 컵이 더 큽니다.

- ③번, ④번, ⑤번 컵 중에서 ④번 컵에 물이 가장 많이 담겨 있습니다. ➡ ④번 컵이 가장 큽니다.

따라서 ④번 컵이 ③번 컵보다 더 크므로 6개의 컵 중에서 가장 큰 컵은 ④번 컵입니다.

정답과 풀이 43쪽

01 다음은 여러 가지 물건의 무게를 비교한 것입니다.

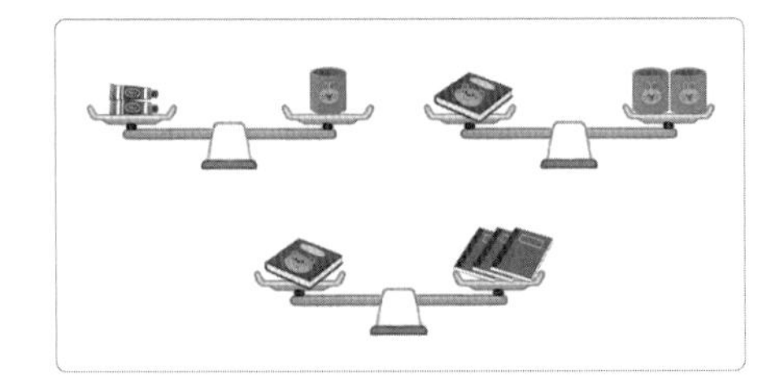

위의 그림을 이용하여 빈 곳에 알맞은 물건의 개수를 써 보시오.

(1) 물감 4 개

(2) 물감 4 개

(3) 연필꽂이 2 개

(4) 물감 4 개

02 바둑판에 여러 색깔 바둑돌이 놓여 있습니다. 물음에 답해 보시오.

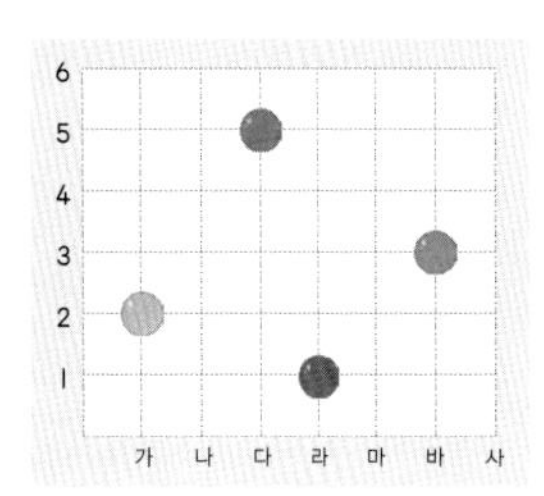

(1) 각 바둑돌이 있는 위치를 써 보시오.

(가 , 2) (다 , 5) (바 , 3) (라 , 1)

(2) 각 바둑돌을 조건 에 맞게 옮겨 놓았습니다. 옮겨 놓은 바둑돌의 위치를 써 보시오.

색깔 바둑돌	조건	도착한 위치
	(오른쪽 1칸, 위로 1칸) 이동	➡ (나 , 3)
	(왼쪽 1칸, 아래로 1칸) 이동	➡ (나 , 4)
	(왼쪽 3칸, 아래로 2칸) 이동	➡ (다 , 1)
	(오른쪽 2칸, 위로 4칸) 이동	➡ (바 , 5)

94 95

01 (1)

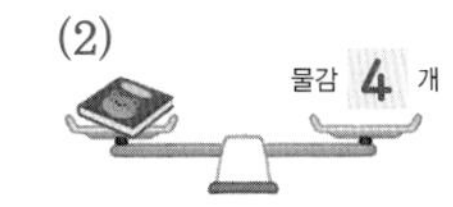

(2)

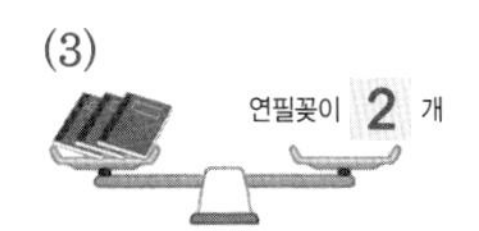

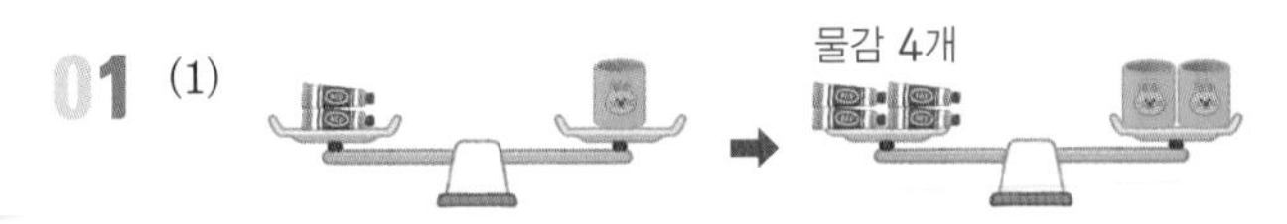

(3)

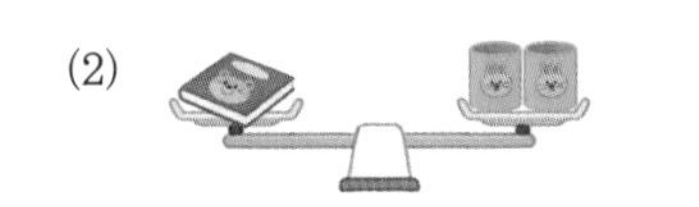

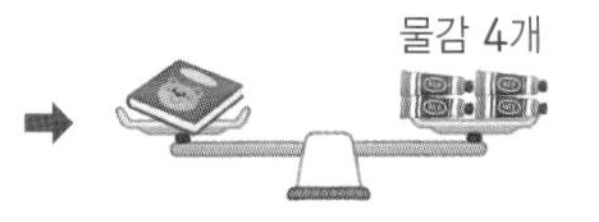

(4)

02 (1) 구슬이 있는 위치를 (글자, 숫자) 순서로 씁니다.

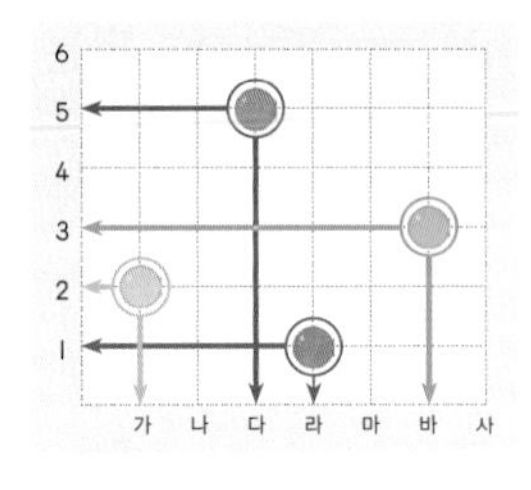

(2) 구슬을 조건 에 맞게 옮겨 놓고, 위치를 (글자, 숫자) 순서로 씁니다.

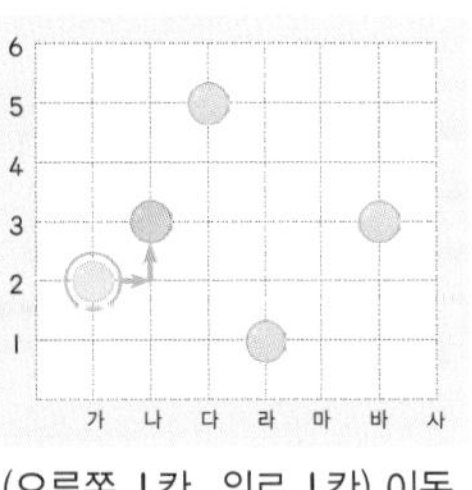

(오른쪽 1칸, 위로 1칸) 이동
➡ (나 , 3)

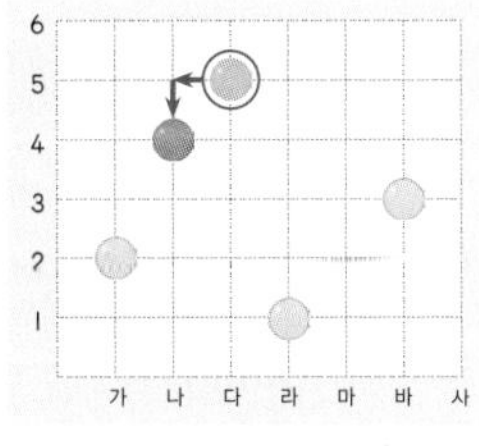

(왼쪽 1칸, 아래로 1칸) 이동
➡ (나 , 4)

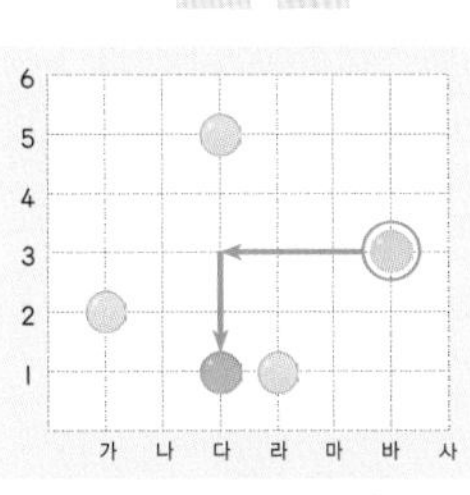

(왼쪽 3칸, 아래로 2칸) 이동
➡ (다 , 1)

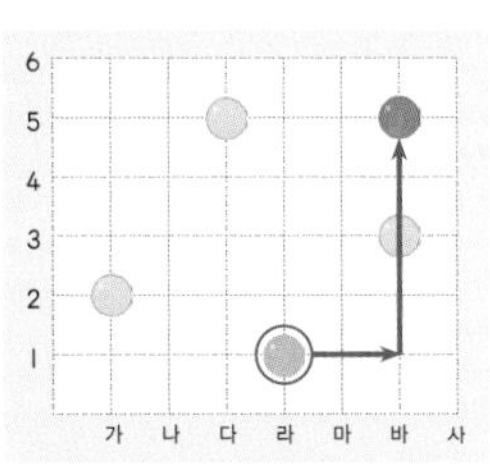

(오른쪽 2칸, 위로 4칸) 이동
➡ (바 , 5)

평가

형성평가 수 영역

01 다음은 고대 중국 수입니다. ☐ 안에 알맞은 고대 중국 수를 써넣으시오.

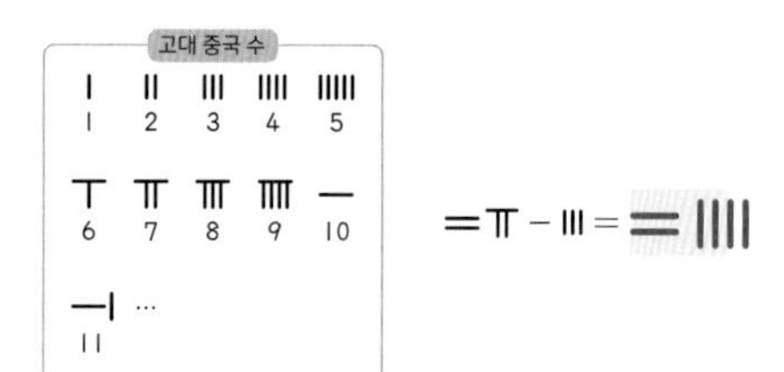

02 20에서 막대 1개를 옮겨 만들 수 있는 가장 큰 수를 써 보시오.

03 양면이 오른쪽과 같은 카드 5장을 주어진 횟수만큼 각각 뒤집으면, 그림면과 숫자면 중 어느 면이 더 적게 되는지 써 보시오. 그림면

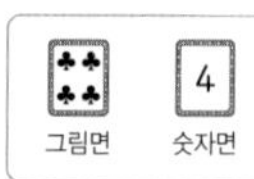

04 주어진 4장의 숫자 카드를 모두 사용하여 만들 수 있는 수 중에서 둘째 번으로 작은 수를 구해 보시오. 4096

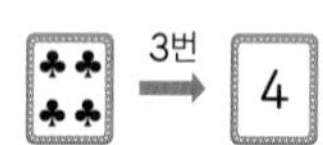
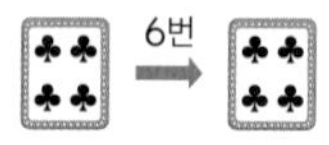

01 =Ⅲ는 27, Ⅲ는 3을 나타냅니다.
=Ⅲ−Ⅲ=27−3=24 → =ⅢI

02 일의 자리 숫자 0에서 막대 1개를 옮겨서 다른 숫자를 만들어 봅니다.

0 → 6, 0 → 9

십의 자리 숫자 2에서 막대 1개를 옮겨서 다른 숫자를 만들어 봅니다.

2 → 3

따라서 20에서 막대 1개를 옮겨서 만들 수 있는 가장 큰 수는 30입니다.

03 카드를 홀수 번 뒤집으면 처음과 다른 면이 나오고, 짝수 번 뒤집으면 처음과 같은 면이 나옵니다.

그림면 —3번→ 4, 그림면 —6번→ 그림면
4 —10번→ 4, 그림면 —7번→ 4
4 —9번→ 그림면

따라서 그림면은 2개, 숫자면은 3개가 되므로 더 적은 것은 그림면입니다.

04 가장 작은 수부터 만들어 보면 4069, 4096…이므로 둘째 번으로 작은 수는 4096입니다.

형성평가 수 영역

05 민호는 종이에 다음과 같은 덧셈식과 뺄셈식을 썼습니다. 민호가 쓴 식에서 숫자의 개수는 모두 몇 개인지 구해 보시오. 11개

15+20=35
17-13=4

06 50에서 막대 1개를 더해서 서로 다른 수 3개를 만들어 보시오.

68

↑ 1개 더하기

58 ← 1개 더하기 50 1개 더하기 → 98

07 아빠, 엄마, 민기, 예은이의 나이의 합은 홀수입니다. 내년에 네 사람의 나이의 합은 짝수입니까? 홀수입니까? 홀수

08 민주와 재윤이가 설명하고 있는 수를 모두 찾아 써 보시오. 11, 22, 33

민주: 40보다 작은 두 자리 수야.

재윤: 십의 자리 숫자와 일의 자리 숫자는 같아.

05 식 15+20=35에서 숫자는 1, 5, 2, 0, 3, 5이므로 6개, 식 17-13=4에서 숫자는 1, 7, 1, 3, 4이므로 5개입니다.
따라서 숫자의 개수는 모두 6+5=11(개)입니다.

06

68

↑ 1개 더하기

58 ← 1개 더하기 50 1개 더하기 → 98

07 아빠, 엄마, 민기, 예은이의 나이의 합은 홀수입니다.
내년이 되면 네 사람의 나이의 합은 올해보다 4살 더 많아집니다.
(올해 나이의 합)+4 ➡ (홀수)+(짝수)=(홀수)
따라서 내년에 네 사람의 나이의 합은 홀수입니다.

08 십의 자리 숫자와 일의 자리 숫자가 같은 수는 11, 22, 33, 44…이고, 이 중 40보다 작은 두 자리 수는 11, 22, 33입니다.

형성평가 수 영역

09 4장의 숫자 카드 중 2장을 사용하여 30보다 큰 두 자리 수를 만들려고 합니다. 만들 수 있는 수는 모두 몇 개인지 구해 보시오. 6개

3 1 2 7

10 다음 조건 에 맞는 수를 찾아 써 보시오. 20

조건
① 두 자리 수입니다.
② 10보다 큰 수입니다.
③ 30보다 작은 수입니다.
④ 십의 자리 수가 일의 자리 수보다 2만큼 큽니다.

수고하셨습니다!

6

정답과 풀이 44쪽

09 30보다 큰 두 자리 수 중 십의 자리 숫자가 3인 수는 31, 32, 37이고, 십의 자리 숫자가 7인 수는 71, 72, 73입니다.
따라서 만들 수 있는 수는 모두 6개입니다.

10 10보다 크고 30보다 작은 두 자리 수는 11, 12…, 28, 29입니다.
이 중 십의 자리 수가 일의 자리 수보다 2만큼 큰 수는 20입니다.

형성평가 퍼즐 영역

01 노노그램의 |규칙|에 따라 빈칸을 알맞게 색칠해 보시오.

|규칙|
① 위에 있는 수는 세로줄에 연속하여 색칠된 칸의 수를 나타냅니다.
② 왼쪽에 있는 수는 가로줄에 연속하여 색칠된 칸의 수를 나타냅니다.

02 노노그램 미로의 |규칙|에 따라 원숭이가 바나나가 있는 곳까지 가는 길을 그려 보시오.

|규칙|
① 위와 왼쪽에 있는 수는 원숭이가 각 줄에 지나가야 하는 방의 개수를 나타냅니다.
② 한 번 지나간 방은 다시 지나갈 수 없습니다.

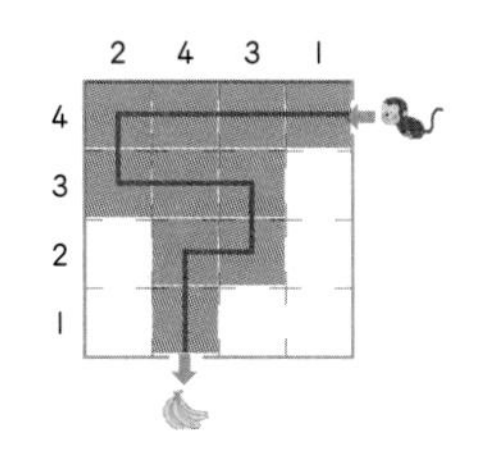

03 스도쿠의 |규칙|에 따라 빈칸에 알맞은 수를 써넣으시오.

|규칙|
① 가로줄의 각 칸에 주어진 수가 한 번씩만 들어갑니다.
② 세로줄의 각 칸에 주어진 수가 한 번씩만 들어갑니다.

1, 2, 3

1	3	2
2	1	3
3	2	1

04 캔캔 퍼즐의 |규칙|에 따라 빈칸에 알맞은 수를 써넣으시오.

|규칙|
① 작은 수는 굵은 선으로 둘러싸인 블록 안에 들어갈 수들의 합을 나타냅니다.
② 가로줄과 세로줄의 각 칸에 1부터 3까지의 수가 한 번씩만 들어갑니다.

5 2	3	1 1
5 3	1	5 2
1	2 2	3

01 전략 순서에 따라 반드시 채워야 하는 칸부터 색칠하고, 색칠하지 않아야 하는 칸에는 ×표 해 가며 퍼즐을 해결합니다.

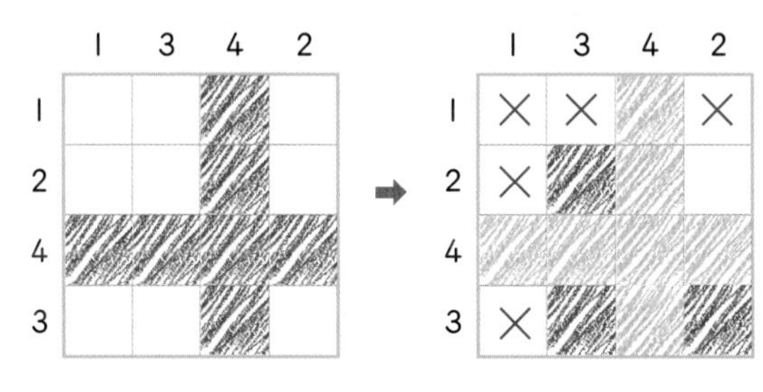

02

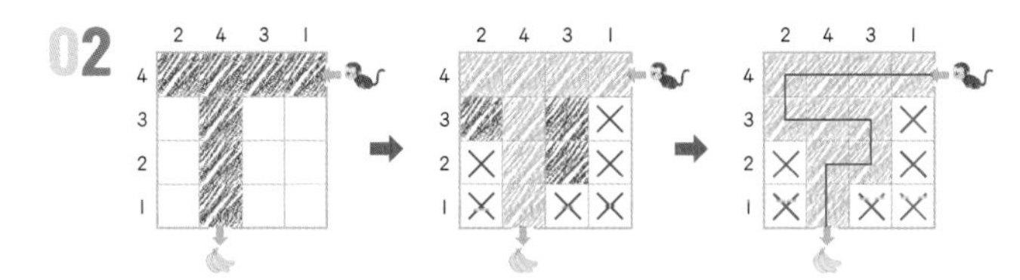

03 각 줄에서 1부터 3까지 수 중 빠진 수를 찾아 써넣습니다.

1	3	2
2		
3		

➡

1	3	2
2	1	3
3	2	1

04

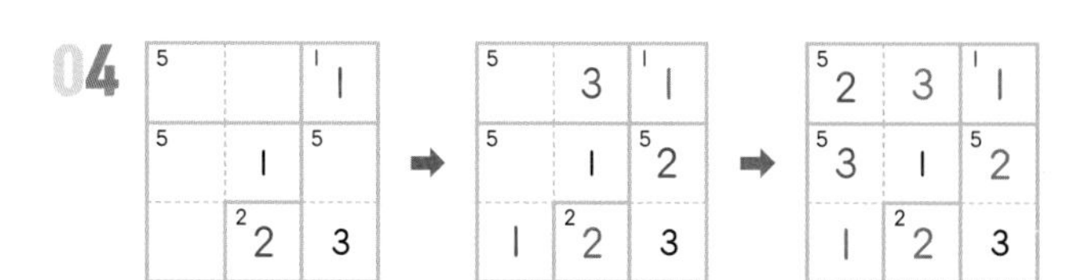

형성평가 퍼즐 영역

05 틱택 로직의 규칙에 따라 빈칸에 ○, ×를 알맞게 그려 보시오.

규칙
① 가로줄, 세로줄에 있는 ○의 수와 ×의 수는 서로 같습니다.
② 각 줄에서 ○ 또는 ×는 연속하여 2개까지만 그릴 수 있습니다.

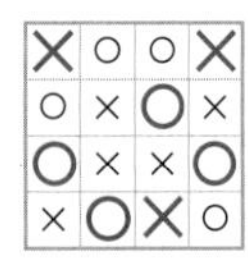

06 규칙에 따라 빈칸에 ▲를 알맞게 그려 넣으시오.

규칙
① 위에 있는 수는 세로줄에 연속한 ▲의 수를 나타냅니다.
② 왼쪽에 있는 수는 가로줄에 연속한 ▲의 수를 나타냅니다.

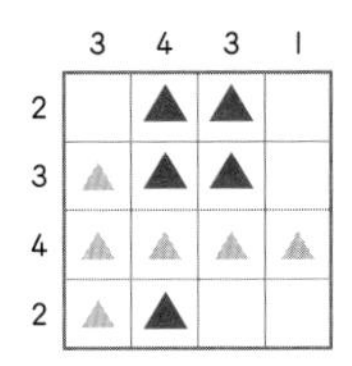

10

07 거울 퍼즐의 규칙에 따라 손전등에서 나온 빛이 지나는 길을 그리고, 빛이 지나는 점의 개수의 차를 구해 보시오.

규칙
① 빛은 손전등의 방향에 따라 가로 또는 세로로 비춥니다.
② 빛은 거울을 만나면 방향을 바꿉니다.

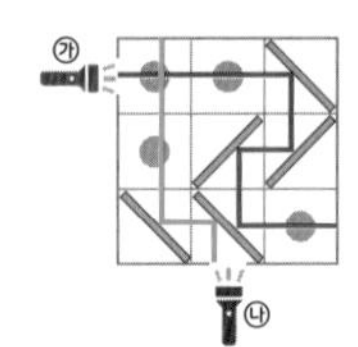

➡ ㉮ 손전등에서 나온 빛이 1 개 더 많이 지납니다.

08 거울 연결 퍼즐의 규칙에 따라 친구와 과일을 찾아 선으로 연결해 보시오.

규칙
① 친구와 과일을 1개씩만 연결해야 합니다.
② 모든 칸을 지나가야 합니다.
③ 각 칸은 한 번씩만 지나가야 합니다.
④ 거울을 만나면 방향이 바뀝니다.

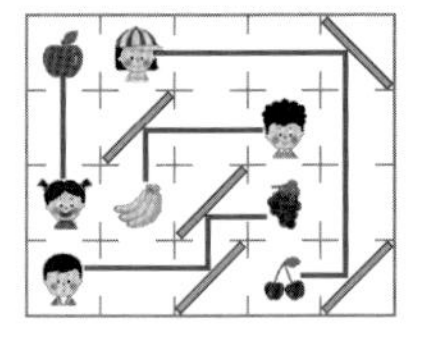

11

05 ○, ×가 많이 있는 줄부터 규칙을 따라 빈칸에 ○ 또는 ×를 그립니다.

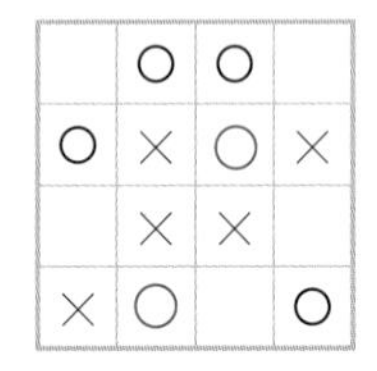
➡
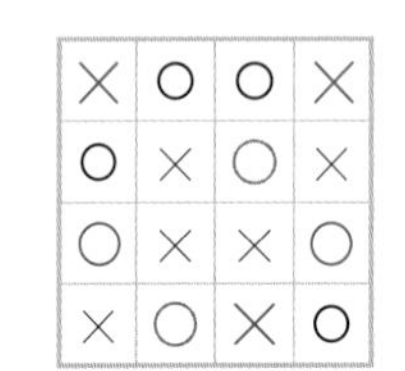

06 반드시 채워야 하는 칸부터 ▲를 그려 넣고, ▲를 넣지 않아야 하는 칸에는 ×표 해 가며 퍼즐을 해결합니다.

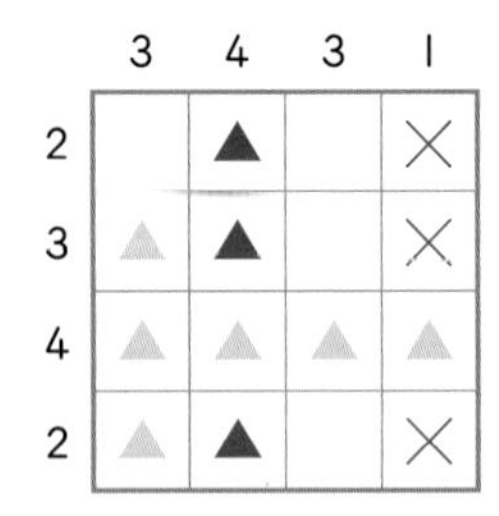
➡
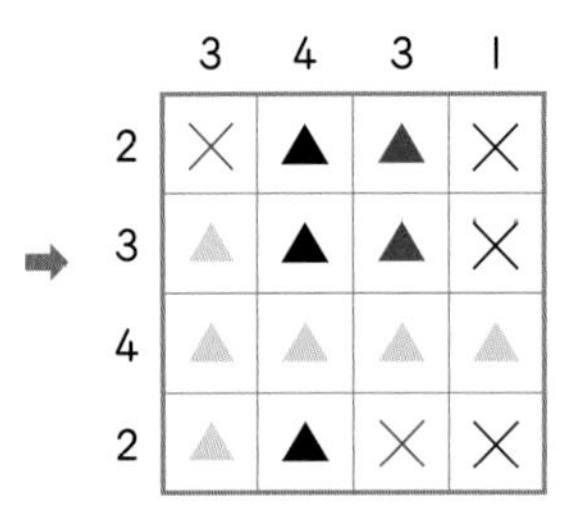

07 손전등의 방향을 따라 선을 그리다가 거울을 만나면 방향을 바꾸어 그립니다.

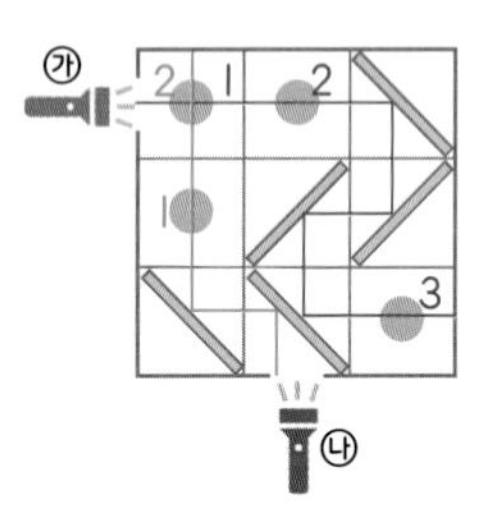

➡ ㉮ 손전등에서 나온 빛이 1개 더 많이 지납니다.

08 친구 또는 과일을 시작점으로 규칙에 따라 가로 또는 세로 방향으로 선을 그어 친구와 과일을 연결합니다.

형성평가 퍼즐 영역

09 4개 금지 퍼즐의 |규칙|에 따라 빈칸에 ○, ×를 알맞게 그려 보시오.

|규칙|
① 가로줄, 세로줄에 ○ 또는 ×가 연속하여 4개가 되면 안됩니다.
② 모든 대각선줄에 ○ 또는 ×가 연속하여 4개가 되면 안됩니다.

10 |규칙|에 따라 빈칸에 알맞은 수를 써넣으시오.

|규칙|
① 가로줄과 세로줄의 각 칸에 주어진 수가 한 번씩만 들어갑니다.
② 굵은 선으로 나누어진 작은 사각형의 각 칸에 주어진 수가 한 번씩만 들어갑니다.

1, 2, 3, 4

3	1	2	4
4	2	1	3
1	3	4	2
2	4	3	1

수고하셨습니다!

12

정답과 풀이 47쪽

09 가로줄, 세로줄, 대각선줄에 ○, ×가 연속하여 3개인 곳을 찾아 4개가 되지 않도록 빈칸에 ○ 또는 ×를 그립니다.

10 각 줄 및 굵은 선으로 나누어진 작은 사각형의 각 칸마다 1부터 4까지 수 중 빠진 수를 찾아 써넣습니다.

3			4
4		1	
1			2
2	4	3	1

➡

3	1	2	4
4	2	1	3
1	3	4	2
2	4	3	1

형성평가 측정 영역

01 둘째 번으로 키가 작은 동물의 이름을 써 보시오. **고슴도치**

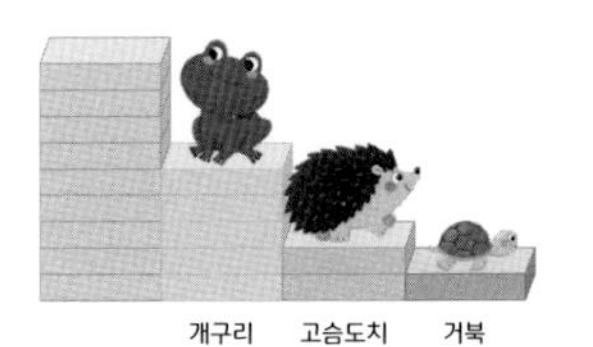

02 깃발까지 가는 길이 가장 짧은 자동차의 색을 찾아 써 보시오. **초록색**

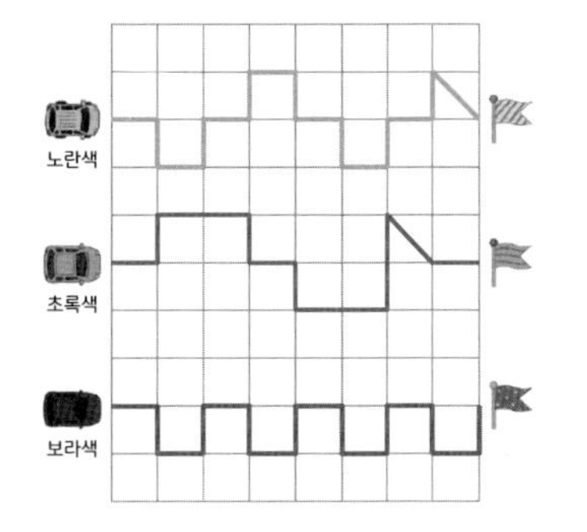

14

03 소, 양, 염소 중 가장 무거운 동물을 써 보시오. **소**

04 나린, 다희, 라윤 중 가장 작은 컵을 가진 친구부터 순서대로 이름을 써 보시오. **라윤, 다희, 나린**

내 컵에 물을 가득 넣어
다희 컵에 부으면 물이 넘쳐.
그런데 라윤이 컵에 물을 가득 넣어
다희 컵에 부으면 물이 절반만 차.
나린

15

01 개구리는 4칸, 고슴도치는 3칸, 거북은 1칸이므로, 둘째 번으로 키가 작은 동물은 고슴도치입니다.

02

노란색
초록색
보라색

따라서 초록색 자동차의 남은 길의 수가 가장 적으므로 가는 길이 가장 짧은 자동차는 초록색입니다.

03 염소는 양보다 무겁고, 소는 염소보다 무겁습니다.
따라서 가장 가벼운 동물은 양이고, 둘째 번으로 가벼운 동물은 염소, 가장 무거운 동물은 소입니다.

04 나린이의 컵은 다희의 컵보다 더 큽니다.
라윤이의 컵은 다희의 컵보다 더 작습니다.
따라서 가장 작은 컵은 라윤이의 컵, 둘째 번으로 작은 컵은 다희의 컵, 가장 큰 컵은 나린이의 컵입니다.

형성평가 측정 영역

05 (라, 2), (바, 3)에 있는 것의 이름을 각각 써 보시오. 무당벌레, 나비

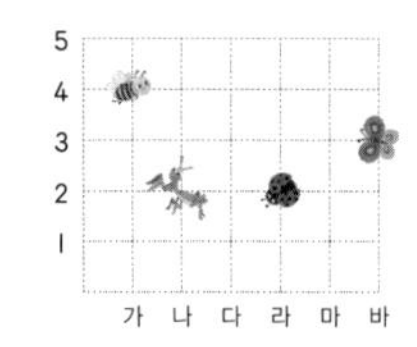

06 보기 와 같이 바느질을 하려고 합니다. ㉮와 ㉯ 중에서 실이 더 긴 것을 찾아 기호를 써 보시오. (단, 바느질한 부분은 1에서 8까지입니다.) ㉯

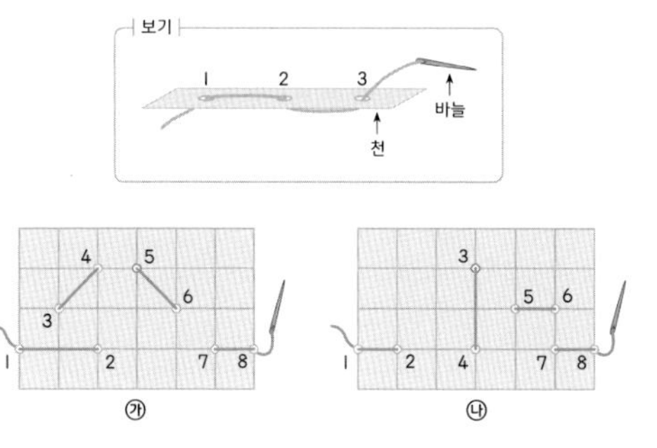

07 가장 가벼운 것부터 순서대로 이름을 써 보시오. 체리, 딸기, 바나나

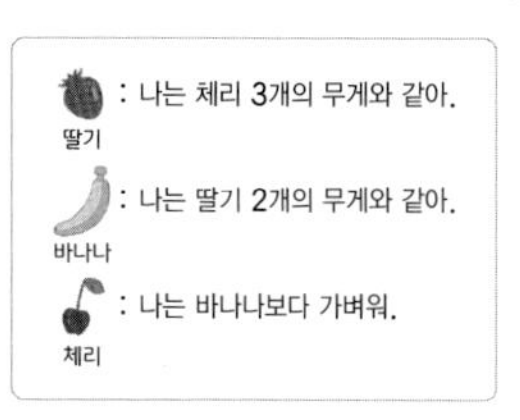

: 나는 체리 3개의 무게와 같아.
딸기
: 나는 딸기 2개의 무게와 같아.
바나나
: 나는 바나나보다 가벼워.
체리

08 물이 가장 많이 들어 있는 그릇의 기호를 써 보시오. ㉮

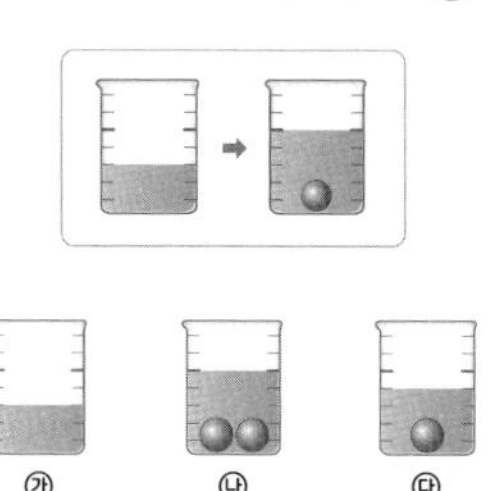

05

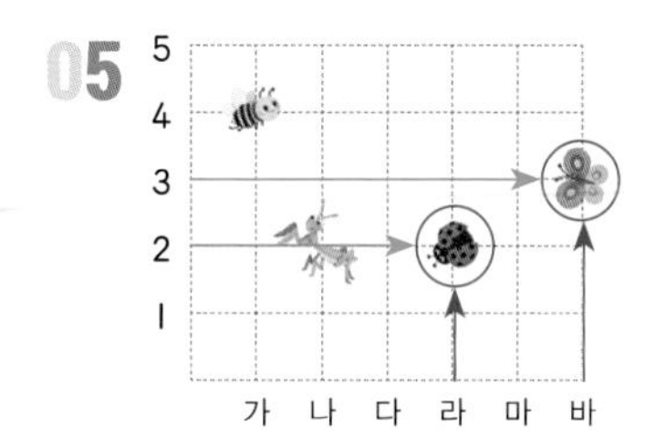

06 천 아래에 있는 실의 모양을 그려 본 후 같은 길이의 선을 하나씩 지웁니다.

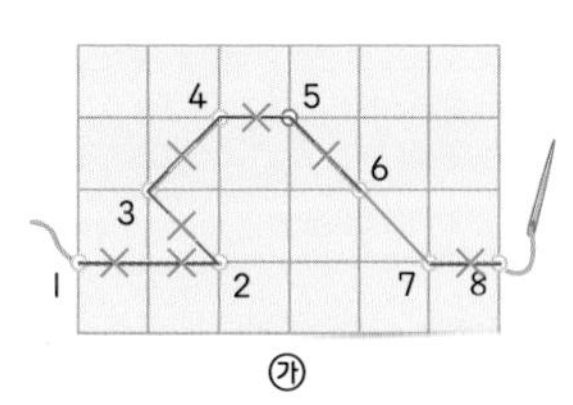

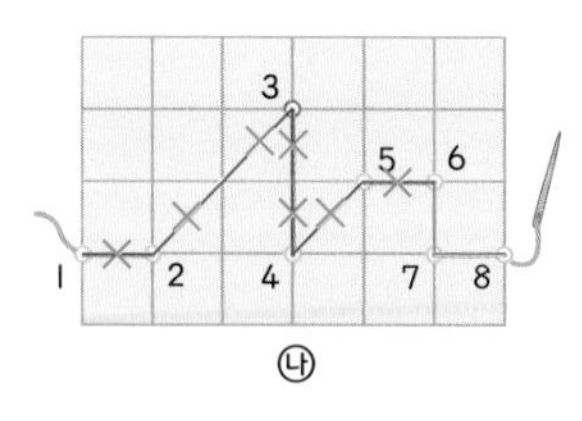

남은 부분의 길이가 더 긴 것은 ㉯이므로 ㉯의 실이 더 깁니다.

07 딸기는 체리 3개의 무게와 같으므로 딸기는 체리보다 무겁습니다.
바나나는 딸기 2개의 무게와 같으므로 바나나는 딸기보다 무겁습니다.
따라서 가장 가벼운 것은 체리, 둘째 번으로 가벼운 것은 딸기, 가장 무거운 것은 바나나입니다.

08 그릇에 구슬을 넣었더니 눈금이 2칸 올라갔습니다.
그릇 ㉯에는 구슬이 2개 들어 있고 구슬을 빼면 눈금이 4칸 내려가므로 물만 있을 때의 눈금은 1칸입니다.
그릇 ㉰에는 구슬이 1개 들어 있고 구슬을 빼면 눈금이 2칸 내려가므로 물만 있을 때의 눈금은 2칸입니다.
따라서 그릇 ㉮에 가장 많은 물이 들어 있습니다.

형성평가 측정 영역

09 순서대로 점을 이어 나오는 말을 찾아 써 보시오. **기분이 좋아**

(다, 5), (나, 4), (다, 3), (나, 2), (가, 1)

	가	나	다	라	마
5	복	행	기	뻠	요
4	공	분	를	사	가
3	좋	너	이	마	랑
2	온	좋	사	해	는
1	아	행	한	나	기

10 하트, 별, 달, 구름 모양을 가장 가벼운 것부터 순서대로 써 보시오.

구름, 하트, 달, 별

수고하셨습니다!

정답과 풀이 50쪽

18

09

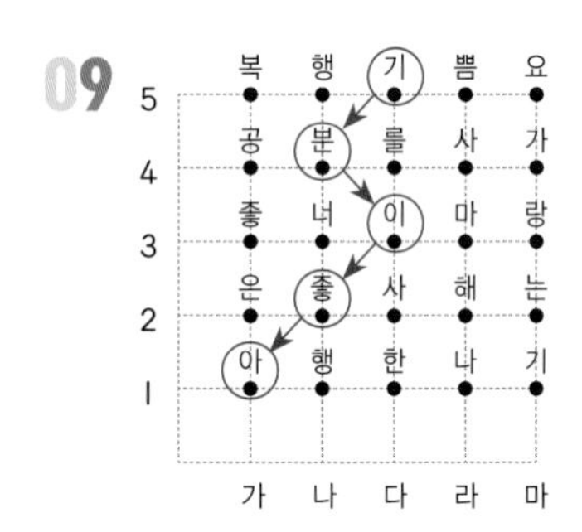

10 별은 달보다 무겁습니다.
하트는 구름보다 무겁습니다.
달은 하트보다 무겁습니다.
따라서 가장 가벼운 것부터 순서대로 쓰면 구름, 하트, 달, 별입니다.

총괄평가

Lv.1 응용 A

01 4장의 숫자 카드 중 2장을 사용하여 만들 수 있는 두 자리 수 중에서 둘째 번으로 작은 수를 구해 보시오. 27

2 7 9 5

02 보기 와 같이 막대를 1개 옮겨서 가장 큰 수를 만들어 보시오.

보기
35 → 95

58 → 99

20

03 6부터 13까지의 수를 더한 값은 짝수입니까? 홀수입니까? 짝수

6 + 7 + 8 + 9 + 10 + 11 + 12 + 13

04 다음 조건 에 맞는 수를 찾아 써 보시오. 17

조건
① 14보다 큰 두 자리 수입니다.
② 25보다 작은 두 자리 수입니다.
③ 십의 자리 수와 일의 자리 수의 합은 8입니다.

21

01 가장 작은 수부터 만들어 보면 25, 27, 29…이므로 둘째 번으로 작은 수는 27입니다.

02 58 —1개 옮기기→ 99

03 6+8+10+12는 짝수입니다.
7+9+11+13은 홀수를 짝수 번 더한 것이므로 짝수입니다.
짝수와 짝수를 더하면 짝수입니다.

04 ①, ② 14보다 크고 25보다 작은 두 자리 수
→ 15, 16…, 24
③ 십의 자리 수와 일의 자리 수의 합은 8 → 17

총괄평가

05 노노그램의 규칙에 따라 빈칸을 알맞게 색칠해 보시오.

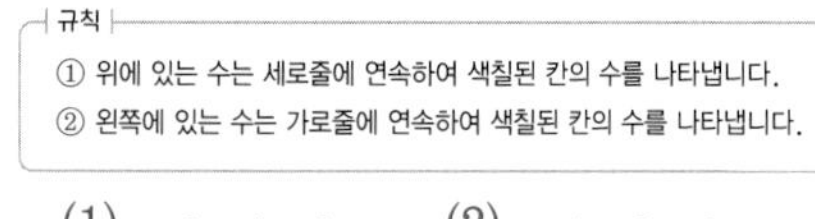

규칙
① 위에 있는 수는 세로줄에 연속하여 색칠된 칸의 수를 나타냅니다.
② 왼쪽에 있는 수는 가로줄에 연속하여 색칠된 칸의 수를 나타냅니다.

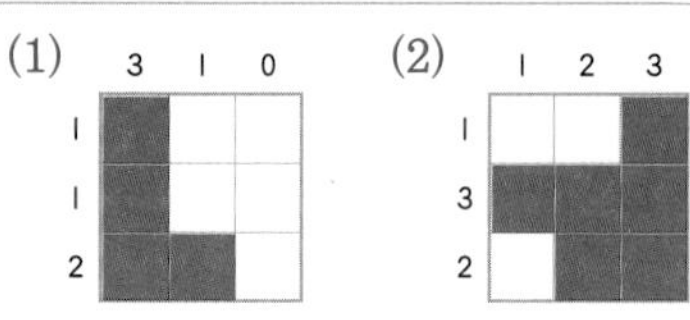

06 거울 퍼즐의 규칙에 따라 손전등에서 나온 빛이 지나는 길을 그리고, 빛이 지나는 점의 개수의 차를 구해 보시오.

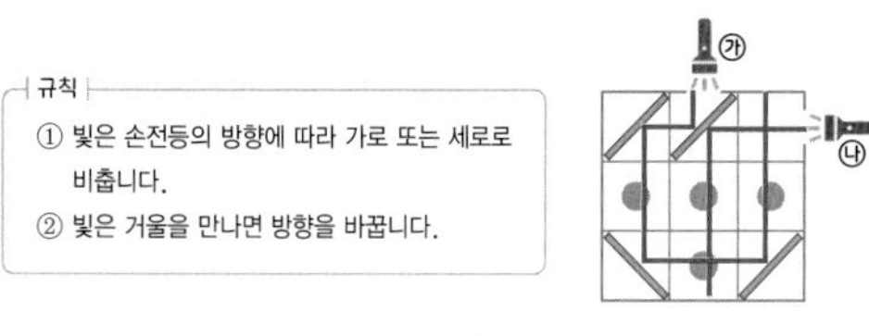

규칙
① 빛은 손전등의 방향에 따라 가로 또는 세로로 비춥니다.
② 빛은 거울을 만나면 방향을 바꿉니다.

➡ ㉮ 손전등에서 나온 빛이 1 개 더 많이 지납니다.

22

07 스도쿠의 규칙에 따라 빈칸에 알맞은 수를 써넣으시오.

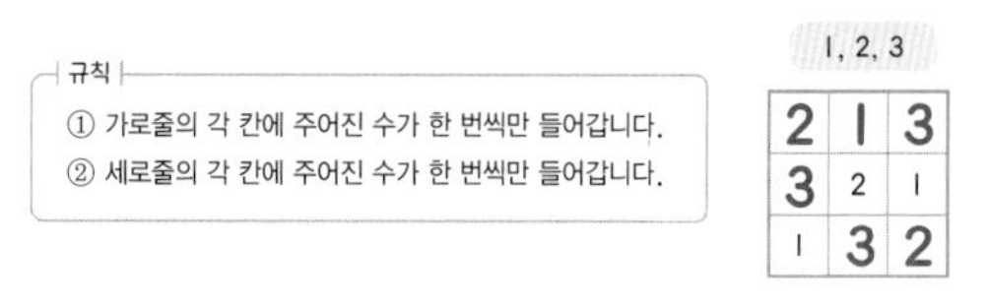

규칙
① 가로줄의 각 칸에 주어진 수가 한 번씩만 들어갑니다.
② 세로줄의 각 칸에 주어진 수가 한 번씩만 들어갑니다.
1, 2, 3

08 둘째 번으로 긴 막대를 찾아 기호를 써 보시오. ㉯

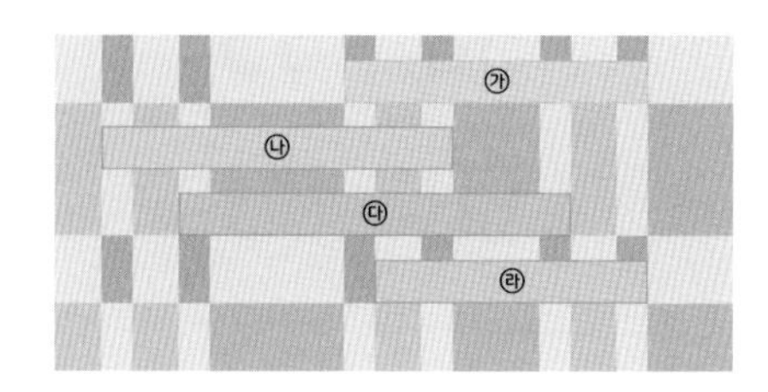

23

05 반드시 채워야 하는 칸부터 색칠하고, 색칠하지 않아야 하는 칸에는 ×표 해 가며 퍼즐을 해결합니다.

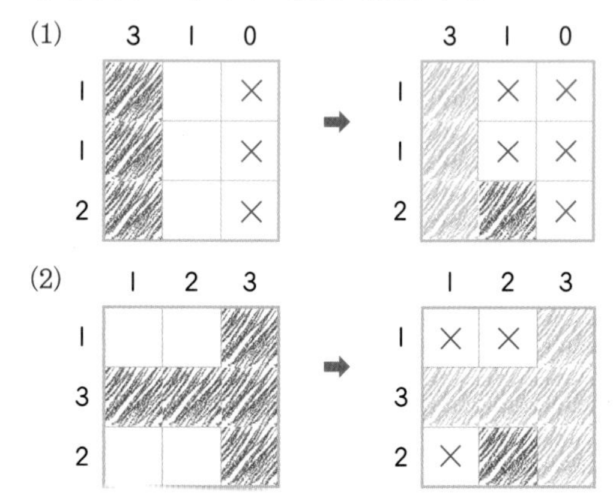

06

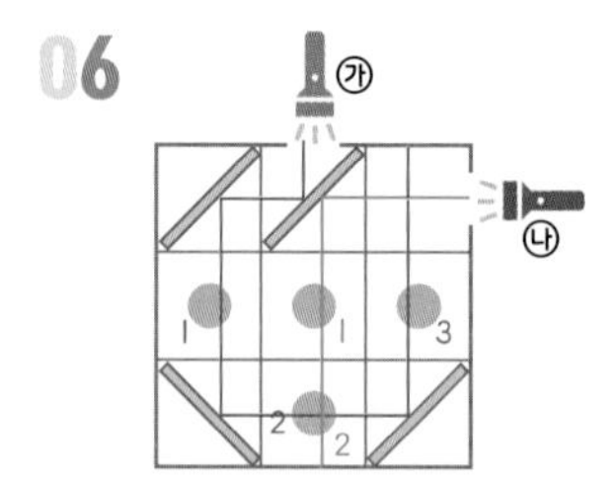

➡ ㉮ 손전등에서 나온 빛이 1개 더 많이 지납니다.

07

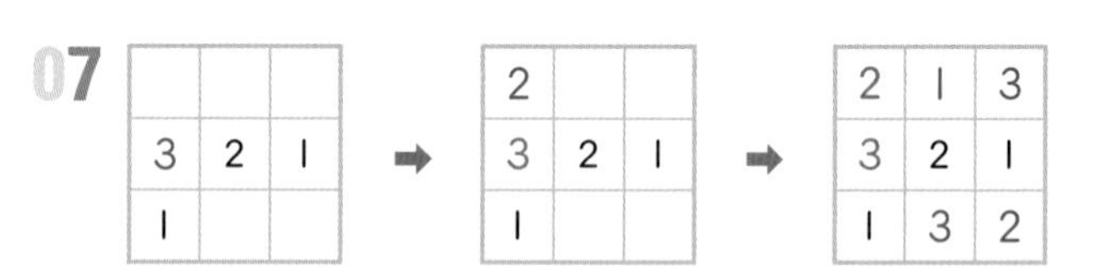

08 칸의 크기가 작은 순서부터 ①, ②, ③, ④로 표시합니다. 같은 크기의 칸을 ×표 하고, 나머지 칸의 개수로 길이를 비교합니다.

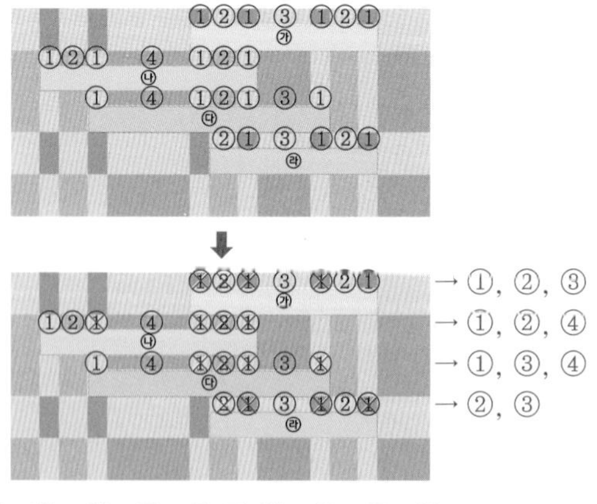

㉮ 막대는 ①, ②, ③, ㉯ 막대는 ①, ②, ④,
㉰ 막대는 ①, ③, ④, ㉱ 막대는 ②, ③이 남았습니다.
㉱ 막대는 ㉮ 막대보다 짧습니다.
㉮ 막대는 ㉯ 막대보다 짧습니다.
㉯ 막대는 ㉰ 막대보다 짧습니다.
따라서 가장 긴 막대부터 순서대로 쓰면 ㉰, ㉯, ㉮, ㉱이므로 둘째 번으로 긴 막대는 ㉯입니다.

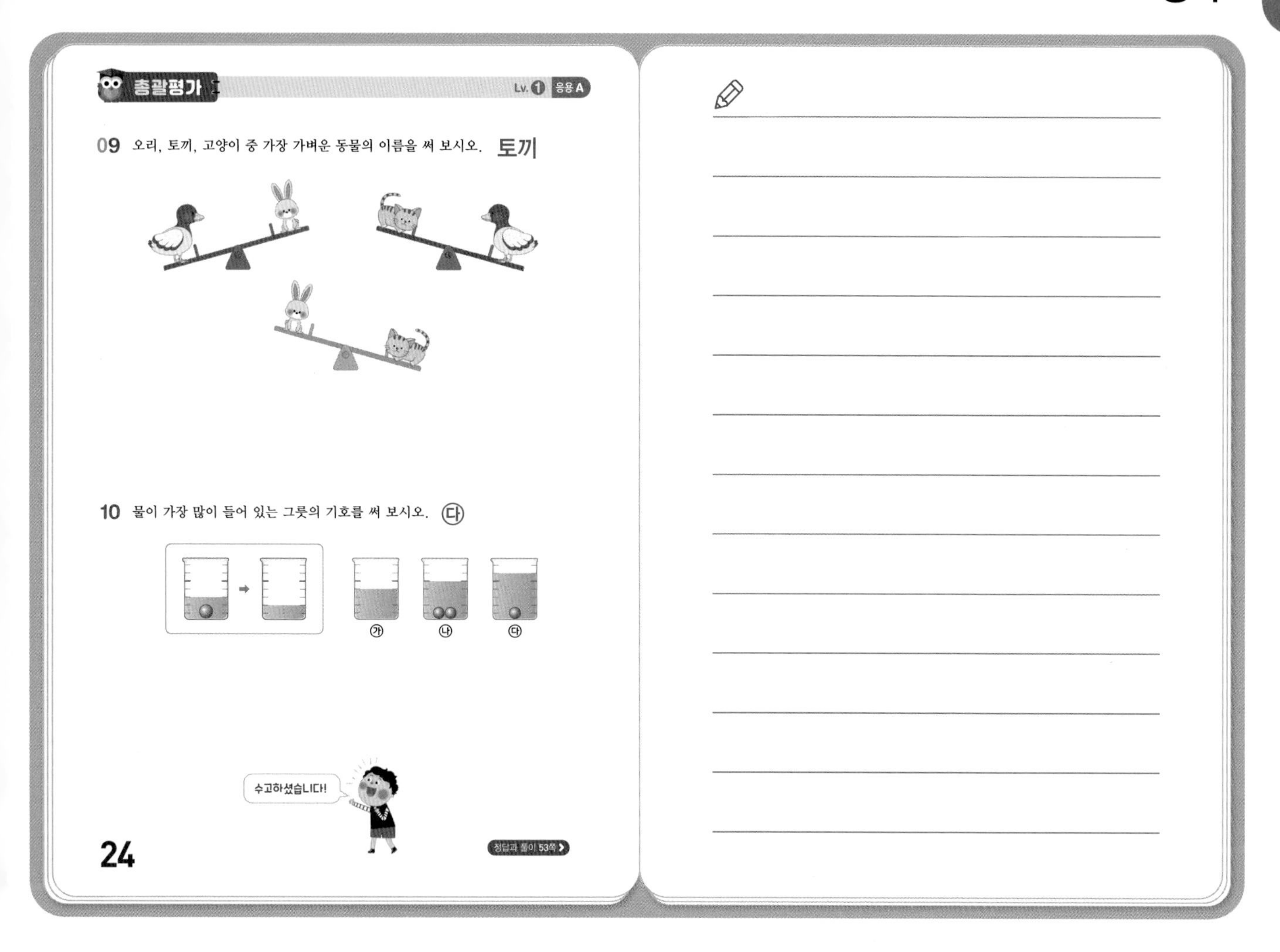

총괄평가
Lv.1 응용A
09 오리, 토끼, 고양이 중 가장 가벼운 동물의 이름을 써 보시오. 토끼
10 물이 가장 많이 들어 있는 그릇의 기호를 써 보시오. ㉰
㉮
㉯
㉰
수고하셨습니다!
24
정답과 풀이 53쪽

09 토끼는 오리보다 가볍고, 고양이도 오리보다 가볍습니다.
토끼가 고양이보다 가벼우므로 가장 가벼운 동물은 토끼입니다.

10 구슬 1개를 꺼내면 눈금은 1칸 내려갑니다.
㉮의 눈금은 4칸입니다.
㉯의 눈금은 5칸인데 구슬 2개를 꺼내면 눈금은 2칸 내려가므로 3칸이 됩니다.
㉰ 눈금은 6칸인데 구슬 1개를 꺼내면 눈금은 1칸 내려가므로 5칸이 됩니다.
따라서 물이 가장 많이 들어 있는 그릇은 ㉰입니다.

MEMO

창의사고력
초등수학

팩토

팩토는 자유롭게 자신감있게 창의적으로 생각하는 주·니·어·수·학·자입니다.

Free Active Creative Thinking O. Junior mathtian

논리적 사고력과 창의적 문제해결력을 키워 주는

매스티안 교재 활용법!

대상	창의사고력 교재			연산 교재
	팩토슐레 시리즈	팩토 시리즈		원리 연산 소마셈
4~5세	팩토슐레 Math Lv.1 (6권)			
5~6세	팩토슐레 Math Lv.2 (6권)			소마셈 K시리즈 K1~K8
6~7세	팩토슐레 Math Lv.3 (6권)	팩토 킨더 A, 팩토 킨더 B	팩토 킨더 C, 팩토 킨더 D	
7세~초1		팩토 키즈 기본 A, B, C	팩토 키즈 응용 A, B, C	소마셈 P시리즈 P1~P8
초1~2		팩토 Lv.1 기본 A, B, C	팩토 Lv.1 응용 A, B, C	소마셈 A시리즈 A1~A8
초2~3		팩토 Lv.2 기본 A, B, C	팩토 Lv.2 응용 A, B, C	소마셈 B시리즈 B1~B8
초3~4		팩토 Lv.3 기본 A, B, C	팩토 Lv.3 응용 A, B, C	소마셈 C시리즈 C1~C8
초4~5		팩토 Lv.4 기본 A, B	팩토 Lv.4 응용 A, B	소마셈 D시리즈 D1~D6
초5~6		팩토 Lv.5 기본 A, B	팩토 Lv.5 응용 A, B	
초6~		팩토 Lv.6 기본 A, B	팩토 Lv.6 응용 A, B	